"十二五"国家重点图书出版规划项目
国家出版基金资助项目
国家社会科学基金重点项目
国家211工程重点学科建设项目
中国特色社会主义道德文化协同创新中心项目
教育部人文社会科学重点研究基地重大项目

国家出版基金项目
NATIONAL PUBLICATION FOUNDATION

唐凯麟 / 主编

中华民族道德生活史

魏晋南北朝卷

邓名瑛 / 著

中国出版集团 東方出版中心

目 录

第一章

魏晋南北朝时期
道德生活的社会基础

特定时代社会道德生活的现状，总是与当时人们实际的道德价值观念密切相关，而人们实际的道德价值观念又总是导源于他们所处时代的由现实的社会政治、经济、文化等所构成的特定的社会环境。考察魏晋南北朝时期的道德生活，必须考察魏晋南北朝时期的社会环境。

魏晋南北朝时期是中国历史上一个非常重要的时期，这一历史时期又可分为魏晋阶段和南北朝阶段。从时间跨度上看，魏晋阶段，始于董卓之乱，终于东晋恭帝元熙二年(420)刘裕建宋，历时230年。南北朝阶段，则是由公元420年算起，到隋文帝开皇九年(589)灭陈为止，几近170年。总合上述两个阶段，魏晋南北朝时期历时凡400年。

董卓之乱后，在黄河中下游地区活动的曹操经过不断地壮大军事、经济实力，利用挟持汉献帝的政治优势，扫平列强，逐步统一北方。公元208年，曹操南下准备兼并天下，但是在赤壁被孙权、刘备的联军打败。赤壁之战后，曹操退回北方，孙权巩固了其在江东的地位，刘备则先据荆州部分地区，进而夺得益州。由此，三分天下的格局形成，公元220年，曹丕建魏，不久，刘备、孙权两人也称帝建国。三国中，魏国建国最早，共历三代五帝，存国45年。孙吴存国时间最长，从孙权获封吴王(222)到孙皓降晋(280)，前后计58年，历三代四帝。蜀汉只有刘备、刘禅父子两帝，存国42年(221～263)。公元265年，西晋建立，之后，经过十余年的战争才完成统一大业。晋武帝死后，内乱频仍，并由此触发内迁的胡族首领举兵起而参加混战，最终灭亡西晋。西晋存国52年(265～317)，历三代四帝。西晋灭亡后，黄河流域成为匈奴等胡族军阀争杀的战场，并陆续出现了许多割据政权。北方历史进入五胡十六国时期，时间长达120余年。其间只有氐人的前秦昙花一现地建立过统一国家，绝大部分时间都处于分裂割据状态。南方的东晋是汉人建立的政权，从司马睿称帝的公元317年到司马德文亡国的420年，共存国103年，历四代十一帝。东晋十六国之后，中国历史进入南北分裂、南北对峙阶段。在南方，虽然先后有刘宋、南齐、萧梁和南陈四个政权更迭，但这中间除梁元帝以江陵作都三年外，其余时间，南方各朝的京城始终设在建康(今江苏南京)。刘宋(420～479)是其中疆域最大、国力最强、统治年代最长的一个政权，历四代八帝。南齐国祚短暂，只有23年。由于战争频繁，竟历三代七帝，平均三年一帝，可算是中国古代帝王更换速度最快的一朝。梁(502～557)历三代四帝,其中武帝萧衍个人享国时间最长,几近半个世纪。陈(557～589)凡32年,历三代五帝。南陈承衰梁之弊,是版图狭窄、人口孤弱、力量单薄的王朝,加之统治者极度腐败,最终丧亡于北方强敌之手。历史上,把宋、齐、梁、陈这南方四朝称为南朝。十六国后期,一个最为落后的少数民族拓跋鲜卑逐渐强盛起来,它先是打败后燕入主中原,在建立北魏政权(386～534)之后,又消灭各割据政权,从而结束了这一地区长期混战的局面。按照史家的习惯,北魏统一北方的太延五年(439)往往被视为北朝的起始年。北魏前期以平城(今山西大同)为都城,孝文帝大举实行汉化,政治中心也随之迁徙到中原腹地洛阳。北魏立国100多年,历九代十二帝,是对南北朝历史影响较大的一个王朝。孝武帝末年,权臣高欢、宇文泰将北魏辖区割成东西两块。东魏以邺城为都,历一主16年。西魏(535～556)定都长安,经三帝,共享国21年。东、西魏先后被北齐(550～577)和北周(557～581)取代。北齐是鲜卑化汉人高氏所建立的政权,立国27年,有三代六帝。公元577年,周灭齐,北方重新统一。北周是宇文鲜卑人统治的王朝,历三代五帝,计24年。公元581年,北周外戚杨坚受代称帝,改国号为隋。历史上把北魏、东魏、西魏、北齐、北周这北方五朝称为北朝。南朝与北朝,合称为南北朝。

作为中国历史上一个重要而又特殊的时期,魏晋南北朝时期,社会生活的各个领域都呈现出鲜明的特点。

第一节　政治环境:战争频仍,政权易姓频繁

东汉末年,汉朝的统治已陷入严重的危机当中,小生产者大量破产,外戚、宦官专权,广大农民与统治阶级之间、统治阶级内部不同的利益集团之间的矛盾斗争日益尖锐。到东汉灵帝中平元年(184)终于爆发了由张角领导的农民大起义。为了镇压农民起义,握有军民财政诸权的地方刺史、太守纷纷举兵,从而形成了地方军阀割据的局面,自此,中国历史进入了一个长期的战争频仍时期。

起初，董卓奉外戚何进调令进入都城洛阳，欲剪除宦官势力。但宦官段珪等人知悉何进之密谋，先发制人杀死何进，并劫少帝出走。袁绍勒兵反攻，悉诛宦官，死者两千余人。何进虽被诛，但董卓进入洛阳已成为事实。东汉王朝的大权落入董卓手中。董卓得政后，杀何进之姊何太后，又废何太后所生子少帝，拥立少帝之弟刘协为皇帝(汉献帝)。不久又用毒药毒死少帝。董卓的这些做法引起了各地方官吏的不满，连他自己任命的山东牧守都一个个起兵来反对他。至此，汉末的军阀混战拉开了序幕。

先是各州牧都起兵讨伐董卓，董卓的势力被剪除后，在这个过程中逐渐强大起来的曹操和袁绍又开始了武装对峙，最后经官渡之战，袁绍被曹操打败。这样，曹操统一了北方。曹操统一北方后，挥师南下，企图一举统一中国，而此时，据有荆州的刘备和据有江东的孙权已逐渐强大，于是，双方联合起来共拒曹操。建安十三年(208)，孙、刘联军与曹军在赤壁展开大战。大战的结果是曹军大败，狼狈退回北方。经赤壁之战后，三分天下的局面已经形成。此后，三国之间各有矛盾与冲突，战争不断。直到公元263年魏灭蜀、公元280年西晋灭吴，三国才重归统一。但是这种统一也是暂时的。西晋于公元265年立国，公元317年为北方少数民族建立的政权所灭，仅存国52年。之后，晋室南渡，建立了东晋王朝。东晋时期，还举行过四次规模较大的北伐，但都未能完成统一中国的任务。相反，无论是在南方还是在北方，军事强人建立的王朝像走马灯似的不断变更，真个是一幅“你方唱罢我登场”的景象。

军阀混战给社会造成了极大破坏。这种破坏首先表现在人的生存环境在战争中严重恶化，生命受到严重威胁，不仅广大的被卷入战争的兵士和中下层民众在军阀混战中惨遭杀戮，就是在统治阶级内部，为争权夺利也进行着毫不留情的杀伐。如史载：当董卓撤出洛阳时，“卓部兵烧洛阳城外面百里。又自将兵烧南北宫及宗庙、府库、民家，城内扫地殄尽，又收诸富室，以罪恶没入其财物；无辜而死者，不可胜计”①。又同书注引《献帝纪》：“卓获山东兵，以猪膏涂布十余匹，用缠其身，然后烧之，先从足起。”“[卓]尽徙洛阳人数百万口于长安，步

① 《三国志·魏书·董卓传》注引《续汉书》。

骑驱蹙，更相蹈藉，饥饿寇掠，积尸盈路。”①卓死时，“三辅民尚数十万户，［卓将李］傕等放兵劫掠，攻剽城邑，人民饥困”，“强者四散，羸者相食，二三年间，关中无复人迹”。②

关中如此，山东地区也好不到哪里去。在山东，世家大族和地方牧守在声讨董卓的同时，也互相厮杀起来。正如《三国志·魏书·文帝纪》注引《典论·自叙》中所说的：“名豪大侠，富室强族，飘扬云会，万里相赴。……山东大者连郡国，中者婴城邑，小者聚阡陌，以还相吞灭。”“关东诸州郡起兵，众数十万，皆集荥阳及河内，诸将不能相一，纵兵抄掠，民人死者且半。”③青州素殷实，户至百万，刺史焦和参加内战，“不暇为民保障，……州遂萧条，悉为丘墟”④。其后，曹操与徐州牧陶谦作战，时“京师遭董卓之乱，人民流移东出，多依彭城间”，操至，“坑杀男女数万口于泗水，水为不流”，操“引军从泗南攻取虑、睢陵、夏丘诸县，皆屠之，鸡犬亦尽，墟邑无复行人”⑤。大抵当时最富庶的地方，也就是战争最激烈的地方，如陈留、颍川两郡，其全盛时，陈留户十七万七千，口八十六万九千，颍川户二十六万三千、口百四十三万六千⑥，此后，都被战争破坏得荒凉不堪；涿郡旧有民户十万、口六十三万⑦，到了曹魏时，只“领户三万”⑧了；鄢陵（属颍川郡，今河南鄢陵）旧有民户五六万家，经过战火浩劫后，也只剩下数百民户⑨；人口集中的黄河流域，“名都空而不居，百里绝而无民者，不可胜数”⑩，“野战死亡，或门殚亡尽”⑪，“百姓死亡，暴骨如莽”⑫，造成了“千里无人烟”与“白骨蔽平原”的悲惨景象。

这种景象不仅见之于史书，同样在当时的诗歌中也有反映。如女诗人蔡琰在其所作的《悲愤诗》中就对董卓之乱的情形有所描绘：“卓兵来东下，金甲耀日

① 《后汉书·董卓传》。
② 参阅《三国志·魏书·董卓传》及《后汉书·董卓传》。
③ 《三国志·魏书·司马郎传》。
④ 《三国志·魏书·袁绍传》注引《九州春秋》。
⑤ 参阅《三国志·魏书·荀彧传》注引《曹瞒传》。
⑥ 参阅《续汉书·郡国志》。
⑦ 同上。
⑧ 《三国志·魏书·崔林传》注引《魏名臣表》。
⑨ 参阅《晋书·庾峻传》。
⑩ 仲长统：《昌言·理乱篇》。
⑪ 《三国志·魏书·明帝纪》注引《魏略》。
⑫ 《三国志·魏书·文帝纪》注引《典论·自叙》。

光。平土人脆弱，来兵皆胡羌。猎野围城邑，所向悉破亡。斩截无孑遗，尸骸相撑拒。马边悬男头，马后载妇女。”曹操《蒿里行》：“铠甲生虮虱，万姓以死亡。白骨露于野，千里无鸡鸣。”

战争造成无辜百姓的死亡，这只是问题的一方面，另一方面，在统治集团内部进行的权力斗争，同样也导致统治集团内部的杀戮并牵连到无辜的人们，尤其是士人。

纵观整个魏晋南北朝时期，统治集团内部为争权夺利而引起的相互之间的杀伐比比皆是。前已指出，董卓之乱的直接导火线，乃是掌握兵权的外戚何进（何太后之弟）与宦官头子段珪等争权。后何进被杀，董卓毒杀少帝，袁绍勒兵讨卓，悉诛宦官。司徒王允设计离间董卓与其部将亦是其义子的吕布之间的关系，致董卓被吕布所杀。卓既被杀，凡与其有牵连者均被下死狱，“诸阿附卓者皆下狱死”①。而后，司徒王允又为董卓之部将李傕所杀。凡此种种，史书中所载多有。至于各军阀内部部将之间的相互杀伐同样屡见于史书。

更为严重的是，为了争权夺利，君臣之间、父子兄弟之间相互杀戮。如曹魏时期，魏文帝曹丕忌陈思王曹植之才，常欲加害。《世说新语·文学》记载：“尝令东阿王七步中作诗，不成者行大法。应声便为诗曰：‘煮豆持作羹，漉菽以为汁。萁在釜下燃，豆在釜中泣。本是同根生，相煎何太急！’帝深有惭色。”尽管曹植以其才思敏捷而免于加害，但其所感慨且所痛恨的“本是同根生，相煎何太急”的残酷事实，却仍在现实生活中屡屡发生。其最典型的表现莫过于西晋后期的“八王之乱”和南朝刘宋时期皇室成员的相互残杀。

曹魏后期，司马昭掌管朝政，魏帝曹髦不愿意像傀儡一样过日子，便集中有限的兵力要杀司马昭。司马昭的得力部下贾充不理会这个名义上的皇帝，指挥军队将其杀死。贾充自恃在西晋王朝建立过程中有功于司马氏，便要求册封自己的女儿为太子妃，将来做皇后。晋武帝司马炎立儿子衷做皇帝，但司马衷是个白痴。当时朝廷大臣都知道太子“不慧”，武帝的其他儿子又年幼，所以大家都希望司马攸（司马昭次子，因司马师无子而过继给司马师）能够继承武帝的皇位。武帝也担心太子衷担当不了治理国家的重任，有意废掉他。司马衷之母杨

---

① 《三国志·魏书·董卓传》。

皇后以“立嫡以长不以贤”的古训，阻止废立。武帝宠信的大臣荀勖、冯紞党附太子衷，害怕司马攸嗣位后对自己不利，也竭力劝阻，而且怂恿武帝命令司马攸回到自己的封国去。司马攸气得吐血，病死在洛阳。

公元290年，晋武帝逝，太子衷继位，是为惠帝。惠帝“尝在华林园闻虾蟆声，谓左右曰：‘此鸣者为官乎，私乎？’或对曰：‘在官地为官，在私地为私。’及天下荒乱，百姓饿死，帝曰：‘何不食肉糜？’”①这样糊涂的皇帝自然无法掌管朝政。他即位之初，皇太后父杨骏为太傅辅政，独揽大权。皇后贾南风（贾充女）凶险多权诈，与楚王司马玮（司马炎第五子）合谋，于公元291年三月，杀杨骏、杨珧、杨济兄弟，杨骏亲属和党羽死者数千人。贾后又废黜皇太后为庶人，迫使她绝食而死。大乱从宫廷政变开始了。

杨骏被杀后，晋廷推举汝南王司马亮（司马懿第四子）和元老卫瓘共执朝政，贾后仍不得专权。于是，贾后于这年六月叫惠帝下手诏给司马玮，令其率北军（守卫京城北部的禁军）杀司马亮、卫瓘。等到司马玮执行命令杀了司马亮等人之后，贾后又否认下过这道诏书，乃借司马玮擅杀大臣的罪名，杀了司马玮。至此，贾后完全掌握了朝政大权。当此之时，她起用了当时的一些名士和世族弟子进入统治集团，张华为司空，裴頠为尚书左仆射，裴楷为中书令，王戎为司徒，令这四人并管机要。因这些人有一定的统治经验，所以朝野安静了几年。但是，这段安静的日子是很短暂的。不久，贾后又为立太子之事再生事端。惠帝只有一个儿子，乃为后宫谢玖所生，贾后害怕太子掌权后自己失势，于是诬陷太子要杀害惠帝和自己，废太子为庶人，接着又把太子杀害了。“太子既废非其罪，众情愤怨。”②太子死后一个月——公元300年四月，掌握宿卫禁兵的赵王司马伦（司马懿第九子），利用禁兵对贾后杀害太子的不满情绪，起兵杀了贾后和张华、裴頠等人。次年正月，又废晋惠帝，自立为帝。宫廷政变演变为皇族争夺政权的斗争，演成“八王之乱”。

“八王”是指汝南王亮、楚王玮、赵王伦、齐王冏（司马攸之子）、长沙王乂（司马炎第六子）、成都王颖（司马炎第十六子）、河间王颙（司马懿弟司马孚之孙）、

① 《晋书·惠帝纪》。
② 《晋书·愍怀太子传》。

东海王越(司马懿弟司马馗之孙)。这“八王”之间为了争夺对司马氏政权的控制而相互斫杀,八王最后死了七个。八王之乱直接削弱了司马氏的力量,最终导致西晋王朝灭亡。

在南朝,刘裕建立了南朝的第一个政权——宋。刘宋一族也与西晋的司马氏一族一样,为了争夺帝位,互相残杀。文帝刘义隆害怕弟弟刘义康谋夺帝位,先把他杀了。他先立其子劭为太子,后来又想废掉他,另立太子。太子劭先发制人,率东宫兵入宫杀死文帝及宰相江湛、徐湛之、王僧绰等,自立为帝。由此引来一大堆相互残杀。刘劭弑父后,文帝第三子刘骏传檄州镇,声讨刘劭。大将军、江夏王刘义恭(刘裕第五子)弃家逃奔刘骏,刘劭杀义恭十二子及有旧恨的宗室长沙王嗣王刘瑾、临川嗣王刘晔等多人。后刘骏攻入建康,杀刘劭及其四子,又杀劭同党始兴王刘浚(文帝第二子)及其三子。王室间子弑父、弟杀兄的闹剧不断上演。

刘骏即位,是为孝武帝。在位的短短十年中,他先后杀了他的弟弟南平王刘铄(文帝第四子)、武昌王刘浑(文帝第十子)、海陵王刘休茂(文帝第十四子)及竟陵王刘诞(文帝第六子)等。尤其是刘诞,大明三年(459)为南兖州(镇广陵,今江苏扬州市)刺史,孝武帝因疑忌他而派大军围攻广陵,城破,孝武帝下令屠城,把城中五尺以上的男丁,全部斩首,死者数千人;城中全部女口也作为“军赏”,分赐给屠城有功的将领充当奴婢。

孝武帝死后,子刘子业继立,年才 16 岁,骨肉相残的丑恶剧继续上演。子业杀叔祖刘义恭(刘裕第五子)并其四子,又杀弟刘子鸾、刘子师。他还计划杀掉剩余的六个叔父,其中三个叔父湘东王刘彧(文帝第十一子)、建安王刘休仁(文帝第十二子)、山阳王刘休佑(文帝第十三子)更是成为刘子业猜忌的对象,常想加以杀害。宿卫的将士也朝不保夕。他们最后联合起来,自发地杀了刘子业,拥立刘彧为帝,是为明帝。刘子业未死之前,曾派人拿毒药去毒杀弟弟江州刺史、晋安王刘子勋(孝武帝第三子)。子勋年才 10 岁,江州的军事政权实际上掌握在江州长史邓琬手中,邓琬起兵反抗。刘子业死后,明帝即位,邓琬在寻阳(今江西九江)拥立子勋为帝。子勋的两个弟弟荆州刺史、临海王刘子顼(孝武帝第七子)和会稽太守、寻阳王刘子房,都由其长史做主,起兵响应。从而爆发了一次规模较大的以明帝刘彧为首的文帝系诸王和晋安王刘子勋为首的孝武帝系诸王之间的统治阶级内部的战争。最后，明帝刘彧战胜了刘子勋兄弟，生俘了刘子房，并杀年仅 11 岁的刘子勋、刘子顼。孝武帝其余十二子，也先后为明帝所杀。孝武帝共有 28 个儿子，全部被杀光，一个不剩。明帝不仅杀光了孝武帝的儿子，还把自己仅存的五个弟弟也杀了四个。宋文帝 19 个儿子，被杀了 17 个，只剩下一个愚蠢平庸的刘休范与刘彧自己。

整个刘宋政权不过 60 年，后 30 年里，皇族就这样不断互杀，充满血雨腥风。以至于孝武帝的第八子年仅 10 岁的刘子鸾在被赐死时悲愤地感叹："愿身不复生王家。"①当时还有一首歌谣，也是吟唱刘宋一家的事的："遥望建康城，小江逆流萦，前见子杀父，后见弟杀兄。"②

统治集团内部的相互杀虐还殃及士人。如曹魏末年，司马氏集团在和曹氏集团争权的过程中，除杀了与曹氏集团牵连较深的何晏、丁谧、邓飏、夏侯玄等名士外，还牵连到一千多人被杀，被杀的大多是正始名士集团的人，史家称政变后"天下名士减半"。大名士、竹林七贤之一的嵇康也被司马氏集团杀害。又如西晋末年，导源于贾后专权而引起的宫廷政变，也使当时的名士张华、裴頠被杀。至于由统治集团内部争权夺利而引发的战争所牵连的普通民众丧生败家者，可以说是不可胜数。

长期的战争、无休止的杀戮，对人们的价值观念有着重要的影响。这主要表现在以下几个方面：

首先，由于战争频仍，加剧了对军事人才的需求。"兵者，诡道也"，军事人才大多是擅长谋略之人。虽然，军事人才并不必然是只注重谋略而忽略德行之人，但对军事人才的大量需求却客观上导致了人才选拔上的重才不重德的状况，并进而引起了人们的人才观念的变化。

其次，长期的战争和无休止的杀戮，使人们长期以来形成的君臣政治道德观念和父子兄弟道德观念发生了动摇和变化。

再次，在长期的战争和无休止的杀戮过程中，人的生命变得非常脆弱。处在这样一个环境中的人们毫无生命的安全感，从而引起了人们在个体和整体关

① 《宋书·孝武十四王列传》。
② 《魏书·岛夷刘裕传》。

系上的道德观念以及个体自然生命需要的满足与精神追求之间关系上的道德观念的变化，并反映到人们的实际生活中。

第二节　经济环境：经济萧条、屯田制和坞堡经济

尽管魏晋南北朝时期社会经济仍在继续发展着，但总体上看，其发展速度是非常缓慢的。战争给社会生产力造成了巨大的破坏，这首先表现为劳动力的剧减。如中平元年(184)，张角、张梁、张宝兄弟领导的冀州黄巾军主力同皇甫嵩激战，兵败阵亡者近20万人；皇甫嵩、朱儁击败颍川黄巾军，仅斩首者便不下13万人；初平二年(191)公孙瓒袭击青、徐州地区的黄巾军，屠杀义军6万人以上，起义者的鲜血染红了江河。这里记载的只是官兵杀死起义者的一部分，而在双方进行殊死搏斗时，官兵的死亡人数也不会少。至于军阀之间进行的战争，给无辜百姓造成的灾难，更是不可胜数。军阀战争残害百姓，一是战场上的互相斩杀，二是杀害无辜百姓。前者如董卓死后，部将李傕、郭汜相攻连月，"死者以万数"①。陶谦和曹操作战，陶谦兵败而逃，"死者数万"②。袁绍与曹操决战官渡时，袁绍军溃败，曹操将投降的数万袁军士兵全部活埋。这是军阀相残的人口减少。无辜百姓在军阀屠刀下丧生的更是不计其数。董卓入洛阳后，曾派军到阳城(今河南登封县)，正赶上百姓聚会举行春季祭社活动。卓军便诈称这些人要造反，于是把男子全部砍头，将妇女和财物全部抢走，回到洛阳，声称破贼大胜。董卓西迁长安时，将洛阳人口数百万悉数胁迫随行，"步骑驱蹙，更相蹈藉，饥饿寇掠，积尸盈路"③。兴平元年(194)，曹操再攻陶谦，下取虑、睢陵、夏丘等五县后，把无辜百姓全部杀掉。正是由于这些军阀的滥杀无辜，才造成了到处烟火断绝、杳无人迹的荒凉景象。除战争外，天灾和疾疫也是导致人口

① 《后汉书·董卓传》。
② 《三国志·魏书·陶谦传》。
③ 《后汉书·董卓传》。

减少的一个重要原因。天灾使农作物歉收，继而发生“人相食”的惨剧。不仅普通百姓无谷可食，就是官僚们也同样得忍饥挨饿。《三国志·魏书·董卓传》记载：汉献帝于兴平二年(195)七月自长安东归。十二月渡过黄河至安邑(今山西夏县)，“是时蝗虫起，岁旱无谷，从官食枣菜。诸将不能相率，上下乱，粮食尽。……天子入洛阳，宫室烧尽，街陌荒芜，百官披荆棘，依丘墙间。州郡各拥兵自为，莫有至者。饥穷稍甚。尚书郎以下，自出樵采，或饥死墙壁间”。

人口减少，食物短缺，经济萧条，这是难以应付战争的需要的。为了在军阀混战中占据上风，首先要解决粮食问题。于是，有了屯田制的产生。

在北方，曹魏统治集团是较早认识到这一点的。建安元年(196)曹操平定兖州之乱后，又打败颍川、汝南黄巾军余部，占有兖、豫二州，具备了实行屯田的条件。就在这一年，曹操在《置屯田令》中指出：“秦人(商鞅变法以来)以急农兼天下，孝武(汉武帝)以屯田定西域。此先代之良式也。”①由此，他把汉代西域屯田这种形式与当时魏国的实际情况相结合，大规模地将其推行于内地。屯田有军屯和民屯两种形式。曹操的募民屯田始于建安元年的许昌屯田，一岁得谷百万斛，效果显著，于是“州郡例置田官，所在积谷”②，将民屯制推广到新开拓的地区。随着曹操在军阀混战中不断取得胜利和魏国军事上的需要，民屯制不断发展壮大。但是到建安末年，屯田制的格局发生了变化，从最初的以民屯为主、军屯为辅发展成为军、民屯并重。据史载，建安二十一年(216)，曹操受汉献帝封为魏王，司马懿乘机进谋让20万军队“且耕且守”，曹操采纳了这一建议。这对军屯上升到与民屯并重的地位起了关键性的作用。曹丕称帝后，军屯的组织系统便完备起来，直到正始年间(240～249)，又在邓艾的策划和司马懿的支持下，扩大了淮南地区的军屯。因此，从建安末到曹魏末期，是军屯的迅速发展时期，也是军屯和民屯并重的时期。

屯田制的实行，不仅在一定程度上解决了自汉末以来的粮食饥荒问题，也使大量在战乱中流离失所的无地农民重新回到了土地上来，解决了流民问题，暂时使社会危机得到了一定程度的缓和。但是，屯田制也使农民的身份和地位

---

① 《三国志·魏书·武帝纪》。
② 同上。

大大降低了，其隶属性被大大强化。过去，农民耕种自己的土地，人身是自由的，若或耕种他人的土地，在交纳相应的地租后，也是具有自由身份的。然而，在屯田制中，政府成为大土地所有者，自己经营屯田，役使“屯田客”、“佃兵”，从事农业劳动。例如，在军屯中，曹魏的兵士成为“士”，其子谓“士息”，妻谓“士妻”，家谓“士家”，其户籍谓之“士籍”。他们的妻室儿女不能随军居住，而且被先后集中于邺城与洛阳等地，作为人质，以防止士兵的逃亡和叛变。他们作为兵士的身份是世袭的，一旦被列入士籍，就不能改业，子子孙孙、世世代代相袭为兵士，甚至兵士身死后，其妻也得改配士家，其子女也只能在士家间进行婚配。由此可见，屯田制上的农民和兵士的隶属性是多么强大。屯田制也在蜀国和吴国实行过。由于屯田制中屯田客和佃兵的强烈的人身依附关系，加之他们负担的税赋过重，因而严重挫伤了他们的积极性，还由于世家大族有时还想霸占屯田的土地，因此，到司马炎灭吴的公元 280 年之后，屯田的军事目的已经消逝，屯田制也就逐渐解体了。

在魏晋南北朝时期，另一个重要的经济现象，便是世家大族经济势力的发展与部曲佃客制的形成。魏晋南北朝时期的世家大族经济势力的发展萌芽于西汉末。《后汉书·樊宏传》提到湖阳（今河南唐河南八十里湖阳镇）樊重，“世善农稼，好货殖……三世共财……其营理产业，物无所弃，课役童隶。各得其宜，故能上下戮力，财利岁倍，至乃开广田土三百余顷”。他又“广起庐舍，高楼连阁，波陂灌注，竹木成林，六畜放牧，鱼赢梨果，檀棘桑麻，闭门成市，兵弩器械，赀至百万”[①]。马援在“北地牧畜，宾客多归附者，遂役属数百家”[②]；又其屯田天水苑川，“请与田户中分”[③]；后归洛阳，又使宾客屯田长安上林苑中。到了南北朝，这种自给自足的庄园经济已经发展得较为普遍了。如颜之推《颜氏家训·治家篇》所云：“生民之本，要当稼穑而食，桑麻以衣，蔬果之蓄，圆场之所产，鸡豚之善，埘圈之所生，爰及栋宇器械，樵苏脂烛，莫非种植之物也。至能守其业者，闭门而为生之具以足，但家无盐井耳。”

世家大族有的出身于官僚，有的则是由商人转化而来的。但无论是从官僚

① 《水经·比水注》。
② 《后汉书·马援传》。
③ 《水经·河水注》。

体系中派生出来的世家大族还是从商人转化而来的世家大族，他们都带有特别浓厚的父家长色彩。这是因为中国国家形态比较早熟，在社会制度上，氏族残余也长期严重遗留，因此秦汉以来的小农农村，虽然处在农村公社——井田和书社已经崩溃的条件下，但却仍然以氏族为纽带而巩固结合起来。

东汉末年，社会处于长期的纷扰之中，世家大族和依附农民之间的隶属关系得到了强化，与此同时，由于动乱，政权解体，无家可归的农民命无所托，于是不得不依附当地或附近的强宗豪族，成为这些强宗豪族的"部曲"或"佃客"，而世家大族也通过血缘的结合，在坞垒堡壁之间，部勒宗姓，加以武装，或聚族以自保，或举宗而避难。这就是所谓的"坞堡"组织，它兼有军事和经济的功能。这些坞堡组织大多是聚族而居，从汉末直到魏晋南北朝期间都存在于中国的南方和北方。依附于世家大族的农民虽然同样也要为堡主承担徭役和杂税，但因为国家政权解体，因此，并不需要向国家捐输，而且相对来说，其所负担的徭役和杂税相比国家的租税负担要轻得多，由此，也导致更多的农民依附于这些世家大族。世家大族经济和军事力量的发展对社会的走势以及新政权的建立都有着极大的影响，三国鼎立局面的形成，正是曹操、刘备、孙权拉拢与自己关系较为密切的世家大族而导致的结果。

世家大族的这种经济和政治上的优势，使得任何新政权都不能对其加以小视。所以，西晋立国后，于经济上对世家大族的占田虽欲有所节制，但是究竟不敢有大的动作；在政治上，也只能和世家大族妥协，而采取九品中正制。东晋南渡后，北方来的世家大族更是认为自己"勤王"有功而不服节制，所以，江南的世家大族与王室的关系始终处在若即若离的境地中，尽管这些世家大族在自己的家族内部也很重视家风和门风，但在与国家的关系上，则很少有愿意为国尽忠的，其家族的利益往往被置于朝廷的利益和国家利益之上，传统的忠节观念在这些世家大族的心目中已经被缩小为对家族的忠节。

北朝的情况与南朝不同。北朝是由少数民族建立起来的政权，因此北朝时期北方的世家大族必须首先谋求自保，因此，必须不断发展自己的力量。他们力量的强大使得少数民族政权对他们也不敢小视，同时，也因为对于少数民族而言，当时的汉文化远较其发达，因此，一些有远见的少数民族政权的执政者就和北方的世家大族相妥协，利用这些世家大族所熟悉的儒家治国之道来改造少数民族文化。因此，儒家传统的忠孝节义的价值观念，反倒是在北朝中得到了一定程度的继承和发扬。

总之，魏晋南北朝的屯田制、以世家大族为代表的坞堡经济，对社会的道德关系如主仆关系、君臣关系、士庶关系等都有着较大的影响。

第三节　思想文化环境："玄风"流行，道教、佛教兴起

在魏晋南北朝时期，思想文化领域最显著的特点是玄学思潮的产生和迅速流行，道教、佛教的兴起和发展。

玄学思潮的产生和流行，是以儒家经学的衰落为其背景和前提的。汉代自武帝采用董仲舒"罢黜百家，独尊儒术"的建议后，儒家经学出现了两种发展趋势：一是空守章句师说以致烦琐迂阔，"一经说至百万余言，大师众至千余人"①；"说五字之文，至于二三万言。后进弥以弛逐，故幼童而守一艺，白首而后能言"②。这种空守章句师说以致烦琐迂阔的风气至东汉更是变本加厉。《后汉书》卷三十五《郑玄传》论曰："及东京，学者亦各名家，而守文之徒，滞固所禀，异端纷纭，互相诡激，遂令经有数家，家有数说，章句多者或乃百余万言，学徒劳而少功，后生疑而莫正。"两汉经学的另一发展趋势是阴阳五行灾异与谶纬之说紧密结合，援天道证人事以致荒诞不经。《汉书》卷二十七（上）《五行志》云："景、武之世，董仲舒治《公羊春秋》，始推阴阳，为儒者宗。宣、元之后，刘向治《穀梁春秋》，数其祸福，传以《洪范》，与促舒错。至向子歆……言《五行传》又颇不同。"董仲舒的天人感应神学是将阴阳五行作为其理论体系架构的骨骼的，其中夹杂了大量阴阳五行的内容。近人梁启超说董仲舒的《春秋繁露》祖述阴阳家者言几居半。③《洪范》本是《尚书》中的一篇，相传是武王克殷后访问箕子，箕子

① 《汉书》卷八十八《儒林传》。
② 《汉书》卷三十《艺文志》。
③ 参阅梁启超：《阴阳五行说之来历》，《古史辨》第五册（下编）。

对其陈述的治理国家的大法。它把人事的“貌、言、视、听、思”和天气的“雨、旸、燠、寒、风”联系起来，认为天气的变化与君主的一举一动有关。这实际上是战国后期阴阳五行家的托古之说。这种思想受到刘向等人的特别青睐。当然，这种以阴阳五行理论解释现实、援天道以证人事的做法，并不仅仅是董仲舒、刘向父子的偏好，而是其时代的学术特点。光武中兴，谶纬、阴阳五行休咎之说与儒家经典结合得更加紧密，至章帝于白虎观台集中儒士讨论刊定儒家经典，把这种结合推到了顶点。

烦琐迂阔，荒诞不经，两汉经学的这两种发展趋势，决定了它自身生命的苍白无力。它之所以能在两汉长期生存，并非是它自身的活力，而是社会的需要。这种需要来自两个方面，一则最高统治者需要它来为自己的统治地位进行合理性与合法性论证，并用它来约束人们的行为，以稳定现存的统治秩序；另一方面，则是士大夫要用它来作为自己进入仕途的铺路石、敲门砖。这意味着一旦其外部条件丧失，那么，儒家经学就必然陷入穷途末路。汉末，自安顺帝时始，自然灾害频繁，将灾异之说、休咎之应推入了难以自圆其说的境地，而其苍白贫困的内部结构又很难使它摆脱这种窘境。同时，自然灾害的频繁、社会的动乱和政治的腐朽黑暗，在社会上引起了巨大的忧虑和恐惧，人们迫切需要一种新的理论对此给出令人较为满意的答案。正因为如此，东汉后期，已有文人学士跳出两汉经学的藩篱，进行新的理论探索，其中一个重要方式就是到老庄之学中寻求对现实的解答。这成了魏晋玄学兴起的前奏。

玄学是用老庄思想来解释儒家经典的一种哲学思潮。从思想史发展的角度看，它的产生有一个过程。起初，东汉用征辟、察举的制度来选拔统治人才，其选拔的标准，大半依据乡闾宗党平日对这个人的长期观察而得出的社会舆论即一种舆论方面的鉴定。鉴定的主要着重点是“经明行修”，即一方面要懂得儒家经典，另一方面则要有相应的德行。这种舆论后来发展为清议，清议承担着品题人物的重任。但当时，对人物的品题大都还是重一个人的德行。汉末，天下大乱，军阀混战，急需军事人才，曹操四次发布“唯才是举”令，突破了人才选拔上的德行标准，其重才不重德的人才观念，使对人物的品题产生了标准上的困难。于是，人们必须在一个更为普遍和一般的高度上重新提出人才的标准问题，因此，“才性”问题就成了魏晋玄学讨论的起始问题，由这一问题出发，又逐渐深入到了“圣人”问题、“有无”问题、“本末”问题，在对这些问题的解决过程中，玄学家多援用道家思想来进行解释。

本来，道家思想和儒家思想有对立之处，如儒家强调积极的入世，而道家则主张与世无争，强调避世；儒家强调有为，而道家则主张顺应自然，主张无为；道家强调个体的生存，而儒家则主张社会的责任。这样两种相互对立的价值体系如何才能适调起来？正始名士何晏、王弼等人，以道家思想为本，以儒家思想为末，把“名教”说成是因于“自然”的，而到了竹林时期，阮籍、嵇康等人则公开提出了“越名教而任自然”的主张，直到郭象等人又提出儒道互补的模式。在这样一个过程中，儒家思想逐渐被道家思想所改造，随之而来的，则是士大夫在生活方式和生活态度方面的变化，其价值取向由传统的士所遵循的兼济天下向独善其身转变，因此，纵情声色，追求个体自由，不拘礼法成了这个时代的时尚。

魏晋南北朝时期，思想文化领域的第二个重要现象是道教的形成和发展。道教形成于东汉末年，表面上推崇老子，尊他作祖师爷，称他为“太上老君”，其实道教后来的教义与老庄思想多有矛盾之处，如老庄崇尚自然，主张清静无为，清心寡欲，反对人为的束缚，《庄子》这部书虽然讲到有关神仙的一些寓言，但并非主张求仙。而道教却不然，它相信天上有神仙，道教徒修持的目的，就是追求白日飞升，上天界去当大罗神仙。就这点而言，它反倒是和商周的巫师、秦汉的方士神仙家之说颇为接近。

东汉末年阶级矛盾极度紧张，一些受尽苦难的中下层民众既需要用宗教来作为自己的精神支柱，同时也需要利用宗教来进行反抗斗争，于是，原始道教就应运而生了。据史载，道教的创始人为于吉，《后汉书·襄楷传》称：“初，顺帝时（126～144），琅邪宫崇诣阙，上其师于吉于曲阳泉水上所得神书百七十卷……号《太平青领书》，其言以阴阳五行为家，而多巫觋杂语。有司奏崇所上妖妄不经，乃收藏之。后张角颇有其书焉。”这里提到的，《太平青领书》可算作是重要的道教经典著作。由于农民起义军领袖张角也传其书，因此，其领导的农民起义也被称作太平道。后张陵又创和太平道相类似的“五斗米道”。

《太平青领书》又称《太平经》，其内容复杂，既有维护统治阶级的言论，也有反映劳动者利益的思想。《太平经》卷六十七说：“积财亿万，不肯救穷周急，使人饥寒而死，其罪不除。”又说富人“得天地中和之财，积之乃亿亿万种，珍物金银亿万，反封藏逃匿于幽室，令皆腐涂。见人穷困往求，骂詈不予；既予，不即许，必求取增倍也。而或但一增，或四五乃止（高利贷）”。且认为财富乃天地之公物，不应由富人独占，攻击聚敛民财的专制帝王：“少内之钱财，本非独以给一人也。其有不足者，悉当从其取也。愚人无知，以为终古独当有之，不知乃万户之委输，皆当得衣食于是也。爱之反常怒喜，不肯力以周穷救急，令使万家之绝，春无以种，秋无以收。其冤结悉仰乎天，天为之感，地为之动。不助君子周穷救急，为天地之间大不仁人。”正是这种财富共有的思想，才使太平道能够很快地集合起大量的民众加入到反抗统治者的行列中来。《太平经》中还有强调人人要劳动的思想。卷六十七说：“天生人，幸使其人人自有筋力，可以自衣食者。”“夫力本以自动举，当随而衣食。”《太平经》还反对当时溺女的弊俗和厚葬之风。

但是，《太平经》里也有为统治者辩护的思想，如第六十五卷里就说道，农民天生就是“为王者主修田野治生”的，又把农民的反抗说成是“小人无道多自轻，共作反逆，犯天文地理，起为盗贼相贼伤，犯王法，为君子重忧”。

黄巾起义失败后，道教内部的分化加剧，一部分教徒仍然用原始粗糙的“首过”、“符水”治病的方法在民间传道，而另一些教徒则以金丹经、辟谷方、房中术等来为统治者服务。

东晋初年，葛洪著《抱朴子》，从理论上来反对原始道教，道教在他的改造之下，为统治阶级服务的功能进一步加强，当时的一些世家大族也竞相崇奉它。如南朝琅琊王氏（王羲之一房）、高平郗氏、兰陵萧氏，北朝的清河崔氏、京兆韦氏等。

葛洪字稚川，自号抱朴子，丹阳句容（今江苏句容）人。约生于西晋武帝太康五年（284），约卒于东晋哀帝兴宁二年（364），因镇压农民起义有功，东晋初获封关内侯，食句容县二百户。后去广东罗浮山炼丹，卒年八十一。

葛洪留下的主要著作是《抱朴子》。《抱朴子》分内外篇，据他自己说：“其内篇言神仙方药，鬼怪变化，养生延年，禳邪却祸之事，属道家。其外篇言人间得失，世事臧否，属儒家。”①其实，葛洪所说之内篇“属道家”，只是自己的附

① 《抱朴子·自序》。

会之言，与老庄的思想并无多少关联，而是更接近于神仙家。就思想影响层面来说，葛洪《抱朴子》的思想对人们生活的影响主要来自其内篇的长生不死之说。

葛洪在内篇的《论仙》中，多方论证了神仙不死之道。怎样才能成为神仙呢？葛洪说要炼丹并服食丹药。他认为“草木之药，埋之即腐，煮之即烂，烧之即焦”，因此，“服草木之药，可得延年，不免于死也”。而黄金和朱砂二物，“丹砂烧之成水银，积变又还成丹砂”；“黄金入火，百炼不消，埋之，毕天不朽”。因此用黄金和丹砂来炼丹，“服此二物，炼人身体”，“故能令人不老不死”，“寿无穷已，与天地相毕”。[①] 据他说，凡人吃了“九转仙丹”，三天之内，便可白日飞升。但其所配合的药物，都是些稀奇古怪的东西，倘若一时不能找全，炼一种“金液丹”也可以。炼这种丹，花费极其巨大，需黄金数十斤，合计经费在四十万钱左右，即四百匹绢左右。这样巨大的花费，只有世家大族才能承担，因此，普通人无成仙的机会。

“服食求神仙，多为药所误。”原本在正始年间，何晏等人就服食“五石散”，企图极力延长自己的生命，但“五石散”为剧毒之药，长期服用会使自己丧命。这已经为一些服药者的经历所证明。“五石散”其实也是方术家发明出来的类似于葛洪所谓“丹药”的东西。但到葛洪的时代，仍然有人对道教的“丹药”极度迷信，究其原因，一方面是战乱使人生命无常，从而使人更加感觉到生命的短促与可贵，既然有一种药物能使人成为神仙并且长生不老，那么，为什么不食用呢？另一方面，也是世家大族迷恋自己奢华的生活。所以，不但是一般的世家大族服食所谓的“仙丹”，就连南北朝的皇帝也不例外，譬如北齐文宣帝令自己手下的术士合“九转金丹”，合成后，置之玉匣中，不肯服用，说：“我贪世间作乐，不能即飞上天，待临死时取服。”[②]于是，葛洪想了一个折中的办法：“且欲留在世间者，但服半剂，而录其半；若后求升天，便尽服之。”[③]至于成仙以后的生活，那是“饮则玉醴金浆，食则翠芝朱英，居则瑶堂瑰室，行则逍遥太清”，不但生活极尽奢华，而且“或可以翼亮五帝，或可以监御百灵”，“位可以不求而自致”，“势可

① 参阅《金丹篇》。
② 《北齐书·方伎·由吾道荣传》。
③ 《抱朴子·对俗篇》。

以总摄罗酆”①，权势也和人间一样。这样的一种生活，对统治者是有着莫大的吸引力的。葛洪的这种神仙可以长生不老的思想和原始道教中的“金丹派”的房中术一起，极大地激发了当时人们的享乐思想。

道教在葛洪对其进行改造后，又经过陶弘景和寇谦之的改造，获得了进一步的发展。

佛教是一种外来宗教，据史书记载，佛教传入中国，远在东汉初年，或尚在其前。《三国志·魏书·东夷传》注引《魏略》称：“汉哀帝元寿元年，博士弟子景卢受大月氏王使伊存口受《浮屠经》”，这可算作是汉人和佛教接触的开始。后汉时，佛教逐渐在中原地区传播开来，如光武帝子楚王刘英“喜黄老学，为浮屠斋戒祭祀”，可见，当时崇奉佛教已大有人在。但此时，人们对佛教的教义并无深切地了解，往往把佛等同于无所不能的神人。所谓“佛身长一丈六尺，黄金色，项中佩日月光，变化无方，无所不入，故能化通万物，而大济群生”②。但是，尽管在东汉已经有人信仰佛教，然而开始还只准西域人奉祠，汉人要出家为僧，政府是明令禁止的。在曹魏甘露五年(260)的稍前一两年，才有颍川人朱士行，第一个出家做和尚，朱遂成为“汉地沙门之始”③。

东晋南渡，佛教在上流社会中有了较大影响，其时，支道林、竺法深等都与当时的一些大名士如殷浩、谢玄、谢安、王羲之、孙绰等相友善，并常常在一起“谈玄”。至南朝，梁武帝信佛，佛法盛极一时。古诗云“南朝四百八十寺”，不为夸张之言，实际的数目当还远远不止。“其时京师寺刹，多至七百。宫内华林园，为君臣讲经之所；宫外同泰寺，为帝王舍身之区。”④梁武帝三度舍身入寺，群臣以一亿万钱为其赎身。在此之前，南齐竟陵王也有舍身入寺之举。此后，有陈武帝于大庄严寺舍身，陈后主即位后，也曾在弘法寺舍身。由此可见佛教在南朝之盛况，以致于有人担心：“僧尼十余万，资产丰沃。……天下户口，几亡其半。恐方来处处成寺，家家剃落，尺土一人，非复国有。”⑤

北朝皇帝崇佛现象比南朝尤甚。如后赵的石勒、石虎，一方面嗜杀成性，恣

---

① 《抱朴子·对俗篇》。
② 《后汉纪》。
③ [隋]费长房：《历代三宝记》。
④ 钱穆：《国史大纲》(上)，商务印书馆2005年版，第361页。
⑤ 同上。

情享乐,另一方面却又奉佛;北齐的文宣帝高洋一方面昏虐杀人,同时又迷信佛教,曾亲受菩萨戒。北朝的妃、主、储王也大都佞佛。有许多废后,往往出家为尼,公主、郡主出家的也不少。

中原的世家大族,如清河崔氏、范阳卢氏、荥阳郑氏、陇西李氏、河间邢氏、河东柳氏,以及代北的鲜卑贵族,也多信仰佛法。

由于统治阶级的提倡,加之当时中原民众深受民族压迫和阶级压迫之苦,生活穷困,走投无路;有的为了逃避徭役和租调,结果纷纷出家做了和尚,以致僧尼的人数不可避免地多了起来。至北齐、北周对峙之时,两国的僧尼人数加起来,总数达三百万之众,占当时这两国人口总数的十分之一。

佛教在北朝的发展,引发了北朝佛教和道教之间的矛盾和冲突,加之佛寺经济的发展和僧尼人口的增加,使政府的劳动力减少并影响到政府的财政收入,因此,在北朝出现了两次大的灭佛事件,使佛教在北朝的发展受到沉重的打击。

佛教对人们观念的影响主要有以下几个方面:

第一,佛教的人生观。佛教认为现实的人生是充满痛苦的,而这种痛苦不是别人造成的,乃是自己造成的。其原因在于众生处在一种“无明”状态之中,不了解现实世界中人们所追求的种种自认为珍贵的东西都是因缘和合所生,是没有自性的,因而也是旋起旋灭的。人又有贪、嗔、痴“三毒”,有贪必有取,能取、所取是谓二取,有取即有执,向内执着于我,向外执着于物,是谓法执、我执。执着于生,故有死之苦,执着于富,故有贫之苦,实际上,这是妄生分别,自生烦恼。要从苦海中解脱出来,就必须断“二取”,破“二执”,皈依“三宝”。

第二,佛教的因果轮回和三世报应说。佛教把人生在世所做的一切都称为“业”,而人所做的这些“业”,不论其善恶大小,皆会得到报应。善有善报,恶有恶报。因此,人要当身修行、勇猛精进,弃恶从善。

第三,和上述三世因果轮回报应说相联系,佛教有许多戒律,如不杀生、不偷盗、不奸淫、不说谎等。佛教认为,要弃恶从善,就必须遵守这些戒律,也只有遵守这些戒律,人才能从苦海中得到解救,才能得到善报。

第四,佛教因为崇奉佛祖,因此主张不敬王者,又主张佛教徒要出家修行,这些观点和中国传统的君臣道德观念、家庭道德观念有冲突之处，也必然会影响人们的道德生活。

总之，魏晋南北朝时期佛教在中国的流行和传播，为当时人们的道德生活增添了新的内容。

第二章

魏晋南北朝时期
道德生活的总体状况

在魏晋南北朝时期，战祸、自然灾害以及意识形态领域的价值迷失导致了两方面的严重后果：一方面，战祸和自然灾害，使得人的自然生命经常处在一种随时都可能遭受毁灭的境地当中，这一境况昭示着在魏晋南北朝这一特定社会环境中，人的生命存在变得非常的脆弱；另一方面，意识形态领域中的价值迷失，则使人的精神生命无所归依。自然生命的无常和精神生命的无所归依，从肉体和精神、形上和形下两方面撕裂着人们，并因此决定着这一时期人们的道德追求。

第一节　对儒学所强调的根本价值——“孝”的认同

尽管在魏晋南北朝时期，由于兵连祸结、王朝更迭频繁，使人处在一种深深的生命无常和无助的体验之中；尽管统治阶级在官吏选拔中推行的是重才不重德的人才标准，但是，在魏晋南北朝时期，儒家所强调的作为百善之本的“孝”却仍然为人们所认同和追求。

在先秦儒学中，从孔子开始，就把缘于家庭血缘关系的亲情伦理“孝”作为其他伦理道德的源头。“孝悌也者，其为仁之本与”①，从而突出了孝在儒家道德价值孝悌中的优先和基础性地位。汉代自武帝后，儒学的地位被强化，儒家的价值观念通过相应的制度安排，有力地影响着人们的行为。如汉武帝元光元年诏令各郡举孝廉各一人。颜师古注曰：“孝谓善事父母者”。根据这一解释，举孝廉作为一种选官制度，一个重要内容就是把有孝行和孝德之人推举出来，充任地方官吏。这成为很多下层人物进入仕途的重要的也是主要的渠道，到东汉，这一制度则几乎成了人们走入仕途的唯一途径。尽管在实际的实施过程中，“举孝廉”的权力由一些世家大族所把持，而使其不免流于虚伪②，但不可否

① 《论语·学而》。
② 当时民间就流传着“举孝廉，父别居”的谚语。

认的是，这一举措对于促进社会的孝德、孝风的形成是起了积极作用的。

汉末，社会动乱，人命危浅，朝不虑夕，各军事集团为了扩充自己的实力，又不择手段，无所不用其极，这些因素导致了三国时期社会规范的失范状态。曹操在网罗人才时，公然放弃道德标准，以表现出他的“雄才大略”，而玄学的兴起又在一定程度上冲击着以儒学为核心的名教，从而在一定程度上加剧了社会的失范状态。但是，在封建社会里，以儒学价值系统为核心的名教，毕竟是维系社会的无形的、最有力的力量。名教的危机，必然带来严重的问题，威胁着统治阶级的根本利益。正因如此，魏晋南北朝时期各个不同的统治集团，仍然要树立名教的权威，而在这个过程中，其首选的道德价值导向，必然是儒家所特别强调的作为“百善之源”的孝。这是因为：

首先，孝在儒学道德价值系统中占有基础性地位。中国传统社会是一个家国同构的社会，儒家伦理乃是建立在对中国传统社会这个基本特点深刻认识的基础之上的，因此，他必然强调血缘亲情伦理的重要性，把社会生活各领域的伦理看作是血缘亲情伦理的外扩和延伸。这正是所谓“移孝作忠”、“忠臣出于孝子”的真正根源之所在。

其次，从孝所反映的父子关系和忠所反映的君臣关系的性质来看，父子关系是一种天然的、不可改变的关系，而君臣关系则是后天的人为的关系，因此，突出和强调孝，有着更为深厚的心理学基础。

再次，从当时的社会现实来看，由于王朝更迭频繁，而且在王朝频繁更迭的过程中，遭殃的既有和旧政权有密切联系的朝中大臣，也有很多无辜者，甚至还有为新政权的建立立过功的人。这种情况必然使人们对君臣关系的道德性发生怀疑。而当时叛主、弑君现象的大量发生，更使人对处理君臣关系的道德要求之一的“忠”产生迷惑，发生动摇。试看当时的社会现实：曹丕建魏，是逼汉帝禅位；司马氏建晋，乃是通过宫廷政变而取代了曹魏政权的最后一个皇帝，是严重的弑君行为；司马氏政权内部的相互杀戮比起其立国过程中对待曹魏的手段有过之而无不及，而南朝刘宋政权内部的杀戮竟然使他们发出了“愿身不复生王家”的悲愤之叹。

由此可见，确立以儒家价值系统为核心的名教的地位，在当时社会环境下，只能把以血缘为基础的家庭伦理放在首位，尤其是把孝放在首位。为做到这一点，一些有远见的统治集团人士采取了相应的措施。

曹操在北方稍安定之时，便注意发挥儒学的教化功能。建安八年(203)，他诏令："丧乱以来，十有五年，后生者不见仁义礼让之风，吾甚伤之。其令郡国各修文学，县满五百户置校官，选其乡之俊造而教学之，庶几先王之道不废，而有以益于天下。"①魏明帝时，高柔上疏建议尊崇儒学，以鼓励学者，广施德教。王昶曾作诫子侄书，曰："夫人为子之道，莫大于宝身全行，以显父母。此三者人知其善，而或危身破家，陷于灭亡之祸者，何也？由所祖习非其道也。夫孝敬仁义，百行之首，行之而立，身之本也。孝敬则宗族安之，仁义则乡党重之，此行成于内，名著于外者矣。人若不笃于至行，而背本逐末，以陷浮华焉，以成朋党焉；浮华则有虚伪之累，朋党则有彼此之患。……欲使汝曹立身行己，遵儒者之教，履道家之言……"他向魏明帝上书条陈"五事"，其中第一条是"欲崇道笃学，抑绝浮华，使国子入太学而修庠序"；第五条是"欲绝侈靡，务崇节俭，令衣服有章，上下有叙，储谷畜帛，反民于朴"②。

西晋时，司马氏虽以弑君而得天下，蒙得天下不正之讥，但却同样标榜以孝治天下，对臣民提出遵守儒家伦理纲常的要求。晋武帝每以儒学为本，以百家为末，着意"简法务本"、"敦本息末"。泰始四年(268)晋武帝诏令："……敦喻五教，劝务农功，勉励学者，思勤正典，无为百家庸末，致远必泥。士庶有好学笃道，孝弟忠信，清白异行者，举而进之；有不孝敬于父母，不长悌于族党，悖礼弃常，不率法令者，纠而罪之。田畴辟，生业修，礼教设，禁令行，则长吏之能也。人穷匮，农事荒，奸盗起，刑狱烦，下陵上替，礼义不兴，斯长吏之否也。"③南朝刘宋也重视教育，倡导儒学，尤重礼学。到齐梁时，玄学已成强弩之末，儒学更兴。梁武帝并崇儒、释，即位后"置五经博士各一人"，又"分遣博士祭酒立学"，后又下诏："建国君民，立教为首，砥身砺行，由乎经术。……宜大起庠斆，博延胄子，务彼十伦，弘此三德。"由于统治者的重视，遂造成了"十数年间，怀经负笈者云会京师"④的景况。当时礼学颇为发达。大儒王俭"长礼学，谙究朝仪，每博议，

① 《裴注三国志·魏书一》。
② 《裴注三国志·魏书二十七》。
③ 《晋书·武帝纪》。
④ 《梁书》卷四十八《儒林传》。

证引先儒，罕有其例”。[1] 何佟之、沈峻、皇侃等名儒也都精通三礼。礼学的兴盛，从一个侧面反映了建设礼制秩序的客观要求。尽管这些举措还不能与当时的玄风相抗衡，但毕竟它们是由统治集团制定和推行的，对整个社会有着强烈的导向作用。

北朝与南朝相比，儒学还要发达一些。其原因有两点：一是北方世家大族原来就具有较好的重儒传统；另一个方面则是因为入主中原的少数民族都面临着改变旧俗、建立新的文化体系的重要任务，儒家文化更适应他们的现实要求。北魏建立之初，孝文帝就看到了儒教的社会规范作用，因此，他力主改革。其改革的重要举措，就是确立儒家文化在少数民族政权中的主导地位。孝文帝标榜以孝治天下，促进了儒家价值观在少数民族中的传播和影响。北齐、北周之时，儒学更加兴盛。北周宇文邕明确把儒教置为三教之首，每以儒家礼乐行事。

与此同时，统治者还大兴为孝、忠、节、义者立传之风，从现有的资料看，以孝行见显者，《晋书》有传主 13 人；《南史》卷七十三、卷七十四为《孝义》上、下，共 122 人；《北史》卷八十四共有 31 人。此外，以孝行闻名不入此类而入于他类者，更是所在多有，如晋王祥，本以孝名显，但未列入孝行类而列入卷三十三，置于皇后及嫔妃传后，以彰其地位。凡此种种，不一而足。兹择其著者略做说明，以显当时社会主流道德价值追求之样态。

以孝行而名显者，当首推王祥，这是载于二十四孝故事中的作为古代孝德之典范而被统治者着力推许并为大众广为传诵的人物。关于王祥，《晋书》和《世说新语》中都有记载，两者所记大体相同。《晋书》卷三十三《王祥传》曰：“祥性至孝。早丧亲，继母朱氏不慈，数谮之，由是失爱于父。每使扫除牛下，祥愈恭谨。父母有疾，衣不解带，汤药必亲尝。母常欲生鱼，时天寒冰冻，祥解衣将剖冰求之，冰忽自解，双鲤跃出，持之而归。母又思黄雀炙，复有黄雀数十飞入其幕，复以供母。乡里惊叹，以为孝感所至焉。有丹柰结实，母命守之，每风雨，祥辄抱树而泣。其笃孝纯至如此。汉末遭乱，扶母携弟览避地庐江，隐居三十余年，不应州郡之命。母终，居丧毁瘁，杖而后起。”后王祥以孝德“累迁大司农”。这里记载了家喻户晓的王祥“卧冰求鲤”的故事，虽不免有传奇色彩，但其

---

① 《南齐书·王俭传》。

根本用意不在于故事本身，而在于高标孝行孝德的巨大作用：至孝可以感动天地。类似的故事在《晋书》卷八十八《孝友》也有记载，该卷记载孝子盛彦事母至孝而使双目失明的母亲重见天日的故事。①

《南齐书》卷五十五《孝义》还记载了一个较为特殊的故事，故事说，吴郡钱塘人朱谦之因族人朱幼方燎火焚其母之墓葬而手刃朱幼方，后得赦免。“朱谦之，字处光，吴郡钱唐人也。父昭之，以学解称于乡里。谦之年数岁，所生母亡，昭之假葬田侧，为族人朱幼方燎火所焚。同产姊密语之，谦之虽小，便哀戚如持丧。……永明中，手刃杀幼方，诣狱自系。县令申灵勖表上，别驾孔稚圭、兼记室刘琎、司徒左西掾张融笺与刺史豫章王曰：‘礼开报仇之典，以申孝义之情；法断相杀之条，以表权时之制。谦之挥刃酬冤，既申私礼；系颈就死，又明公法。今仍杀之，则成当世罪人；宥而活之，即为盛朝孝子。杀一罪人，未足弘宪；活一孝子，实广风德……’豫章王言之世祖，时吴郡太守王慈、太常张绪、尚书陆澄并表论其事，世祖嘉其义，虑相复报，乃遣谦之随曹虎西行。将发，幼方子恽于津阳门伺杀谦之，谦之之兄选之又刺杀恽。有司以闻。世祖曰：‘此皆是义事，不可问。’悉赦之。吴兴沈攡闻而叹曰：‘弟死于孝，兄殉于义。孝友之节，萃此一门。’”朱谦之因母坟被毁而手刃他人，竟然可以得到皇帝的赦免，而且还被大大地表彰，其理由很简单，即孝这种道德价值大于“杀人偿命”这种法律的价值。

《梁书》卷四十七记载有孝名的人物共 16 人，其中不乏因至孝而感动神灵的故事。如该卷第一位传主滕昙恭的故事就是一例。载曰：“滕昙恭，豫章南昌人也。年五岁，母杨氏患热，思食寒瓜，土俗所不产，昙恭历访不能得，衔悲哀切。俄值一桑门问其故，昙恭具以告。桑门曰：‘我有两瓜，分一相遗。’昙恭拜谢，因捧瓜还，以荐其母。举室惊异。寻访桑门，莫知所在。及父母卒，昙恭水浆不入口者旬日，感恸呕血，绝而复苏。隆冬不著茧絮，蔬食终身。每至忌日，思慕不自堪，昼夜哀恸。其门外有冬生树二株，时忽有神光自树而起，俄见佛像及夹侍之仪，容光显著，自门而入，昙恭家人大小，咸共礼拜，久之乃灭。远近道俗咸传之。”又：“甄恬，字彦约，中山无极人也。……数岁丧父，哀感有若成人。

① 参阅《晋书》卷八十八《孝友·盛彦传》。

家人矜其小，以肉汁和饭饲之，恬不肯食。年八岁，问其母，恨生不识父，遂悲泣累日，忽若有见，言其形貌，则其父也，时以为孝感。……及居丧，庐于墓侧，恒有鸟玄黄杂色，集于庐树，恬哭则鸣，哭止则止。又有白雀栖宿其庐。”再如：“刘霁，字士烜，平原人也。……十四居父忧，有至性，每哭辄呕血。……母明氏寝疾，霁年已五十，衣不解带者七旬，诵《观世音经》，数至万遍。夜因感梦，见一僧谓曰：‘夫人算尽，君精诚笃至，当相为申延。’后六十余日乃亡。霁庐于墓，哀恸过礼。常有双白鹤驯翔于庐侧。”

《陈书》卷三十三载有孝德孝行者凡五人，这里择一以述之。“殷不害，字长卿，陈郡长平人也。……不害性至孝，居父忧过礼，由是少知名。……梁元帝立，以不害为中书郎，兼廷尉卿，因将家属西上。江陵之陷也，不害先于别所督战，失母所在，于时甚寒，冰雪交下，老弱冻死者填满沟堑。不害行哭道路，远近寻求，无所不至，遇见死人沟水中，即投身而下，扶捧阅视，举体冻湿，水浆不入口，号泣不辍声，如是者七日，始得母尸。不害凭尸而哭，每举音辄气绝，行路无不为之流涕。即于江陵权殡。……自是蔬食布衣，枯槁骨立，见者莫不哀之。”

《北史》卷八十四载孝德孝行者凡 31 人，其人其事，兹不录。

从所见材料看，这些传主有位高权重者，也有位卑无权者，但不管有无权位，其孝行孝德都得到了朝廷的称许，多数人因此而做官。由此可见，魏晋南北朝时期，尽管社会动乱，纲常弛废，但统治者却仍然极力提倡儒家的基本价值，而孝德孝行不光是得到了统治者的称许，一般社会民众也深受其影响，将之作为自己立身行事的榜样。

当然，在魏晋南北朝时期，由于玄学的产生和兴盛，名教和自然的关系一度非常紧张，这导致了人们，尤其是所谓名士，在生活上的放达之风。其表现就是任情率性，不拘礼法，行为乖张放诞，惊世骇俗。但是，不管这些人的行为怎样的惊世骇俗，对儒家所强调的根本价值——孝，确是不敢抛弃的，只是他们更加注重孝的实质，而不注重孝的外在形式。《世说新语·德行》记载的一件事，颇能说明这一点：“王戎、和峤同时遭大丧，俱以孝称。王鸡骨支床，和哭泣备礼。武帝谓刘仲雄曰：‘卿数省王、和不？闻和哀苦过礼，使人忧之。’仲雄曰：‘和峤虽备礼，神气不损；王戎虽不备礼，而哀毁骨立。臣以和峤生孝，王戎死孝。陛下不应忧峤，而应忧戎。’”这是说，和峤虽然对孝的礼仪遵守得周详备至，但是，这只是形式上的,因其“神气不损”,内心并没有感到真正的悲苦;而王戎虽不守礼制,但苦在内心,因而形销骨立,乃至于有危及生命的危险,所以,刘仲雄提醒晋武帝,真正应该担忧的是王戎而不是和峤。阮籍、阮咸叔侄在“竹林七贤”中以不遵礼教著称,居丧期间或大碗喝酒,大块吃肉,或“单骑追美”,令许多礼法之士侧目,但仍然只是不拘孝礼的外在形式。《晋书》卷四十九《阮籍传》曰:“籍虽不拘礼教,然发言玄远,口不臧否人物。性至孝,母终,正与人围棋,对者求止,籍留与决赌。既而饮酒二斗,举声一号,吐血数升。及将葬,食一蒸肫,饮二斗酒,然后临诀,直言穷矣,举声一号,因又吐血数升。毁脊骨立,殆致灭性。”因母去世,而两次吐血数升,可说是伤心欲绝。阮咸“单骑追美”,是因为在他看来,“人种不可失”①。按儒家的立场,“不孝有三,无后为大”,因姑母的婢女怀了自己的孩子,所以,当获悉姑母将带着婢女归家时,哪怕是重孝在身,也要不顾一切地把她追回来。这仍然没有违反孝的实质。嵇康也是不守礼法之士,但同样只是摒弃了一些礼教的形式,而其思想仍然被儒家礼教所网罗。他在《家诫》道出了自己内心的款曲:“不须作小小卑恭,当大谦裕;不须作小小廉耻,当全大让。若临朝让官。临义让生,若孔文举求代兄死,此忠臣烈士之节。”这和玄学末流、浮华之士以醉生梦死、秽浊放诞为脱俗的做派是有霄壤之别的。

有对孝德孝行的表彰,也就会有对悖孝之行的惩处。阮籍于居丧期间,一次在晋文王司马昭座中饮酒吃肉,司隶校尉何曾就非常严肃地建议司马昭应该把阮籍流放海外。但不知是司马昭了解阮籍是至孝之人,抑或是不想被人指为迫害大名士的罪魁祸首,阮籍得以全身而退。然而,这一事例也说明,不孝之人是会受到惩处的,设想此人不是阮籍或阮籍不是名动一时的大名士,其结局恐怕就不是如此了。在司马氏当政的时代,“不孝”是十大重罪之一,要遭受严厉的流放处罚。名士吕安就以“不孝”的罪名受到处罚,嵇康为其辩护,被钟会挟私报复,以为吕作“伪证”罪而逮捕下狱,后和吕安被一同处死。②《世说新语・

① 《世说新语・任诞》。

② 《三国志・魏书二十一》注引《魏氏春秋》云:“初,康与东平吕昭子巽及巽弟安亲善。会巽淫安妻徐氏,而诬安不孝,囚之。安引康为证,康义不负心,保明其事。安亦至烈,有济世志力。钟会劝大将军因此除之。遂杀安及康。”

政事》还记载这样一件事："陈仲弓为太丘长时，吏有诈称母病求假。事觉，收之。令吏杀焉。主簿请付狱考众奸。仲弓曰：'欺君不忠，病母不孝。不忠不孝，其罪莫大，考求众奸，岂复过此。'"这个属吏因撒谎称母病，被冠以不忠不孝之罪名而被陈仲弓处死。这些事实从反面表明，作为儒家价值系统之核心的"孝"在社会生活中的重要地位。

由此可见，魏晋南北朝时期，虽然社会处在动乱中，但就道德生活而言，对儒家基本价值的肯认和追求，仍然是这一时期占主流的道德价值观念。

第二节　在个人和国家的关系上，从"兼济天下"到"独善其身"

我们知道，汉代自武帝接受董仲舒的"罢黜百家，独尊儒术"的建议后，儒家思想即上升为国家意识形态。作为带有强烈入世色彩的哲学思想和价值观念系统，儒学特别强调个体尤其是知识分子（士）对整体的责任和义务，提出了"立德、立功、立言"的"三不朽"人生价值目标和理想追求。这一价值目标和理想追求，往往使得传统文人知识分子在社会动乱之时常常会自觉地挺身而出，肩负起匡扶时艰的历史使命。

东汉后期，纲纪颓弛，国事日非，士大夫一个个忧心如焚，纷纷挺身而出，自觉地改弊匡失，舍身为国。但是，皇帝并没有接受士大夫的这一片忠心，反而在宦官的煽动之下，一次次对士大夫举起了屠刀，杨震、李固、李云、杜乔等一大批忧国之士先后倒于血泊之中，而桓、灵二帝对"党人"的迫害和屠杀则更为酷烈：桓帝延熹九年，河内张成勾结宦官通过弟子牢修上书诬告士大夫领袖李膺等人与太学游士、诸郡生徒"共为部党，诽讪朝廷"，桓帝大怒，下令将李膺等二百余人抓进监牢，虽然次年将这些人放了出来，但仍然"禁锢终身"，不得做官。灵帝建宁二年，张俭乡人朱并承宦官旨意，上书告张俭于乡中结党"图危社稷"，灵帝下令捕张俭等，"司空虞放、太仆杜密、长乐少府李膺、司隶校尉朱寓、颍川太守巴肃、沛相荀翌、河内太守魏朗、山阳太守翟超、任城相刘儒、太尉掾范滂等百余人，皆死狱中”。“海内涂炭，二十余年，诸所蔓衍，皆天下善士”①。

本来，按照儒家的立场，士大夫应勇于为“帝王师”，承担起辅佐君王，致天下于太平的责任，然而，他们的一腔热血却不能为皇帝理解和接受，相反却时时面临着杀身之祸。个体与社会的矛盾凸显出来，于是，士大夫出现了价值观念上的迷茫。这种迷惘心态在曾“慨然有澄清天下之志”的范滂身上表现得非常鲜明：第一次“党锢之祸”时，他被诬下狱，备受楚毒，不由仰天长叹：“古之循善，自求多福；今之循善，身陷大戮。身死之日，愿埋滂于首阳山侧，上不负皇天，下不愧夷、齐。”

> 建宁二年，遂大诛党人，诏下急捕滂等。督邮吴导至县，抱诏书，闭传舍，伏床而泣。滂闻之，曰：“必为我也。”即自诣狱。县令郭揖大惊，出解印绶，引与俱亡。曰：“天下大矣，子何为在此?”滂曰：“滂死则祸塞，何敢以罪累君，又令老母流离乎!”其母就与之诀。……滂跪受教，再拜而辞。顾谓其子曰：“吾欲使汝为恶，则恶不可为；使汝为善，则我不为恶?”行路闻之，莫不流涕。②

不能兼济天下，那就只好独善其身了。所以，在东汉后期，士大夫中出现了不隐不仕或干脆与世隔绝的生活方式。

> 延熹末，党事将作，闳遂散发绝世，欲投迹深林。以母老不能远遁，乃筑土室，四周于庭，不为户，自牖纳饮食而已。旦于室中东向拜母。母思闳，时往就视，母去，便自掩闭，兄弟妻子莫得见也。及母殁，不为制服设位，时莫能名，或以为狂生。潜身十八年。黄巾贼起，攻没郡县，百姓惊散，闳诵经不移……年五十七，卒于土室。③

这一情况进入三国魏晋南北朝后，变得更为严重了。

魏晋南北朝时期，由于战争频繁，统治集团内部的权力争夺异常激烈，使得

① 《后汉书》卷六十七《党锢列传》序。
② 《后汉书》卷六十七《党锢列传·范滂传》。
③ 《后汉书》卷五十四《袁闳传》。

士大夫的处境更加险恶，因此，如何避免自己陷入复杂的政治斗争的旋涡，全身远祸，成了这一时期士大夫所思考的一个十分紧迫的问题（至于一般下层民众，他们从来就没有主动选择自己的生存方式的权利，农民起义也好，军阀混战也好，他们常常是被裹挟着进入死亡之域）。正是在这样一种背景下，儒家一贯强调的整体至上、公义优先的原则在这一时期发生了倒转。尽管在这一时期，士大夫偶尔也还会想到自己肩上的社会责任，也仍不乏忠义之士，但总的趋向确是更加着重个人的存在与价值。

《世说新语·夙惠》和《世说新语·言语》记载了两件事，颇能说明当时南渡后晋帝和士大夫们的伤感心态：

> 过江诸人，每至美日，辄相邀新亭，藉卉饮宴。周侯中坐而叹曰："风景不殊，正自有山河之异。"皆相视流泪。唯王丞相愀然变色曰："当共戮力王事，克复神州，何至作楚囚相对！"

> 晋明帝数岁，坐元帝膝上。有人从长安来，元帝问洛下消息。潸然流涕。明帝问何以致泣，具以东渡意告之。因问明帝："汝意长安何如日远？"答曰："日远，不闻人从日边来，居然可知。"元帝异之。明日，集群臣宴会，告以此意，更重问之，乃答曰："日近。"元帝失色曰："尔何故异昨日之言邪？"答曰："举目见日，不见长安。"

风和日丽，郊游宴饮，触景生情，或因孩童无心之言而引发国土沦亡之感慨，一时豪气大发，要戮力同心，"克复神州"！但这终究是一时的义气用事，难以落实到行动上。梁时文士吴均好为慷慨军旅之作，其《剑诗》云："何当见天子，画地取关西。"表达了强烈的立功豪情。后来梁武帝召见他，问他："天子今见，关西安在焉？"吴无言以对。后来，梁武帝被围台城，吴均也在围城之中，梁武帝再次问计于他，吴均惶恐万分，不知所答。踌躇半晌，乃畏畏葸葸地说还是投降为好，遭到虽然身陷重围、但又倔强不屈的梁武帝的痛骂。①

---

① 参阅《太平广记》卷一九八。

由此可见，士大夫的担当意识从总体上看是趋于淡漠了。

个体价值取向和整体价值取向的倒错，具体表现为士大夫以清谈为务、饮酒为乐、不问政事等如下几个方面：

一、清谈

清谈亦称“玄言”、“玄谈”或“谈玄”，是魏晋南北朝时期空谈名理的一种风气。始于魏何晏、夏侯玄、王弼等人，至晋王衍辈，清谈之风大盛，东晋佛教兴起后，逐渐衰落。清谈本承两汉之清议而来，但已失去两汉清议的实质。在汉时，清议是一种由乡里或学校发起的针对地方官吏之行为的社会舆论，带有极其强烈的人物评论的色彩。这种清议对社会风气和政治生活都具有一种极大的压力。但是，汉末，由于统治集团对士大夫的残酷杀戮，加之魏晋时期社会的继续动乱，“天下多故，名士少有全者”①，人命危浅，朝不虑夕，这样，清议之风逐渐销声匿迹，而向着清谈转化，由“品核公卿，裁量执政”或“核论乡党人物”转向“口不臧否人物”了，与现实社会生活的距离越来越远。

清谈的内容以《周易》、《老子》、《庄子》为主，涉及的都是诸如有无、本末、体用等高深玄远的问题，再也没有了臧否人物的内容，即使有对某些人物的所谓“品题”，也大多是着眼于从个人的性情、气度、才干等方面来进行评论，与政治问题毫不相涉。从思想发展的角度看，从清议发展到清谈，是从具体的人物评论问题转入更为一般的人物评价标准的讨论，并进而发展为讨论宇宙的本体问题，这是哲学思维的提高，但是，清议原本就是士大夫参与政治生活的一种特有的方式，他们通过对为政者的所作所为的评价，表达自己的政治理想，并力图以此来影响政治生活，从而间接地体现其作为儒者所自觉承担的社会责任，以此观之，则清议发展到清谈，也可以说是士大夫逃避现实，放弃自己的社会责任的一种表现。

如名士阮籍少时慨然有匡济天下之志，“尝登广武，观楚汉战处，乃叹曰：‘时无英才，使竖子成名乎！’”②言下之意，他连刘邦和项羽都不放在眼里，是当

---

① 《晋书·阮籍传》。
② 《三国志·魏书二十一》注引《魏氏春秋》。

时无英才才使他们成名的。但就是这个曾胸怀大志的阮籍，在成年后，由于环境的险恶而变得异常地谨小慎微。《世说新语·德行》载："晋文王称阮嗣宗至慎，每与之言，言皆玄远，未尝臧否人物。"又同记注引《魏氏春秋》议及当时天下谁可称为至慎者，"乃举天下之至慎者，其唯阮嗣宗乎？每与之言，言及玄远，而未尝评论时事，臧否人物，可谓至慎乎？"这里，"言及玄远"，即是说，阮籍也是喜欢清谈的人物，但在这个过程中，却对时事一概置之不问，更不对当权者发表只言片语的评论，他们所感兴趣和所关注的乃是那些高深的哲理性问题。

《世说新语·文学》记载了当时清谈的盛况。在当时，士大夫都以能清谈、善清谈为乐、为荣，不会清谈者或清谈不精者，是很难加入清谈者的活动圈子的。其中一些人甚至整日整夜进行清谈。如何晏仕魏时，就常在自己的府中不定期地举行清谈集会。魏晋时期，王弼、夏侯玄、傅嘏、荀璨、裴頠、卫玠、王衍、殷浩、谢安、谢鲲、孙安国等，都是善清谈的名家。这里略举数例以见当时清谈的盛况：

> 卫玠始渡江，见王大将军。因夜坐，大将军命谢幼舆，玠见谢甚说之。都不复顾王。遂达旦微言。王永夕不得豫。玠体素羸，恒为母所禁。尔夕忽极，于此病笃，遂不起。
>
> 殷中军（殷浩）为庾公（庾亮）长史，下都，王丞相为之集。桓公、王长史、王蓝田、谢镇西并在，丞相自起解帐，带麈尾语殷曰："身今日当与君共谈析理。"既共清言，遂达三更。丞相与殷共相往反。其余诸贤，略无所关。
>
> 孙安国往殷中军许共论，往返精苦，客主无间。左右进食，冷而复暖者数四。彼我奋掷麈尾，悉脱落，满餐饭中。宾主遂至莫忘食。殷乃语孙曰：'卿莫作强口马，我当穿卿鼻。'孙曰：'卿不见决鼻牛，人当穿卿颊。'
>
> ……

如此场面，《世说新语·文学》卷记载甚多。参加清谈者，既有在朝为官者，亦有一般的名士，但有一点是无需怀疑的，即他们所谈都是抽象的名理，与现实的社会政治问题没有多少直接的关联。也正因为如此，士大夫们才能在这种清谈中既通过"立言"的方式表明自己的存在价值，同时又可以全身远祸，怡然自得地生活于这个乱世之中。但是,传统士大夫的社会责任感和担当意识却不见了,独善其身成了士大夫中的主流价值取向。

二、饮酒

魏晋南北朝名士好饮酒、善饮酒乃是世所皆知的事实。曹植《与吴质书》把饮宴玄乐称为“大丈夫之乐”:

> 愿举泰山以为肉,倾东海以为酒,伐云梦之竹以为笛,斩泗滨之梓以为筝。食若填巨壑,饮若灌漏卮;其乐固难量,岂非大丈夫之乐哉!

“竹林七贤”更是善饮之辈。他们虽然政治立场不同,应付环境的方式也有异,但都以谈玄酣饮相友好。山涛“饮酒至八斗方醉”①;阮籍听说步兵营有人善酿酒,就求为校尉,“纵酒昏酣,遗落世事”②;刘伶“常乘鹿车,携一壶酒,使人荷锸而随之,谓曰:‘死便埋我’”③;因饮酒过多致病,其妻哭着劝他不要饮酒。刘伶要妻子准备酒肉,他要敬祝鬼神,自誓断酒。然后,他跪着说:“天生刘伶,以酒为名,一饮一斛,五斗解酲。妇人之言,慎不可听。”④他还作有《酒德颂》一文,大肆宣扬饮酒的好处和自己饮酒的体会⑤;阮咸及其族人皆善饮,有一次在饮酒时,竟然有群猪也来饮酒,阮咸也不避不赶,就和猪一起饮酒。⑥ 张翰放荡不羁,有人问他,你难道不为身后的名声着想吗?张答道:“使我有身后名,不如即时一杯酒。”⑦毕卓说:“一手持蟹螯,一手持酒杯,拍浮酒池中,便足了一生。”⑧凡此种种,可见当时士大夫好酒之一斑。

士大夫们终日醉心于豪饮之中,一是在个体与整体的冲突中寻求解脱之道;一是在复杂的政治斗争中为避免成为政治斗争的牺牲品而远祸全身。我以

① 《晋书·山涛传》。
② 《晋书·阮籍传》。
③ 《晋书·刘伶传》。
④ 《世说新语·任诞》。
⑤ 参阅《晋书·刘伶传》。
⑥ 参阅《世说新语·任诞》。
⑦ 《世说新语·任诞》。
⑧ 同上。

为，其最根本的一点还是在远祸全身。竹林名士认为，要远祸全身，首先慎言。王戎曾说，与嵇康一块居住山阳 20 年，从没见过嵇康对人对事有喜怒之色。[①]而嵇康却说："阮嗣宗口不论人过，吾每师之而未能及。"[②]阮籍的小心谨慎可想而知。当时，甚至有人写了一篇《不用舌论》，作者认为，之所以"不用舌"，一是因为道理玄妙，难以言传；二则"祸言相寻"，开口即有可能得祸，所以，只好卷舌不用了。[③] 其次纵酒。梁沈约《七贤论》曾对竹林名士的纵酒作了精辟的分析，指出他们的纵酒是为了在残酷的政治斗争中借酒远祸："故毁形废礼，以秽其德；崎岖人世，仅然后全。……慢形之具，非酒莫可。故引满终日，陶瓦尽年。"阮籍是借酒远祸的一个典型。司马昭的亲信钟会曾多次找阮籍谈论政事，企图于言谈中抓住阮籍的把柄而加以陷害，但都被阮籍用长醉的办法应付过去。即使万一说错了，也可以借酒醉求得谅解。司马昭为儿子求婚于阮籍，阮籍不愿意，又不好明确拒绝，于是，大醉 60 日，使求婚者没有机会提出，只好作罢。司马昭要进爵晋王，加九锡之礼，便指使亲信要阮籍写劝进文。阮籍不情愿，又以醉酒来拖延，实在拖不过去，他才写了一篇言辞华丽的空话敷衍了事。故后来有人对此评论道："晋人多言饮酒，有至沉醉者。此未必意真在于酒。盖时方艰难，人各惧祸，惟托于醉，可以粗远世故。盖陈平、曹参以来用此策。《汉书》记陈平于刘、吕未判之际，日饮醇酒，戏妇人，是岂真好饮邪？曹参虽与此异，然方欲解秦之烦苛，付之清净，以酒杜人，是亦一术。不然，如蒯通辈无事而献说者，且将日走其门矣。流传至嵇、阮、刘伶之徒，遂全欲用此为保身之计。此意惟颜延年知之，故《五君咏》云：'刘伶善闭关，怀情灭闻见。韬精日沉饮，谁知非荒宴。'如是，饮者未必剧饮，醉者未必真醉也。"[④]

解脱也好，远祸全身也好，归根到底，是一种在个体与社会的冲突中偏向于个体价值的抉择。这和汉末党锢之祸中的李膺形成鲜明的对照。第一次党锢之祸时，李膺被免官回乡禁锢，友人荀爽见朝野有请李膺入朝之意，"恐其名高致祸，欲令屈节以全乱世"，便致函李膺进行劝说："愿怡神无事，偃息衡门，任其

① 参阅《晋书·嵇康传》。
② 嵇康：《与山巨源绝交书》。
③ 参阅张韩：《不用舌论》，《全晋文》卷一〇七。
④ 胡仔：《苕溪渔隐丛话》引《石林诗话》。

飞沈，与时抑扬。”然李膺不听劝告，出任长乐少府。“后张俭事起，收捕钩党，乡人谓膺曰：‘可去矣。’对曰：‘事不辞难，罪不逃刑，臣之节也。吾年已六十，死生有命，去将安之？’乃诣诏狱。考死，妻子徙边，门生、故吏及其父兄，并被禁锢。”①李膺不愿在复杂的政治斗争的旋涡中抽身而退，明知前途难料，却仍然飞蛾赴火，是因为他把社会整体放在了比个人价值更高的地位上，如果离开了整体，个人又有何依托？所以，他发出了“去将安之”的疑问。

三、清谈、饮酒往往与不问政事紧密相连

晋室南渡后，东晋、南朝朝廷屡乱，皇祚频易，但却很少有人站出来，拼死相争，效命社稷。如《晋书·山简传》记载：（简）“永嘉三年，出为征南将军、都督荆湘交广四州诸军事、假节，镇襄阳。于时四放寇乱，天下分崩，王威不振，朝野危惧。简优游卒岁，唯酒是耽。诸习氏，荆土豪族，有佳园池，简每出嬉游，多之池上，置酒辄醉，名之曰：高阳池。时有童儿歌曰：‘山公出何许？往至高阳池。日夕倒载归，酩酊无所知。时时能骑马，倒著白接篱。举鞭问葛疆，何如并州儿？’②”在“天下分崩，王威不振”之时，山简以朝中重臣之职，却“优游卒岁，唯酒是耽”，全无半点责任感和担当意识，可见其忠君节义之德已丧失殆尽。比山简更甚者还有王衍。《晋书·王衍传》记其事曰：“（衍）后历北军中侯、中领军、尚书令。女为愍怀太子妃，太子为贾后所诬，衍惧祸，自表离婚。贾后既废，有司奏衍，曰：‘衍与司徒梁王彤书，写呈皇太子手与妃及衍书，陈见诬之状。彤等伏读，辞旨恳恻。衍备位大臣，应以议责也。太子被诬得罪，衍不能守死善道，即求离婚。得太子手书，隐蔽不出。志在苟免，无忠蹇之操。宜加显责，以厉臣节。可禁锢终身。’从之。……越之讨苟晞也，衍以太尉为太傅军司。及越薨，众共推为元帅。衍以贼寇锋起，惧不敢当。辞曰：‘吾少无宦情，随牒推移，遂至于此。今日之事，安可以非才处之。’俄而举军为石勒所破，勒呼王公，与之相见，问衍以晋故。衍为陈祸败之由，云计不在己。勒甚悦之，与语移日。衍自说少不豫事，欲求自免，因劝勒称尊号。勒怒曰：‘君名盖四海，身居重任，少壮登

---

① 《后汉书》卷六十七《党锢列传·李膺传》。

② 《世说新语·任诞》载此歌为：“山公时一醉，径造高阳池。日莫（暮）倒载归，酩酊无所知。复能骑骏马，倒着白接篱。举手问葛疆，何如并州儿？”

朝，至于白首，何得言不豫世事邪？破坏天下，正是君罪！'使左右扶出。谓其党孔苌曰：'吾行天下多矣，未尝见如此人，当可活不？'苌曰：'彼晋之三公，必不为我尽力，又何足贵乎？'勒曰：'要不可加以锋刃也。'使人夜排墙填杀之。衍将死，顾而言曰：'呜呼！吾曹虽不如古人，向若不祖尚浮虚，戮力以匡天下，犹可不至今日。'"王衍身居要职，又是太子的岳父，但在太子被诬时，却不能挺身而出，而是想着如何保全自己的利益，"自表"女儿跟太子离婚，以避免受到牵连。无怪乎有人说他"不能死守善道"，为朝廷官吏树立了一个恶劣的榜样，因此，为"砥砺臣节"计，应当"禁锢终身"。还是他，在国难当头之时，作为领军之大臣，却畏缩不前，并以自己才不能当大任为由放弃自己的责任。当被俘之时，又以"不豫世事"、"计不在己"，企图苟免，最后连石勒也瞧不起他，将他活埋了事。

虽然不能说，是"清谈"导致了西晋和东晋的灭亡，但是，清谈作为当时士大夫所企羡和津津乐道的生活方式，乃是他们既想展示自身价值又想远祸全身的手段，却实实在在是士大夫缺乏自觉的担当意识的表现，其价值取向的错位，必然使得社会和个人都陷入不能两全的境地。这一点，王衍辈至死才明白。

总之，我们认为，在魏晋南北朝时期，由于社会动乱，政治斗争极其惨烈，人们在个体与整体剧烈冲突的矛盾处境中，既逐渐认识到了个体的价值，由此而特别看中个体的生命存在，同时又在这种个体价值和社会价值的选择中多数偏向了对个体价值的肯定，并因而淡漠了自己的社会责任和传统儒家的担当意识。而责任意识和担当意识的淡化与对个体生命存在的重视结合起来，很自然地衍生出了及时行乐的生活态度和生活方式。

第三节　及时行乐，追求感官的满足与享受

魏晋南北朝时期，战争频仍，政治险恶，人的生命存在——从上层贵族到下层普通民众——都处在巨大的威胁之中，生命的无常和幻灭感在朝野弥漫。正是在这样一种背景下，一股及时行乐之风在全社会蔓延。

应该指出，及时行乐之风在汉末的社会大动乱中就已经有了较为明显的表现。“人生天地间，忽如远行客”；“人生寄一世，奄忽若飚尘”①；“对酒当歌，人生几何！譬如朝露，去日苦多”②。既然生命无常，人生短促，那么，为什么还要用传统的道德节操、功名业绩来束缚自己呢？不如抓住有限的人生及时行乐，尽情享受吧！

“浩浩阴阳移，年命如朝露。人生忽如寄，寿无金石固。万岁更相送，贤圣莫能度。服食求神仙，多为药所误。不如饮美酒，被服纨与素。”“生年不满百，常怀千岁忧。昼短苦夜长，何不秉烛游！为乐当及时，何能待来兹？愚者爱惜费，但为后世嗤。仙人王子乔，难可与等期。”③

及时行乐观念的流行，又必然进一步淡化人们的社会责任意识。而当这样一种现象在以“道济天下”的担当意识自居的儒家知识分子身上出现时，其社会影响是不可估量的。汉末硕学大儒马融是其中的一个典型代表：“永初二年，大将军邓骘闻融名，召为舍人，非其好也，遂不应命，客于凉州武都、汉阳界中。会羌虏飙起，边方扰乱，米谷踊贵，自关以西，道殣相望，融既饥困，乃悔而叹息，谓其友人曰：‘古人有言：左手据天下之图，右手刎其喉，愚夫不为。所以然者，生贵于天下也。今以曲俗咫尺之羞，灭无赀之躯，殆非老庄所谓也。’故往应骘召。……融才高博洽，为世通儒，……善鼓琴，好吹笛，达生任性，不拘儒者之节。居宇器服，多存侈饰。尝坐高堂，施绛纱帐，前授生徒，后列女乐，弟子以次相传，鲜有入其室者。”④身为硕学大儒，口诵圣人经典，却不愿为儒者礼节所拘，离经叛道，举止放荡，奢乐恣性。这正是一种摆脱束缚，尽情享受人生的表现。

“何不策高足，先据要路津。无为守穷贱，撼轲长苦辛”；“斗酒相娱乐，聊厚不为薄。驱车策驽马，游戏宛与洛。”⑤饮酒、赏乐、击剑、郊游，乃是汉末大多数士大夫生活的真实写照。

这种及时行乐，尽情享受之风在曹魏末年和西晋统一中国后，发展到一个新的高峰。曹魏第三个皇帝曹芳即位时，年仅八岁，朝政大权掌握在曹氏宗室

① 《古诗十九首》，姜书阁、姜逸波选注《汉魏六朝诗三百首》，岳麓书社 1992 年版。
② 曹操：《短歌行》，姜书阁、姜逸波选注《汉魏六朝诗三百首》，岳麓书社 1992 年版。
③ 《古诗十九首》，姜书阁、姜逸波选注《汉魏六朝诗三百首》，岳麓书社 1992 年版。
④ 《后汉书》卷六十上《马融传》。
⑤ 《古诗十九首》，姜书阁、姜逸波选注《汉魏六朝诗三百首》，岳麓书社 1992 年版。

曹爽和大臣司马懿手中。曹爽是大臣曹真的儿子，受诏时刚满 30 岁。他本是个托庇祖荫、享受恩泽的浮华公子，并无多少真才实学和文韬武略，但在享受和行乐方面却自有一套。当他自以为经自己的设计安排而排斥了司马懿时，就开始放心大胆地尽情享乐起来。他的吃穿住用及车队仪仗都像皇帝一样，而且不断将宫中的珍玩、美女收为己有，甚至连先帝的才人都私取去做伎乐，“妻妾盈后庭”。又在府旁修建了豪华的地下宫室，置“酒池肉林”，常与亲信何晏等人拥裸女饮酒作乐于其中。正是这种骄奢淫逸的生活，使曹爽的政治形象丧失殆尽，最后导致了曹魏亡于司马氏之手。

西晋立国后，经过多年征战，最后统一了中国。随着国家的统一，战争的消弭，享乐之风较之汉末三国时代更甚。这主要表现在两个方面：一是追求口腹之欲，讲排场，比阔气。如何曾“日食万钱，犹曰无下箸处”①；何曾子劭“食必尽四方珍异，一日之供，以钱二万为限”，奢侈更甚于其父。王济、王恺、羊琇比何劭尤甚。晋武帝曾至王济宅（济妻常山公主，晋武帝女），济“供馔并用琉璃器；婢子百余人，皆绫罗绔，以手擎饮食。烝豚肥美，异于常味。帝怪而问之。答曰：以人乳饮豚”②。王恺和石崇斗富的故事为人们所熟知。王恺用饴糖和着干饭擦锅子，石崇就用蜡烛代替木材烧。王恺用素色纱服做屏障，碧色绫子镶里，长十里；石崇就用锦匹做屏障，长五十里，用来和王恺相比。石崇又用胡椒粉和成泥浆涂墙壁，王恺就用赤石脂泥浆涂墙壁。晋武帝是王恺的外孙。有一次，武帝“尝以一珊瑚树高二尺许赐恺，枝柯扶疏，世罕其比。恺以示崇，崇视讫，以铁如意击之，应手而碎。恺既惋惜，又以为嫉己之宝，声色甚厉。崇……乃命左右悉取珊瑚树，有三尺、四尺，条干绝世，光彩溢目者，六七枚，如恺许比甚众，恺惘然自失”③。凡此种种，不一而足。在魏晋南北朝时期，几乎所有的统治者——除那些开国皇帝深知基业来之不易而有所收敛外，都是贪图享乐并最终导致王朝灭亡的。

另一方面，是淫欲的泛滥成灾。肆意放纵情欲，无节制地追求淫欲的满足，也是这一时期享乐之风的表现。如晋武帝在灭了吴国后，把吴国末代皇帝孙皓

---

① 《晋书·何曾传》。
② 《世说新语·汰侈》。
③ 同上。

后宫的五千宫人都收为己有，再加上自己原先拥有的宫女，人数竟达上万之多。面对这么多的宫女，这个荒淫的皇帝不知道自己晚上应该去哪位宫女处“安寝”，于是就乘坐精美的羊车，任由拉车的羊漫无目的地拉着走，羊车停在哪儿，就在哪位宫女处“安寝”。这些可怜的宫女被禁在后宫中永无出头之日，唯一的指望就是能曲承雨露，侥幸得个一男半女，于是都眼巴巴地盼着武帝能临幸自己。但后宫人数太多，武帝无分身之术，怎样才能让武帝临幸自己呢？一些聪明的宫女想出了一条“妙计”：她们利用羊喜竹叶和盐的习性，在自己的屋门前插上竹叶并洒上盐汁。羊发现了自己喜爱的竹叶和喜闻的盐味，就会在门前停下来。这些可怜的宫女终于遂了自己的心愿。但是，不久，其他宫女纷纷效法，武帝乘羊车在后宫逗留时，发现户户门前都插着竹叶，竟叹为奇观。关于此事，史书上有记载，《晋书·后妃·胡贵嫔传》说：“并宠者甚众，帝莫知所适，常乘羊车，恣其所之，至便宴寝。宫人乃取竹叶插户，以盐汁洒地，而引帝车。”司马炎就是这样一个荒淫的皇帝。他在做皇帝的第九年采择宫女，在采择未完成前，禁止天下嫁娶。泰始九年(273)选的是“公卿以下”的女儿；次年又选“良家及小将吏”家的女儿五千人。司马炎甚至自己挑选，他看上眼的，就用绿纱系在手臂上做记号。这种采选对于民间来说无异于一场大灾难，采选期间，“母子号哭于宫中，声闻于外”。①

又如《宋书·后妃列传》明恭王皇后条记载：“上尝宫内大集，而裸妇人观之，以为欢笑。后以扇鄣面，独无所言。帝怒……遣后令起。”这个帝正是刘宋的第六位皇帝刘彧。皇帝居然在宫里搞大集会，叫妇女们裸体供人观赏。这在古今中外都是极为罕见的。皇后以扇遮面不愿看，他还大为生气，把她赶开。刘宋宫廷中的荒淫风气处处存在，如前废帝刘子业(刘宋第五个皇帝)，他看上了一个新蔡公主(文帝第十女)，按辈分，这位公主乃是刘子业的姑母。他不管三七二十一，把这个姑母叫进宫，纳为贵嫔，对外说她已经死了。在刘宋时期，最骇人的要数山阴公主讨“面首”的事了。《宋书·前废帝本纪》中这样记载道：“山阴公主淫恣过度，谓帝曰：‘妾与陛下，虽男女有殊，俱托体先帝。陛下六宫万数，而妾唯驸马一人，事不均平，一何至此！’帝乃为主置面首左右三十人……

① 参阅《资治通鉴》卷八十《晋纪二》。

主以吏部郎褚渊貌美，就帝请以自侍，帝许之。”其肉欲之追求溢于言表。

俗话说，上梁不正下梁歪。皇帝如此，其他王公大臣纷纷仿效。魏末的荀粲一反汉代班昭在《女诫》中提出的“女有四行：一曰妇德，二曰妇言，三曰妇容，四曰妇功”的观点，特别强调在妇人“才智不足论，自宜以色为主”。骠骑将军曹洪女有美色，荀粲聘为妻，专房欢宴。西晋名士谢鲲调戏邻家美女，被女子丢来梭子打断了两颗牙齿。[①] “晋惠帝元康中，贵游子弟相与为散发倮身之饮，对弄婢妾，逆之者伤好，非之者负讥。”[②]这是说，这些贵游子弟披头散发，赤身裸体聚在一起，一边饮酒，一边相互玩弄婢妾，谁指责他们，还会招来他们的辱骂和讥讽。更有甚者，东晋大臣周顗，居然当众暴露性器，想勾引别人的爱妾，并且毫无羞耻之色。邓粲《晋纪》载：“王导与周顗及朝士诣尚书纪瞻观伎，瞻有爱妾，能为新声。顗于众中欲通其妾，露其丑秽，颜无怍色。有司奏免顗官，诏特原之。”郭璞有奇才，嗜酒好色。干宝告诫他：“此非适性之道。”郭璞回答说：“吾所受本有限，用之恒恐不得尽，卿乃忧酒色之为患乎？”[③]葛洪《抱朴子·疾谬》从更广阔的社会背景上叙述了整个社会从上到下的情欲放纵：

贵族妇女不再待在家里掌管饮食，而是四出交游。他们带着奴婢，一路花枝招展，喧喧嚷嚷，调笑戏谑。“或宿于他门，或冒夜而反，游戏佛寺，观视渔畋；登高临水，出境庆吊，开车褰帏，周章城邑；杯觞路酌，弦歌行奏。”贵族子弟则“携手连袂，以遨以集。入他堂室，观人妇女，指玷修短，评论美丑”；有的“不通主人，便共突前”；更有甚者，踰墙穿壁，他人妻妾藏之不及，“至搜索隐僻，就而引曳”，其行径与盗贼和流氓无异。这种放荡不检之风成了时尚，彼此随俗的，便是关系“亲密”；若拒绝无赖之徒，就被看作“不恭”。“于是要呼愦杂，入室视妻，促膝之狭坐，交杯觞于咫尺；弦歌淫冶之音曲，以誂文君之动心。载号载呶谑戏丑亵，穷鄙极黩，尔乃笑乱男女之大节，蹈《相鼠》之无仪。”

淫欲的放纵，使魏晋南北朝时期的蓄妓之风大盛。帝王、将相、豪贵、名士，无不声妓成群。如三国时魏人张楚，不学无术，却养了许多歌妓，带上琵琶、筝、

① 参阅《晋书·谢鲲传》。
② 《宋书·五行志》。
③ 《世说新语·任诞》注引。

箫，到处遨游。① 西晋的石崇可称作豪贵之家蓄妓的典型。他靠着在荆州劫杀商人而得到的不义之财，蓄妓妾美艳者数千人，其派头足可与晋武帝媲美。石崇挑选容貌美丽相似者几十人，穿一样的服饰，让她们常在身边服侍，结袖绕楹而舞，昼夜相接，谓之"恒舞"②。陶侃对当时的浮华放诞之风深表不满，作风与其他名士不同，但也不废声色之乐，"媵妾数十，家童千余，奇巧宝货，富于天下"③。

至南北朝，蓄妓之风极盛。刘宋时人阮佃夫有家妓数十，容色技艺冠绝当时，"金玉锦绣之饰，宫掖不逮也"，曾从宅内开水渠向东十余里，"泛轻舟，奏女乐"④。豪富杜骥有女妓数十人，丝竹昼夜不绝，连皇帝微行夜出，也常靠在门墙之间，听他家美妙的妓乐。⑤ 何恢有美妓名张耀华，何深为宠爱。何为广州刺史，临行，邀权贵阮佃夫饮。不料"引狼入室"，阮看中了此美妓，几次求何恢"割爱"，何恢不允，阮佃夫大怒，串通有司以公事弹劾何恢，致其被免职。豪富张瓌妓妾盈房，有人讥笑他垂暮蓄妓，张说："我少好音律，老而方解，平生嗜欲无复一存，唯未能遣此处耳。"⑥羊侃家妓妾成群，穷极奢靡，有一次赴衡州，把两只船并在一起，上面搭起宽阔的水斋，缀饰珠玉锦帐，盛列女乐，"乘潮解缆，临波置酒，缘塘傍水，观者填咽"⑦。

谢安为东晋时期名士中的翘楚，在那个以隐为高的时代，他宅心事外，一度隐居会稽东山。他不拘常节，养了一批女妓，带着她们任意遨游。后来，他虽东山再起，但仍不废女乐，致使其夫人刘氏十分吃醋。

以上所列，仅是见于载籍之中的，至于未记载的当然会更多。由于名士们的行为往往为当时的人们所效仿，因此，可以断定，在魏晋南北朝时期，名士们纵情声色犬马的行为，必然引起社会各阶层的人们纷纷效法。魏晋南北朝时期，许多士大夫包括当时的一些名士，都仿民间歌谣写作了大量的艳诗、艳曲，

---

① 参阅《三国志·魏书·张既传》注引《魏略》。
② 王嘉：《拾遗记》。
③ 《晋书·陶侃传》。
④ 《宋书·恩倖传》。
⑤ 参阅《宋书·杜骥传》。
⑥ 《南史·张瓌传》。
⑦ 《梁书·羊侃传》。

这从一个侧面反映了当时社会普遍存在的淫逸之风。

不仅如此，在魏晋南北朝时期，还出现了蓄养男宠现象，并盛极一时。《宋书·五行志》说："自咸宁、太康以后，男宠大兴，甚于女色。士大夫莫不尚之，天下皆相仿效，或有至夫妇离绝，怨旷妒忌者。"有此爱好者有陈文帝、石崇、桓玄、谢惠连等名人。

情欲无节制的宣泄，必然导致身体机能的下降，于是服食药物以保持甚至提高自己的性能力，就成为不少士大夫的自然选择，其中，最典型的就是服食"寒食散"。"寒食散"又名"五石散"，"五石"指的是岩石、紫石英、白石英、赤石脂和石钟乳，系由东汉名医张仲景的"侯氏黑散"和"紫石寒食散"两方合并而成。其首倡者为魏尚书何晏。《世说新语·言语》注引秦丞祖《寒食散论》云："寒食散之方虽出汉代，而用之者寡，靡有传焉。魏尚书何晏首获神效，由是大行于世，服者相寻也。"以后王弼、夏侯玄、嵇康等都热衷此道。据说，初期服用寒食散，能加强消化机能、改进血象和营养状况。《全晋文》二十六王羲之帖云："服足下五色石膏散，身轻行动如飞也。"但是，寒食散究竟是一种毒药，其中岩石是一种含砷的有毒矿物，长期服用，会严重中毒，直至死亡。既然如此，这些名士们为何还要乐此不疲呢？除了改进血象、兼具美容外，一个重要的作用就是增强性能力。这种服用药物甚至毒药以增强性能力的做派，正是魏晋南北朝时期淫风炽热的表现。

总之，在魏晋南北朝时期，及时行乐已经成为一种社会时尚。

第四节　任情率性，不拘礼法

汉代自武帝后，实行"罢黜百家，独尊儒术"的政策，把儒家思想作为国家的意识形态，并通过相应的制度安排来强化儒学的重要地位，如表彰孝行、选拔有德行尤其是有孝行的人做官，等等。这些措施使儒学的价值观念深入到社会的各个阶层。

在儒家为实现其价值追求所确立的规范系统中，"礼"是一个极为重要的方面。所谓礼，是儒家为维护他们心目中理想的社会秩序而对人们的行为提出的外在要求，它的实质是通过各种“礼”的具体要求，来明确每一个人在自己所置身其中的社会关系中的义务，因此，对“礼”的严格的遵守，乃是表明一个人对自己的由自身的具体社会关系所规定的义务的自觉履行。在儒家看来，只有严格地遵守礼的要求，才能保证社会秩序的良性运转，也才能使整个社会成为一个“有道”的社会。正因为如此，儒家创始人孔子特别重视礼的建设，也特别重视礼的作用和功能的发挥，他告诫人们要“非礼勿视，非礼勿听，非礼勿言，非礼勿动”。也正是因为这样，汉代立国后，非常重视礼仪制度的建设。其对汉代社会的发展也是具有非常重要的意义的。

当然，礼本质上是一种普遍价值要求的外在表现形式。作为一种普遍价值要求的外在表现形式，必然会对人的个性形成强有力的制范，这就意味着遵守礼的要求，就必须压抑个体的带有个性色彩的性、情，因此，人们严守礼法的过程内在地包含着礼与性情的冲突。在一个较为有序的社会里。这种冲突不一定会现实地表现出来，但它作为一种可能却始终是存在的，一旦有了合适的土壤和环境，这种可能的冲突就会向现实转化，礼的堤防就会被冲垮，其表现就是任情达性，不拘礼法。

汉末，儒家经学已走上穷途，儒学所强调的道德规范已经失去了制范人们行为的功能，人们的行为越来越表现出率真、任情和达性，道德规范在不少人尤其是在所谓的名士心目中愈益成为摆设。这是因为，自汉末社会大动乱后，以“五伦”为核心的礼仪规范在现实生活中被肆意践踏，君臣互杀、父子相残、兄弟相戮的现象大量发生，夫妇、朋友间应有的道德关系也遭到严重的破坏。这样，儒家所提倡的道德价值系统首先遭到了来自现实生活的质疑。在这种严酷的现实中，人们的价值信念发生了动摇，出现了价值取向上的迷失。同时，战争、灾荒和政权的频繁更迭引起的社会动乱，使得人的生命存在变得十分脆弱，人们在现实生活中强烈地感受到了生命的无常与无助。“人生短促”，是这个时代的人们对生命存在的普遍体验。既然人生是如此的短促，是如此的无常与无助，那么，何必还给这短暂的生命人为地加上种种束缚呢？正是在这样一种社会背景下，才会出现对儒家所提倡的礼仪规范的反抗和抛弃，并迅速成为一种社会时尚。

本来，在儒家的价值系统中，强调男尊女卑，强调妻子对丈夫的绝对服从与绝对忠贞；强调男女有别，男女授受不亲，哪怕在家庭关系内部，男女之间的关系如叔嫂关系也不能表现得亲密，至于在家庭以外的男女关系就更是如此。但是，这些“礼”的要求在魏晋南北朝时期都受到了强有力的挑战。

前面，我们已经提及，魏晋南北朝时期的一些士人如阮瞻、王澄、谢鲲、胡毋辅之之流“去巾帻，脱衣服，露丑恶，同禽兽”①；“晋惠帝元康中，贵游子弟相与为散发倮身之饮，对弄婢妾”②，这些都是蔑视礼法的典型表现。蔑视礼法的现象，在“竹林七贤”中表现得更为鲜明和突出。

“竹林七贤”以“越名教而任自然”作为自己的行为准则，公开宣称“六经为芜秽，仁义为臭腐”，在行为方式上，其总体取向是任情达性，率性而为。《世说新语・任诞》对他们的放诞行为多有记载。

如在男女关系方面，儒家的传统是强调男女有别，男女授受不亲，但魏晋南北朝时期的名士，往往不把这些人们习以为常的规范放在眼里。如礼有“叔嫂不通问”的规定，但是，七贤之一的阮籍却不是这样，《世说新语・任诞》载：“阮籍嫂尝还家，籍见与别。或讥之。籍曰：‘礼岂为我辈设也！’”又七贤之一的王戎，在女儿出嫁后，竟然在早晨女儿、女婿未起床时，不经通报，径直闯入其卧室，而女婿、女儿竟也当着父亲之面从容起床，毫无羞愧之色。《世说新语・任诞》载：“裴成公妇，王戎女。王戎晨往裴许。不通，径前。裴从床南下，女从北下，相对作宾主，了无异色。”在家庭关系中都如此不重男女之大防，至于在一般的男女关系中，就更是可想而知了。还是如阮籍，竟然在邻家妇人所开酒馆饮酒至醉时，酣睡在妇人身旁，以致引起妇人之夫的怀疑。《世说新语・任诞》载：“阮公邻家妇有美色，当垆酤酒。阮与王安丰常从妇饮。阮醉便眠其妇侧。夫始殊疑之，伺察，终无他意。”尽管不能据此判定阮籍存心勾引他人妻女，但这种做法在强调“男女之大防”的时代，毕竟是违反礼节的惊世骇俗之举。

不仅男人不拘礼法，即使是妇女同样也是任情达性，不拘礼法的。魏晋南北朝时期，女性尤其是上层社会的女性不守礼法已成为一种普遍现象。葛洪在

① 《世说新语・德行》注引王隐《晋书》。
② 《宋书・五行志》。

《抱朴子·疾谬》篇中谈到当时的贵族妇女已不满足于待在家里掌管饮食，而是把自己打扮得花枝招展，带着奴婢，喧喧闹闹，四出交游，“或宿于他门，或冒夜而反，游戏佛寺，观视渔畋”。更有甚者，她们围观男性，并对其指指点点，评头品足。“潘岳妙有姿容，好神情。少时挟弹出洛阳道，妇人遇者，莫不连手共萦之。左太冲[①]绝丑，亦复效岳遨游。于是群妪齐共乱唾之。委顿而返。”[②]潘岳貌美，妇女们在路上遇见他，就手牵手连成一个圈把他包围；左思形貌丑陋，妇女们遇见他，便向他身上吐唾沫。这哪里还有点男女授受不亲的样子！

按照传统的礼法，女子应该：“在家从父，出嫁从夫，夫死从子”，出嫁的女子应该绝对服从自己的丈夫。但是，在魏晋南北朝时期，妇女们却可以公然瞧不起自己的丈夫。如：“王浑与妇钟氏共坐，见武子从庭过。浑欣然谓妇曰：‘生儿如此，足慰人意。’妇笑曰：‘若使新妇得配参军，生儿故可不啻如此。’”[③]这里妇人所说之“参军”为王浑之弟王伦。虽然说是戏谑之言，但已为人妻的钟氏竟敢当着丈夫的面说出这番话，也确实是够大胆率真的，更为重要的是，这一行为完全是为儒家之礼法所不容的。以至于一千多年后还有人对此拍案而起！怒斥其为“倡家荡妇、市里淫姏”[④]。被称为才女的谢道韫也很轻视自己的丈夫王凝之。其原因在于王不及自家的叔父和诸从兄弟。而道韫一旦与“唯读《老子》而已”的刘柳谈论，便引为知己，感慨不已，“殊开人胸府！”[⑤]

更令人叫绝的是袁宏妻李氏写了一篇《吊嵇中散文》，追思大名士嵇康的高范，寄托自己的一往情深：“……故彼嵇中散之为人，可谓命世之杰矣！观其德行奇伟，风韵劭邈，有似明月之映幽夜，清风之过松林也。……慨达人之获讥，悼高范之莫全，凌清风以三叹，抚兹子而怅焉！”[⑥]

这些女性的行为即使在今天也足以让人瞠目结舌！由此也可见魏晋南北朝时期的思想解放之程度！

任情达性，不拘礼法，在魏晋南北朝时期还有更骇人的表现，这就是对体现

---

① 左太冲，即左思。
② 《世说新语·容止》。
③ 《世说新语·排调》。
④ 李慈铭：《越缦堂日记》。
⑤ 《晋书·刘柳传》。
⑥ 《太平御览》卷五九六。

儒家最根本价值的孝礼的蔑视。

儒家历来强调孝为百善之本，孝的要求是“生，事之以礼；死，葬之以礼”。可见，孝礼中包含了当父母去世时，做子女的应该如何做的行为规范。这些规范包括对饮食的限制、对男欢女爱的限制。在西晋，司马氏，标榜以孝治天下，所以极其讲究父母亡故时子女的居丧守丧之礼。当时的礼仪制度规定，父亲亡故时，子女要穿上最重的丧服——斩衰，即不缝边的粗麻丧服，为亡父居丧三年；在父亲已亡故的情况下，母亲亡故时，子女要穿上仅次于斩衰的丧服——齐衰，即衣边缝得较为整齐的粗麻布丧服，为亡母居丧三年。在居丧期间，孝子的饮食有严格的规定：初丧三日不食，既殡，可以食粥，一年后才能“食菜果”，两年后可以用酱醋调味，但绝对禁止食肉饮酒。但是，这些规定并没有多少人真正能实行，相反，有不少人还蔑视这些规定，而蔑视这些规定的行为竟然能得到皇帝的原谅，而且为社会大多数人所肯定甚至推崇。

《世说新语·任诞》记载了竹林七贤之一的阮籍在母亲去世后的行为表现：“阮籍遭母丧，在晋文王坐进酒肉。司隶何曾亦在坐，曰：‘明公方以孝治天下，而阮籍以重丧显于公坐，饮酒食肉，宜流之海外，以正风教。’”阮籍在居丧期间，于司马昭坐席中饮酒食肉。当此之时，正是司马氏标榜以孝治天下之时，阮籍的行为可以说是大逆不道，故司隶何曾向司马昭进言，将阮籍流放海外，“以正风教”。但是，文王却说：“嗣宗毁顿如此，君不能共忧之，何谓？且有疾而饮酒食肉，固丧礼也。”[①]有了晋文王的宽容，阮籍便继续豪饮食肉。司马昭对阮籍的宽容，恐怕不仅仅是出于自己一时好恶，因为，阮籍是当时的大名士，是非常受尊崇的，其言行往往对人们有示范作用，作为当权者，如果对这种行为不加以制止和惩戒，其所产生的恶劣影响是不言而喻的。这意味着晋文王司马昭对阮籍的宽容还有更加深刻的原因，这就是：魏晋人崇尚率真，崇尚任情达性，因此，尽管自己可以不赞同这种行为，却仍然会对这种行为表示宽容。这可以从尚书令裴楷对阮籍的这一行为的态度得到说明。《世说新语·任诞》载：“阮步兵丧母，裴令公往吊之。阮方醉，散发坐床，箕踞不哭。裴至，下席于地，哭；吊唁毕，便去。或问裴曰：‘凡吊，主人哭，客乃为礼。阮既不哭，君为何哭？’裴曰：‘阮方外

---

① 《礼记·曲礼上》：“居丧之礼……有疾则饮酒食肉。”

之人，故不崇礼制；我辈俗中人，故以仪轨自居。'时人叹为两得其中。"裴楷以阮籍为方外之人，可以不守礼制，而自己乃是俗世中人，因此以礼节自居。而时人对裴的评价乃是"两得其中"，即他既能以一种豁达的态度对待阮籍的行为，同时，自己作为世俗之人，也不愿放弃自己的立场。这一事实也说明，魏晋南北朝时期，人们对那些率真任性而不拘外在的礼仪规范的行为是认可的，至少是不苛求的。事实上，在居丧期间，不守丧礼的人远不止阮籍一人。如同样为竹林七贤之一的阮咸（阮籍之侄）在为母居丧期间还有更令人惊骇的"单骑追美"之举。《世说新语·任诞》载："阮仲容先幸姑家鲜卑婢。及居母丧，姑当远移，初云当留婢，既发，定将去。仲容借客驴著重服自追之，累骑而返。曰：'人种不可失。'"照这段记载看，阮咸先与姑母家的奴婢——一位鲜卑族姑娘私通，致其有了身孕，于是在获知姑母要将其带走时，便不顾自己有孝在身，借客人的驴子将其追了回来。阮咸的这一行为于礼教大乖，故惹得"世议纷纷"①，以至于还影响了他的仕途。《世说新语·任诞》还记载了陈郡袁耽在居丧期间为朋友赌博还赌债的故事："桓宣武少家贫，戏大输，债主敦求甚切，思自振之方，莫知所出。陈郡袁耽俊迈多能，宣武欲求救于耽。耽时居艰，恐致疑，试以告焉，应声便许，略无慊吝。遂变服怀布帽随温去，与债主戏。耽素有艺名，债主就局曰：'汝故当不办作袁彦道邪？'遂共戏，十万一掷，直上百万数。投马绝叫，旁若无人。探布帽掷对人曰：'汝竟识袁彦道不？'"②在《世说新语》和其他载籍中，此类记载还不少。而在当时，这些有违礼教的行为，不仅仅是人们茶余饭后的笑谈，更多的是一种美谈。由此也可见当时社会风气之一斑。

任情率性，不拘礼法，还表现在人的行为与自己的社会身份和地位不相称方面。本来，在儒家，礼的制定有着"正名"的作用，即一个人的立身行事要与自己的身份地位相符合，若一个人的立身行事与自己的身份地位不相符合，便是"越礼"。纵观魏晋南北朝时期，立身行事与身份地位不相符合的现象比比皆是。

魏晋南北朝时期的名士，有不少人喜欢服食"五石散"（一名"寒食散"），但

① 《世说新语·任诞》注引《竹林七贤论》。

② 本条注引，袁"但大唤脱其衰"。"衰"即丧服，可见袁当时正在居丧期间。

“五石散”为剧毒之物，服用后躯体会产生巨大的内热，须用一系列特殊方式将药中毒力和热力散发掉。若散发得当，体内疾病会随毒热一起发出，获得以毒攻毒、祛病延年之神效；倘若散发不当，则五毒攻心，后果不堪设想，即使不死，亦将落得终身残疾，生不如死！所以，服用此药者有许多日常生活中的禁忌，不能穿过暖过窄的衣服就是其中之一。因为服药后，皮肤容易磨破，故不能穿新衣而宜穿旧的，不能穿窄衣而宜穿宽大的；服药后，身体发热，故不能穿得过暖；且衣服不能常洗。因衣服不能常洗，便多虱。而魏晋人士喜清谈，于是，就出现了非常有趣的一幕：当这些经常服药的名士在一起清谈时，由于虱子在身，令人奇痒难熬，于是，大家便都脱下自己宽大的衣服，抓起虱子来。这就是所谓的“扪虱而谈”。“扪虱而谈”的成语虽出自前秦苻坚的大臣王猛的故事①，但在王猛之前已有了“扪虱而谈”的名士却是不争的事实。非常明显，这种“扪虱而谈”的行为是与这些受过良好教育的士大夫的身份与地位不相符合的，因此，也可看作是“越礼”之行，但在当时，这种行为却被喻为美谈，而且还有不同阶层的人去效法，可见，任情率性，不拘礼法在当时确乎成了一种社会时尚。

与服食“寒食散”而引起的“扪虱而谈”不同，魏晋南北朝时期，随着享乐之风的盛行，饮酒之风也大盛。饮酒虽不能说是有违礼教之事，但因饮酒而致言行失态，却是有违礼教的。《世说新语》载，“竹林七贤”皆为善饮之士：“陈留阮籍、谯国嵇康、河内山涛，三人年皆相比，康年少亚之。预此契者，沛国刘伶、陈留阮咸、河内向秀、琅邪王戎。七人常集于竹林之下，肆意酣畅。故世谓竹林七贤。”②“七贤”中，阮籍、阮咸、刘伶饮酒最为有名，因饮酒而违反“礼教”之事也颇多。如前已谈及，阮籍邻家有妇人“当垆酤酒”，他便和王戎经常去妇人的酒家饮酒。阮籍喝醉之后，就在美妇人身边睡觉，以致引起她丈夫的怀疑。有人责备他不符合礼教，他反而说道：“礼岂为我辈设也！”③刘伶喝酒更加狂放，喝至高兴处，衣服裤子全部脱光。《世说新语・任诞》载：“刘伶恒纵酒放达，或脱衣裸形在屋中。人见讥之。伶曰：‘我以天地为栋宇，屋室为裈衣，诸君何为入我裈中？’”阮咸与族人一起用大瓮盛酒，围坐畅饮，有

---

① 参阅《晋书・王猛传》：“桓温入关，猛被褐而诣之，一面谈当世之事，扪虱而言，旁若无人。”
② 《世说新语・任诞》。
③ 同上。

时群猪上来争饮,阮咸也不在乎。[①]“裸形”、“与群猪争饮”,都是不符合这些人的身份和地位的。但这些行为却能得到当时人们的容忍甚至是效法,所以,魏晋南北朝时期,饮酒者众,仅《世说新语·任诞》篇记载喜饮酒而又行为怪诞者除上述阮籍、阮咸、刘伶外还有:阮宣子、山季伦、张季鹰、毕茂世、刘公荣、孔群、周伯仁、卫君长等。就连地位低贱的人也把能时时饮酒当作一种生活的追求。《世说新语·任诞》记载了这样一件事,苏峻作乱时,在吴兴做内史的庾冰仓皇出逃,但境内当官的和老百姓都逃光了,只有一个在衙门当差的小卒用一条小小的船载着庾冰,划出钱塘江口,拿篴垫把他盖着。当时苏峻悬赏捉拿庾冰,命令各处搜索,情况非常紧急。小卒抛开船不管,独自上街喝酒。喝得大醉回船,用篙子乱舞,指着船说:“到哪里去找庾内史?这里就是!”庾冰听着害怕极了,不敢动弹。巡守的人看船很小,容不下两个人,又见小卒喝了不少酒,皆以为小卒说酒话,于是不起疑心。这样,小卒终于把庾冰安全送过浙江。庾冰躲过了一场大难。乱事平定后,为报答小卒的救命之恩,庾冰问小卒想要些什么。小卒回答说:“出自厮下,不愿名器。少苦执鞭,恒患不得快饮酒。使其酒足,余年毕矣,无所复须。”这个小卒的愿望不是做官,而是有足够的酒喝!可见,饮酒已成为当时的时尚。而嗜酒必然大都与行为放诞不羁联系在一起。

当然,任情率性,违反礼教之事,并不都与嗜酒有关。如魏晋南北朝时期的一些衣冠世族、磊落名士,有一些独特的癖好,这些独特的癖好,都与他们的身份和地位不相称,也可称之为“越礼”之癖好。王璨生前喜欢驴子鸣叫,死后,魏文帝曹丕来坟前凭吊,回想起王生前所好,便要随行的手下各作一声驴叫,以示哀悼。一时坟前“驴声大作”[②];有同样嗜好的还有王济、孙楚[③];何晏一个大男人,却好穿妇人的衣服,“胡粉饰貌,搔头弄姿”[④];张湛喜欢在斋前种上松柏,但松柏常常是种在坟前的;袁山松出游时喜欢让人唱歌助兴,但所唱的却都是挽歌。所以,当时人们就嘲笑他们说:“张在屋下陈尸,袁在路上送葬。”[⑤]对这些有违礼教的个人嗜好,他们不以为耻,反以为荣,当作自己立身

① 《世说新语·任诞》。
② 《世说新语·伤逝》。
③ 参阅同上。
④ 《晋书·何晏传》。
⑤ 《世说新语·任诞》。

行事的特点和标志，不加掩饰地公开表达出来，而社会也往往能给予认可。王羲之以“东床坦腹”[①]而被郗鉴选为女婿，被当时和后世的人们传为美谈，就是明证。

除此之外，由于过分追求任情率性，还导致了一些更为严重的有伤风化的败俗之行，仆射周顗在尚书纪瞻家观伎，顿起色心，欲当众勾引，便暴露出自己的生殖器（“露其丑秽”），此等禽兽之行，竟然还能得到皇帝的原谅！同样还是这位周仆射，与亲戚朋友谈论或开玩笑，什么样的肮脏话都说得出口，[②]全然不管“非礼勿视，非礼勿听，非礼勿言，非礼勿动”的古训。

以上种种，说明在魏晋南北朝时期，人们在道德生活方面，不看中外在的道德规范的形式，而注重通过自己的行为来表达自己的个性、自然、真实的一面，至于自己的行为是否与礼教相容，则是次要的。

应该指出，在魏晋南北朝时期，尽管名士们在残酷的政治斗争中处境艰难，但总的来说，名士是享有很高地位并为一般人们所尊重的，他们在入仕、婚姻等方面都具有一般人所不具有的优越条件，因此，成为名士尤其是成为大名士，乃是许多人一生的梦想和追求，也正因为如此，他们的言行往往为天下人所效法。但如此一来，名士们那种率真任性的一面反倒没有了，剩下的只是对名士之表面行为的刻意模仿，这一情形在晋室南渡后表现得更加突出。

西晋亡后，晋室皇族在北方世家大族的簇拥下南渡，建立东晋王朝，加上原来的吴和后来的宋、齐、梁、陈，合称南朝。这些南下的世族子弟，原本为北方的“高门放诞之士”，来到素朴明丽的江南后，世称“贵游子弟”。颜之推在《颜氏家训·勉学》中说这些“贵游子弟”“多无学术”，在穿着方面非常讲究，“无不熏衣剃面，傅粉施朱”，驾长檐车，穿高跟鞋，靠的是锦花坐垫，铺的是丝绸枕褥，左右陈设的是种种名贵的古董和器玩，“从容出入，望若神仙”。在精神上，他们打出了“达”的旗号，认为通达的人生不应有所作为。而在行为表现方面，他们力效“竹林名士”之所为，其行为更为放荡不羁。请看当时被人们誉为“八达”的所谓名士的言行：“寻以世难，（逸）避乱渡江，复依（胡毋）辅之。初至，属辅之与谢

① 《世说新语·雅量》。
② 参阅《世说新语·任诞》。

鲲、阮放、毕卓、羊曼、桓彝、阮孚散发裸袒，闭室酣饮已累日。逸将排户入，守者不听，逸便于户外脱衣露头于狗窦中窥之而大叫。辅之惊曰：'他人决不能尔，必我孟祖也。'遽呼入，遂与饮，不舍昼夜。时人谓之八达。"①从狗洞中钻进头来，并脱衣大叫，而且还受到主人的热烈欢迎，这种作客方式可以说是古今中外都极为罕见的。所以，章太炎先生在评价东晋、南朝的历史时曾经说道："盖放荡之至，竟似习与性成矣。"②但他们的放达已没有了曹魏和西晋时期名士们的那种内在的神韵，而纯粹是为"放达"而"放达"，从而也就成为一种矫情。所以，东晋的王恭说得很明白："名士不必须奇才，但使常得无事，痛饮酒，熟读《离骚》，便可称名士。"③既如此，他们便只学得名士不拘礼法的外在表现。所以，时人评价说："竹林之为放，有疾而为颦者也；元康之为放，无德而折巾者也。"④这种评价真是一针见血。事实上，南朝名士中不乏热衷名利的伪名士。尽管如此，这种不拘礼法的行为表现却仍然对社会有着莫大的影响。

总之，在魏晋南北朝时期，由于名士们的行为的极大的示范作用，整个社会都陷入了一种以不拘礼法为荣的状态之中。

---

① 《晋书·光逸传》。
② 《太炎文录》卷一。
③ 《世说新语·任诞》。
④ 《晋书·戴逵传》。

第三章

三国两晋南北朝时期的政治道德生活

第一节 三国时期的政治道德生活

三国时期,按史家所习称,是以汉献帝初平元年(190)为三国纷争的开始,到太康元年(280)西晋灭吴,司马氏短暂统一了中国,三国之局结束的这一段时期。这是中国历史上的大动乱时期,社会政治动乱,经济萧条,意识形态多元化,是这一时期的显著特点,这一特点也反映在这一时期的政治道德生活中。

一、三国时期二重君臣关系之格局以及二重君主观念中的道德冲突

三国时期的君臣关系呈现出二重化架构的格局,其具体表现就是,一方面,尽管汉末的社会大动乱导致汉室衰微,但一直到魏文帝曹丕称帝之前,汉朝廷仍然是名义上的合法政权,汉献帝仍然是名义上的最高统治者,其合法性以及由此而来的威灵仍然对社会政治生活起着重要影响;另一方面,因为汉室衰微,权力结构崩溃,地方州牧、豪强割据一方,他们实质上已不受汉帝节制,在其势力范围内握有生杀予夺大权,从而成为事实上的地方性君主。以这些地方性君主为中心又构成了一重君臣关系。尽管在三国纷争之初,地方性的权力中心较多,但各军阀间经过相互杀伐,最后形成三个地方性权力中心,即曹魏、蜀汉和孙吴。本章对这一重君臣关系中道德生活状况的分析,就是在这三国的范围内展开的。上述君臣关系二重架构的状况与其他社会政治、经济、文化因素结合在一起,遂形成了三国时期二重的君主观念。

从政治方面看,除了上面提到的社会大动乱使汉王室趋于衰微,天子权威旁落外,导致二重君主观念产生的另一个重要原因是社会动乱造成的选举制的破坏。汉代选拔官吏的一个重要方式是乡举里选,社会大动乱使乡举里选制遭到严重破坏,在这种情况下,征辟成为唯一的方式,地方州牧向汉帝举荐官员,而献帝大权旁落,因而这种举荐不过是一种形式罢了。这样,这些被举荐的官员实际上和举荐他们的州牧之间构成了主臣关系,举荐他们的州牧成了被举荐

者的效忠对象。

从经济方面来说，由于社会动乱，各路军阀豪强为争夺最高统治权力而进行无休止的混战，军阀混战又导致人口剧减，生产力遭到巨大破坏，遂致经济萧条，民生凋敝，百姓流离失所。在这样一种背景下，地方下级官吏和普通民众所希望的是他们的州牧能够带领他们保一方平安，因此，若地方州牧有相应的保境安民的能力，那么，他们也会成为下级官吏和普通民众的效忠对象。

就文化方面而言，自汉武帝实行“罢黜百家、独尊儒术”的政策后，儒家学说被提升到“独尊”的高度，经学成为整个汉代占统治地位的学说，并与政治紧密结合起来。然而，一方面，经学发展到后期，其流于传注、训诂的学风使经学越来越僵化；另一方面，汉代以“明经致仕”作为选拔政府官员的一种重要方式，把对儒学的研究与进入仕途从而提高个人和家族的社会地位结合起来，使儒学在政治化的背景中凸显了其功利色彩，并因此而使人们感到反感，汉末的社会大动乱在某种意义上意味着，作为儒家学说特定表现形式的两汉经学丧失了其规范社会、人生的功能，宣告了两汉经学的破产。在这一背景下，道家学说、法家学说以及从印度传入中国的佛教大行其道，儒家所倡导的价值观念受到极大冲击，儒家的君臣价值观自然也不例外。文化上的这种价值取向多元化的格局，为人们选择不同的效忠对象提供了思想上的支持。

上述状况表明，在三国时期，对于士大夫和地方官吏来说，在效忠对象的选择上，存在着两种可能，即是选择忠于汉献帝或是忠于地方州牧。在三国纷争的初期，由于各地方势力都是打着维护、振兴汉室的名义而起兵的，两者之间的冲突并没有暴露出来。赤壁之战后，三国鼎立的局面已然形成，汉献帝虽然仍是名义上的最高统治者，但恢复、振兴汉室亦确乎是不可能了，这样，一些人有可能在思想情感上产生是继续忠于汉献帝还是效忠当下正在为其服务的政治集团及其最高主宰者的冲突。当然，不管是何种选择，都会构成实际的君臣关系，君臣之间如何处理这种关系，就构成了这一关系中道德生活的具体内容。在传统社会中，处理君臣关系的基本道德原则是儒家的君臣道德价值观，同时，儒家的君臣道德价值观也是判断传统社会君臣关系之好坏的标准。

按照儒家的立场，处理君臣关系的基本原则是君仁臣忠，是“君使臣以礼，臣事君以忠"①。君主对待臣下应仁爱,要遵守对为君者所提出的道德要求,而臣子对待君主则应忠诚。这里的忠诚首先是指臣子应绝对维护皇权的至高无上的权威,不能心怀异想;其次是恪尽职守,为皇权的稳定与延续尽心尽力。当然,儒家同时认为天下的最高统治者,因为其位高权重,其所作所为对天下人的影响非同小可,所以,只有那些有德者才能享有这样的地位,即所谓的德、位统一。当为君者丧失了与其地位相称的德行时,其他有德者可取而代之,"顺乎天而应乎人"②,所以,儒家不主张愚忠。儒家的上述君臣道德价值观为我们分析三国时期君臣关系中的道德状况提供了依据。以下,我们根据三国时期的具体情形分析其君臣关系中的道德生活状况。

二、以汉献帝为中心的君臣关系中的道德生活状况

汉献帝刘协即位时,年方九岁,自然不可能有所作为。但既然还有汉家天子在,汉室毕竟还未灭亡,汉献帝与朝臣以及地方州牧、一般基层官吏之间,就还有君臣之义,且汉献帝年幼,其品性、德行还有待于观察,不能循"伊尹放太甲,霍光废昌邑王"之例。正因为如此,按照儒家的道德价值观,汉群臣就有尽心尽力辅佐汉帝的职责,也正因为如此,虽然汉室衰微,但一大批深受两汉儒学熏陶的汉臣仍然能够持守其作为臣子的道德底线,忠于汉室,尽自己最大的努力来辅佐汉室。如尚书卢植、司徒王允、幽州牧刘虞、曹操谋臣荀彧等,史籍中记载甚多,这里仅略举几例。

史载,"卓谋废帝(刘辨),会群臣于朝堂,议曰:'大者天地,次者君臣,所以为治。今皇帝暗弱,不可以奉宗庙,为天下主。欲依伊尹、霍光故事,立陈留王,何如?'尚书卢植曰:'案尚书太甲既立不明,伊尹放之桐宫。昌邑王立二十七日,罪过千余,故霍光废之。今上富于春秋,行未有失,非前事之比也。'卓怒,罢坐,欲诛植,侍中蔡邕劝之,得免"③。

城门校尉伍琼(或谓孚),原为董卓所亲信,但其"少有大节",董卓在洛阳的暴行人神共怒,伍于是欲谋刺董卓,"孚著小铠,于朝服里挟佩刀见卓,欲伺便刺

---

① 《论语·为政》。
② 《易经·第四十九卦》。
③ 《裴注三国志·魏书六》。

杀之。语阕辞去，卓送至阁中，孚因出刀刺之。卓多力，退却不中，即收孚。卓曰：'卿欲反邪？'孚大言曰：'汝非吾君，吾非汝臣，何反之有？汝乱国篡主，罪盈恶大，今是吾死日，故来诛奸贼耳，恨不车裂汝于市朝以谢天下。'遂杀孚"。①

"（初平）三年四月，司徒王允、尚书仆射士孙瑞、卓将吕布共谋诛卓。是时，天子有疾新愈，大会未央殿。布使同郡骑都尉李肃等，将亲兵十余人，伪著卫士服守掖门。布怀诏书。卓至，肃等格卓。卓惊呼布所在。布曰'有诏'，遂杀卓，夷三族。"②

起初，司徒王允见董卓帐下将吕布勇武，欲依吕布杀董卓而卫王室。而吕布有勇无谋，且其性情类似董卓，事成，长安城中传言朝廷欲"尽诛凉州人"③，因卓部将多为凉州人，闻此，群情汹汹。卓故将李傕、郭汜、樊稠、张济等用讨虏校尉贾诩策，合兵围长安，十日城陷，吕布败走。"傕等放兵略长安老少，杀之悉尽，死者狼藉。诛杀卓者，尸王允于市。"④裴松之注《三国志》引张璠《后汉纪》所记此事，颇为详细："布兵败，驻马青琐门外，谓允曰：'公可以去。'允曰：'安国家，吾之上原也，若不获，则奉身以死。朝廷幼主恃我而已，临难苟免，吾不为也。努力谢关东诸公，以国家为念。'傕、汜入长安城，屯南宫掖门，杀太仆鲁馗、大鸿胪周奂、城门校尉崔烈、越骑校尉王颀。吏民死者不可胜数。司徒王允挟天子上宣平城门避兵，傕等于城门下拜，伏地叩头。帝谓傕等曰：'卿无作威福，而乃放兵纵横，欲何为乎？'傕等曰：'董卓忠于陛下，而无故为吕布所杀。臣等为卓报仇，弗敢为逆也。请事竟，诣廷尉受罪。'允穷逼出见傕，傕诛允及妻子宗族十余人。长安城中男女大小莫不流涕。允字子师，太原祁人也。少有大节，郭泰见而奇之，曰：'王生一日千里，王佐之才也。'泰虽先达，遂与定交。三公并辟，历豫州刺史，辟荀爽、孔融为从事，迁河南尹、尚书令。及为司徒，其所以扶持王室，甚得大臣之节，自天子以下，皆倚赖焉。"⑤从所引材料可见王允对汉室忠心之一斑。故华峤评价王允道："夫士以正立，以谋济，以义成，若王允之推董卓而分其权，伺其间而弊其罪。当此之时，天下之难解矣，本之皆主于忠义也，

① 参阅《裴注三国志·魏书六》。
② 同上。
③ 同上。
④ 同上。
⑤ 同上。

故推卓不为失正，分权不为不义，伺间不为狙诈，是以谋济义成，而归于正也。”①

大抵当时汉群臣的大多数仍能忠于汉室。地方州牧起兵除暴，不少士人和地方官吏加入了不同的军事集团，成为这些军事集团的谋士，但他们的出发点是要借用这些军事集团的力量来振兴汉室，这一普遍心理，成为当时制约各军事强人实现其取汉室而代之之野心的强大力量。

如袁绍因其“四世五公”的显赫家世而被群雄推为“讨卓盟主”，其麾下谋臣甚多，但当其欲逞自己私欲，取汉室而代时，却遭到众人反对。《三国志》记载，袁绍击破公孙瓒后，势力大长，于是不听汉献帝诏令，“天子以绍为太尉，转为大将军，封邺侯……绍让侯不受。顷之。击破瓒于易京，并其众。”②裴松之注《三国志》引《典略》证袁氏随着自身势力的扩大而异心顿起：“自此绍贡御希慢，私使主薄耿苞密白曰：‘赤德衰尽，袁为黄胤，宜顺天意。’绍以苞密白事示军府将吏。议者咸以苞为妖妄宜诛，绍乃杀苞以自解”，耿苞成为袁氏为实现其野心而玩弄权术的牺牲品。

有关这一时期汉臣仍能持守儒家君臣之义，忠于汉室的资料甚多，这里不再引述。简而言之，尽管汉室衰微，但经过自汉武帝起直至东汉末长时期的儒学熏陶，汉人尤其是东汉人颇重名节，君臣之义尚可维系。当然，汉臣中也有不讲君臣之义的。如董卓、袁绍、袁术等。在这些人中，曹操是个特例。

曹操初起兵时，因其实力弱小，加之没有如袁绍那样显赫的家世背景，故而似乎并没有觊觎“神器”之心，观其讨董卓之时的言行可见一斑。如，袁绍虽被推为讨卓盟主，但因惧怕董卓兵力强大而不敢进兵，其他如后将军袁术、冀州牧韩馥、豫州刺史孔伷、兖州刺史刘岱、陈留太守张邈、东郡太守桥瑁等都不敢先进兵，曹操却挺身而出，指出“举义兵以诛暴乱，大众已合，诸君何疑？向使董卓闻山东兵起，倚王室之重，据二周之险，东向以临天下；虽以无道行之，犹足为患。今焚烧宫室，劫迁天子，海内震动，不知所归，此天亡之时也。一战而天下定矣，不可失也”；讨卓盟军屯据酸枣，“日置酒高会，不图进取”，曹操指责他们“持疑而不进，失天下之望，窃为诸君耻之”③，凡此种种，都似可证明曹操起初无

① 《裴注三国志·魏书六》。
② 同上。
③ 《裴注三国志·魏书一》。

僭越之心。曹操的野心起于其实力壮大，扫荡群雄，统一北方之后，这是后话。

董卓随着大权在握，更是作威作福，不把汉帝放在眼里，他先是废汉灵帝所立长子少帝刘辨为弘农王，继而又杀害弘农王和何太后，立灵帝少子陈留王刘协为帝，是为汉献帝。后董卓闻山东兴起义兵，又挟持汉献帝西迁长安，焚烧洛阳城，使之成为废墟。西迁长安后，董卓更是无视君臣之礼，“为太师，号曰尚父。乘青盖金华车，爪画两轓，时人号曰竿摩车”①，其专擅朝政，视汉帝如玩物之态暴露无遗。

袁绍家世显赫，但其起兵勤王是假，试图依仗自己显赫的家世及其家族“门生故吏遍天下”的政治优势实现取汉室而代之的野心是实。

袁术为袁绍堂弟，也有僭越之心。他曾致书故友陈珪，借“秦失其政，天下英雄争而取之”的事实，吐露自己的心迹，“昔秦失其政，天下群雄争而取之，兼智勇者卒受其归。今世事纷扰，复有瓦解之势矣，诚英乂有为之时也。与足下旧交，岂肯左右之乎？若集大事，子实为吾心膂”，企图得到陈珪的帮助。而陈珪认为“今虽季世，未有亡秦苛暴之乱也”，因此，他奉劝袁术和曹操等“戮力同心，匡翼汉室”，不要“阴谋不轨，以身试祸”，并告诫袁术“若迷而知反，尚可以免。吾备旧知，故陈至情，虽逆于耳，骨肉之惠也”，表达自己不阿附的决心：“欲吾营私阿附，有犯死不能也。”②但袁术不听陈珪忠告，于兴平二年（195）冬僭帝号。袁术为无才无德之人，“奢淫肆欲，徵敛无度，百姓苦之”，僭号后，“荒侈滋甚，后宫数百皆服绮縠，余粱肉……而士卒冻馁，江淮间空尽，人民相食”。③ 袁术的称帝注定要失败，最终落得家破人亡。

曹操初无篡立野心，而随着其实力的不断增长，加之在军阀混战中获得了较高的民望，遂起异志，虽未敢在生前称帝，但其进爵为王、加九锡的举动已足以表明其专擅威权、视献帝如傀儡而将之玩于股掌的做派。对曹氏的专权擅政，汉献帝颇为不满，建安五年（200），献帝曾与车骑将军董承、偏将军王服、越骑校尉种辑密谋欲诛杀曹操，“事泄。壬午，曹操杀董承等，夷三族”④。建安十

① 《裴注三国志·魏书六》。
② 同上。
③ 同上。
④ 《后汉书》卷九。

九年(214)曹操又杀汉皇后伏氏。《三国志》载曰:"汉皇后伏氏坐昔与父故屯骑校尉完书,云帝以董承被诛怨恨公,辞甚丑恶,发闻,后废黜死,兄弟皆伏法。"裴松之注引《曹瞒传》曰:"公遣华歆勒兵入宫收后,后闭户匿壁中。歆坏户发壁,牵后出。帝时与御史大夫郗虑坐,后被发徒跣过,执帝手曰:'不能复相活邪?'帝曰:'我亦不自知命在何时也。'帝谓虑曰:'郗公,天下宁有是邪!'"①虽贵为天子,自己的生命尚且朝不夕虑,又何谈保护皇后的生命!由此可见,汉献帝的命运已完全掌握在曹操手中。

综上所述,从三国纷争拉开序幕到赤壁之战结束而三国鼎立之局正式形成这一段时间,汉献帝仍是名义上的权力中心,故以汉献帝为中心,构成一重君臣关系的层面,就这一层面而言,汉群臣大多能持守儒家所倡导的君臣之义,力图维系汉祚于不坠。但历史的发展不以人的意志为转移,汉王朝自东汉后期特别是自灵帝时已经衰败透顶,其覆亡的命运已无可挽回。

三、魏、蜀、吴三国君臣关系中的道德生活状况

官渡之战后,曹操消灭了其最大的敌人袁绍,基本上统一了北方。为了实现自己一统天下的宏愿,他挥师南下,试图一举消灭孙权和刘备。但是,在赤壁,曹操遇到孙刘联军的顽强抵抗,最终落得个大败而狼狈逃回北方的结局。赤壁之战后,三国鼎立之局已成事实,恢复汉室不过是三国之主自我标榜的空话而已,于是,三国群臣各为其主,构成了一种新的君臣关系。

大体说来,三国君臣关系中的道德生活状况也遵循从正常到不正常的变化规律。在曹操、刘备、孙权这些人奠定基业的过程中,是能够比较好地对待臣下,从而形成正常的君臣间的道德关系的,而他们的后辈,既未经历创业之苦,则往往不知守成之难,沉迷享受是其主要生活方式,由此而导致了君臣之间不正常的关系。一则,一些忠诚正直的臣子为维系国运长久,往往对君主的行为进行规劝,并极力制约君主肆其私欲,而这往往导致君主的不满;二则,一些怀有私心的奸佞臣子又往往投君主之所好,从而为君主所宠,或窃弄权柄,或伺机僭越,最终导致政治生活败坏而不可收拾,步入建基——守成——衰落——崩

① 《裴注三国志·魏书一》。

溃的循环。

三国的奠基者曹操、刘备、孙权能够比较好地处理君臣关系，所以他们能成就一番大事业，这体现在他们对待臣属的态度和任用上。当然由于曹操、刘备、孙权的个性以及价值观念等的差异，在君臣关系的具体处理上各有特点，因而也体现出不同的道德涵蕴。清人赵翼指出，三国之主用人各不同："大概曹操以权术相驭，刘备以性情相契，孙氏兄弟以意气相投。"①

1. 魏国君臣关系中的道德生活

魏国的开创者曹操，是在汉末天下大乱、群雄割据的局面下脱颖而出的一代枭雄，其治术是循名责实，纯任申韩，功利至上，完全走的是法家的路子，其对待臣属的态度也体现了他的这种思维方式，清人赵翼在《廿二史札记》中认为曹操在用人上是"以权术相驭"，是为权术论。对待臣属既以权术相驭，则爱之罪之皆以利害相计，为一时之权宜，并无真心实意。

观曹操对待刘备之态度，可见一斑。刘备被吕布击破，来归曹操，谋臣程昱对曹操说："观刘备有雄才而甚得众心，终不为人下"，因劝曹操杀掉刘备。曹操亦知刘备为一等一的人才，将来必成为自己强有力的对手，但是他却认为，"方今收英雄时也，杀一人而失天下之心，不可"②，非但没有杀害刘备，反而与兵于刘备，遣其屯小沛。

狂生祢衡多次对曹操不敬，曹操恨之入骨，极欲杀之而后快："祢衡竖子，乃敢尔！孤杀之无异于雀鼠，顾此人素有虚名，远近所闻，今日杀之，人将谓孤不能容。"③考虑到祢衡为当世之名士，杀掉他会给人留下不能容人的恶名，所以，他把祢衡送给刘表，欲借刘表之手杀掉祢衡，祢衡后果为刘表部将黄祖所杀。

可见，曹操对人才或爱或罪，都是从个人的功利目的出发的。曹操的这些做法，尽管有欺骗性，但在当时确实为不少豪杰才俊所信服。又，曹操选人、任人重才不重德，只要有治国安邦之术、领兵打仗之能，他都倾心接纳，并通过种种方式在群雄和地方官吏以及一般士人心目中树立其亲贤爱士的形象。他的这一做法，效果也非常显著，三国之中，人才之盛莫过于魏，即是明证。观其对

① 《廿二史札记》卷七。
② 参阅《裴注三国志・魏书一》
③ 《裴注三国志・魏书十》。

待臣属之术，大致有以下几个方面：

一是不贪人之功据为己有。荀彧、程昱为曹操出谋划策，外人不知，而曹操从不隐瞒，一一表明，并论功行赏。建安八年(203)，曹操“录彧前后功，表封彧为万岁亭侯”，其表曰：“臣自始举义兵，周游征伐，与彧戮力同心，左右王略，发言授策，无施不效。彧之功业，臣由以济，用披浮云，显光日月。陛下幸许，彧左右机近，忠恪祗顺，如履薄冰，研精极锐，以抚庶事。天下之定，彧之功也。宜享高爵，以彰元勋。”[①]程昱也被封为安国亭侯，郭嘉则被封为洧阳亭侯，[②]其余各有功之人亦皆有赏赐。

二是不计前嫌。曹操举毕谌为兖州别驾，张邈叛曹，劫持毕谌母亲及妻子而去，曹操遣毕谌归张邈，说“卿老母在彼，可去”。毕谌去后，叛归吕布，后曹操击破吕布，生擒毕谌，众人皆为其担心，而曹操却说，“夫人孝于其亲者，岂不亦忠于君乎！吾所求也”。并以毕谌为鲁相。[③] 曹操举魏种为孝廉，后又“以魏种为河内太守，属以河北事”。兖州叛曹，曹操曾颇为自信地认为魏种不会背叛自己，“唯魏种且不弃孤也”，但是，魏种并未归曹操，曹操极为恼火，怒曰：“种不南走越、北走胡，不置汝也!”后曹操攻下射犬，生擒魏种。因感于魏种之才，并不加害，“‘唯其才也!’释其缚而用之”。[④] 臧霸先从陶谦，后助吕布。曹操击破吕布并生擒之，臧霸藏匿。曹操募索臧霸而得之，“见而悦之”，“以霸为琅邪相，敦利城、礼东莞、观北海、康城阳太守，割青、徐二州，委之于霸”。起初，曹操在兖州时，以徐翕、毛晖为将。兖州乱，翕、晖皆叛。后兖州之乱平，翕、晖亡命投臧霸。曹操要刘备传话于臧霸，令臧霸送上翕、晖二人之首级，臧霸不听，对刘备说：“霸所以能自立者，以不为此也。霸受公生全之恩，不敢违命。然王霸之君可以义告，原将军为之辞。”刘备以臧霸之言据实相告，曹操感慨，对臧霸说：“此古人之事而君能行之，孤之原也。”他没有追究翕、晖二人，仍以二人为郡守。[⑤]可见，在一切为了建立自己的帝王事业这一目标的支配下，曹操确实能够礼贤下士，而其所用之人也能为其尽心尽力，从而创建了三国之中最为强大的魏国。

---

① 参阅《裴注三国志·魏书十》。
② 参阅《裴注三国志·魏书十四》。
③ 参阅《裴注三国志·魏书一》。
④ 参阅同上。
⑤ 参阅《裴注三国志·魏书十八》。

但当曹操削平群雄、天下大势已定之时，他立即露出了其本来面目，如荀彧为曹操重要谋臣，但因其对曹操进爵魏王、加九锡之礼持不合作态度，曹操便阴逼其服药而死；孔融、许攸、娄圭皆因以言语触怒曹操而被杀①；崔琰为曹操一向所依信者，曹操疑崔氏傲视怨谤而杀之，杨修为主簿，因与陈思王曹植相善而被杀②。凡此等等，都表明曹操为人阴险虚伪。

又《裴注三国志·魏书·武帝纪》注引《魏书》，叙曹操之严酷奸诈、心胸狭窄："持法峻刻，诸将有计画胜出己者，随以法诛之，及故人旧怨，亦皆无余。其所刑杀，辄对之垂涕嗟痛之，终无所活。初，袁忠为沛相，尝欲以法治太祖，沛国桓邵亦轻之，及在兖州，陈留边让言议颇侵太祖，太祖杀让，族其家，忠、邵俱避难交州，太祖遣使就太守士燮尽族之。桓邵得出首，拜谢于庭中，太祖谓曰：'跪可解死邪！'遂杀之。常出军，行经麦中，令'士卒无败麦，犯者死'。骑士皆下马，付麦以相持，于是太祖马腾入麦中，敕主簿议罪；主簿对以春秋之义，罚不加于尊。太祖曰：'制法而自犯之，何以帅下？然孤为军帅，不可自杀，请自刑。'因援剑割发以置地。又有幸姬常从昼寝，枕之卧，告之曰：'须臾觉我。'姬见太祖卧安，未即寤，及自觉，棒杀之。常讨贼，廪谷不足，私谓主者曰：'如何?'主者曰：'可以小斛以足之。'太祖曰：'善。'后军中言太祖欺众，太祖谓主者曰：'特当借君死以厌众，不然事不解。'乃斩之，取首题徇曰：'行小斛，盗官谷，斩之军门。'其酷虐变诈，皆此类也。"曹操只把臣属当作实现自身利益的工具，实无道德之可言，于此可见一斑。

曹操死后，其子曹丕逼汉献帝禅位，是为魏文帝。曹丕即帝位后，在人才选拔任用上一反曹操"唯才是举"的做法，采用陈群提出的九品官人之法，延引世家大族出身的人为魏朝臣，曹操在位时出身世家大族而未得重用之人如陈群、司马懿等皆得重用，地位日渐提高，而对那些家世并不显赫而有治世之能的人日渐疏远。如杨沛在曹操时期以严能著称，曹操非常欣赏他。及曹氏辅政，"迁沛为长社令。时曹洪宾客在县界，征调不肯如法，沛先挝折其脚，遂杀之。由此太祖以为能。累迁九江、东平、乐安太守，并有治迹"。沛因"与督军争斗，髡刑

① 参阅《裴注三国志·魏书十二》。

② 崔琰事参阅《裴注三国志·魏书十二》；杨修事参阅《裴注三国志·魏书十九》。

五岁”。曹操听说邺下“颇不奉科禁”，想起严能的杨沛，从徒中起沛为邺令。沛向曹操表示，要“竭尽心力，奉宣科法”来治邺，曹操称善，“赐其生口十人，绢百匹”。沛为令数年，多有功绩。到曹丕时期，这样一位严能之士却不得不“以议郎冗散里巷”，“身退之后，家无余积”，“妻子冻饿”。[①] 杨沛在曹操和曹丕时期不同的遭遇，说明曹丕对待臣属的态度已与曹操有所不同。

对臣属的进谏，曹丕也不能因善而纳之。如延康元年，曹丕将出征，度支中郎将新平霍性以魏国初建，不宜轻起兵衅为由劝谏曹丕，曹丕非但不听，反而大为恼火，“遣刺奸就考，竟杀之”。又黄初元年，“长水校尉戴陵谏不宜数行弋猎，帝大怒；陵减死罪一等”。[②] 可见，随着曹魏政权的日渐巩固，君臣之间的关系已经不正常了。

到魏明帝时期，这种情况又有所发展。青龙三年(235)，魏明帝“大治洛阳宫”，所废甚多，致使“百姓失农时”，“直臣杨阜、高堂隆等各数切谏”，明帝“不能听”。既不能亲贤人，则无法远小人。明帝临终时，原以燕王曹宇为大将军，与领军将军夏侯献、武卫将军曹爽、屯骑校尉曹肇、骁骑将军秦朗等共同辅佐齐王曹芳。但中书监刘放、中书令孙资“久专权宠，为朗等素所不善，惧有后害，阴图间之”。刘放、孙资乘隙向明帝进言，说燕王曹宇不堪大任，并向明帝推荐曹爽和司马懿。明帝听刘放、孙资之言，免燕王曹宇之职，而以曹爽和司马懿共同辅政。明帝垂危，已不能为手诏，“放即上床，执帝手强作之”。[③] 这一事实表明，曹魏后期，主弱臣强，权臣弄国的状况已十分严重。

明帝死后，曹芳继位，受诏辅政的曹爽和司马懿不能恪守臣道，公忠体国，而是各怀打算，暗中争权。曹爽是不愿曹氏王权操控于司马氏之手，故极力排斥司马懿，而司马懿则心怀异志，正暗中积蓄力量，欲取曹氏而代之。两者争权的结果终导致正始十年的高平陵之变，曹芳被废，曹爽及其党羽被杀，皆夷三族。

至高贵乡公曹髦继位，君臣之伦完全倾覆。曹髦继位六年后，无法忍受司马氏专权，亲自领近臣侍卫攻打司马昭。而曹髦的近臣侍中王沈、散骑常侍王

---

① 参阅《裴注三国志·魏书十五》。
② 参阅《裴注三国志·魏书二》。
③ 参阅《裴注三国志·魏书三》。

业却卖主求荣，向司马昭告密，导致曹髦为司马昭阴养的死士太子舍人成济所杀。曹魏王朝至此已事实上灭亡，后来司马炎以禅代的方式逼魏元帝禅位，不过是仿曹魏代汉的故事，“以其人之道还治其人之身”罢了。

2. 蜀国君臣关系中的道德生活

三国之中，蜀国的国祚最短，只历二帝，即先主刘备和后主刘禅。刘备为汉宗室，是汉景帝子中山靖王刘胜之后，因其祖上犯事失侯而家于涿郡。黄巾起义时，刘备因平黄巾有功而被朝廷任命为安喜尉。刘备年少时就喜欢结交豪侠，“少语言，善下人，喜怒不形于色。好交结豪侠，年少争附之”①，他的这种性格也集中地体现在其对君臣关系的处理上，如清人赵翼所说，是“以性情相契”，所以，三国中刘备的实力最为弱小，但却能与实力强大的魏和实力强于自己的吴三分天下，一个关键的原因是拥有良好的君臣关系。刘备初发迹时，得力于中山大商张世平、苏双等人的资助，同郡关羽、张飞皆为刘备所纳，后刘备为平原相，“以羽、飞为别部司马，分统部曲。先主与二人寝则同床，恩若兄弟”②。赵云亦为刘备得力部将，但其最初所依为公孙瓒，时刘备亦依公孙瓒，当此之时，刘备“每接纳云，云得深自结托”③。公孙瓒为袁绍所击破，刘备遂依袁绍，而赵云此前因兄丧辞公孙瓒而归家，闻刘备在袁绍处，赵云遂来邺城见刘备，而刘备与赵云“同床眠卧”，待之如兄弟。诸葛亮为刘备最为得力之谋臣，而刘备为得诸葛亮之助，曾三顾茅庐，最终感动了诸葛亮。刘备临终时，托孤于诸葛亮，对诸葛亮表露自己的心迹：“君才十倍曹丕，必能安国，终定大事。若嗣子可辅，辅之；如其不才，君可自取。”④其对诸葛亮坦诚信任如此！此亦可见刘备在处理君臣关系上的道德风范。

处理与刘巴的关系，可谓是刘备处理君臣关系的典范。

刘巴为零陵郡人，刘表为荆州牧时，曾多次向朝廷荐举刘巴，而刘巴皆不就。曹操征荆州，刘备败走江南，“荆、楚群士从之如云”，而刘巴北归曹操，为曹操所用。曹操遣刘巴招纳长沙、零陵、桂阳三郡，但三郡后皆为刘备所有，刘巴

---

① 《裴注三国志·蜀书二》。
② 《裴注三国志·蜀书六》。
③ 同上。
④ 《裴注三国志·蜀书五》。

滞留零陵，不得北返。当此之时，刘巴仍不愿归顺刘备，而南走交趾。诸葛亮曾遣人致书劝刘巴效力刘备，说："刘公雄才盖世，据有荆土，莫不归德，天人去就，已可知矣。足下欲何之？"而刘巴回答说："受命而来，不成当还，此其宜也。足下何言邪！"表示自己仍不愿归顺刘备，所以刘备"深以为恨"。后刘巴自交趾入蜀，为刘璋幕僚。刘璋遣法正迎刘备，"巴谏曰：'备，雄人也，入必为害。不可内也。'"刘备既入蜀，刘璋使刘备讨张鲁，刘巴又进谏，"若使备讨张鲁，是放虎于山林也"。可以说刘巴是处处与刘备作对。但就是对这样一个处处与自己作对的人，刘备仍然认为人才难得，故仍以礼相待。在攻成都时，刘备令将士不得伤害刘巴，"其有害巴者，诛及三族"。后刘备得刘巴，非但没有责怪，反而"甚喜"，并以刘巴为左将军西曹掾。[①]

君待臣以礼，臣侍君以忠。正因为刘备能礼贤下士，故其所得人才，皆愿为其尽死力。如关羽、张飞，在刘备初起家时，即追随左右。"随先主周旋，不避艰险"[②]。诸葛亮为刘备三顾茅庐的诚心所感动，自出隆中后，随刘备东征西讨，出谋划策，可谓鞠躬尽瘁，死而后已。刘备死后，他为不负刘备临终所托，竭尽全力辅佐后主刘禅，为实现君臣"恢复汉室"、一统中原的目标，他知其不可为而为之，不遗余力，六出祁山北伐曹魏，最后，累死于军营之中，给后人留下了"出师未捷身先死，长使英雄泪满襟"的感慨！正是由于君臣戮力同心，刘备才能在实力最为弱小的情况下，开创蜀国的基业。

刘备死后，刘禅即位，是为蜀后主。刘禅暗弱无能，虽得诸葛亮、蒋琬、费祎及董允辅佐，而终不能有所作为。诸葛亮死后，刘禅没有了有力掣肘，更是毫无进取之心，耽于享乐，对秉公正直之臣日渐疏远。他宠信宦官黄皓，猜疑领兵在外征战的大将姜维。这种不正常的君臣关系，是最终导致蜀国很快败亡的重要原因。

3. 吴国君臣关系中的道德生活

三国之中，吴国的实力仅次于曹魏，其国祚也最长，魏亡后与西晋仍对峙十有五年而亡。吴国的兴起，与孙策、孙权兄弟善网罗人才，能较好地处理与臣下

---

① 参阅《裴注三国志·蜀书九》。

② 《裴注三国志·蜀书六》。

的关系密切相关。

孙策“性阔达听受，善于用人，是以士民见者，莫不尽心，乐为致死”①，生擒太史慈，即解其缚，曰：“太史子义，青州名士，以信义为先……但所托未得其人……孤是卿知己，勿忧不如意也。”②以张昭为“长史、抚军中郎将，升堂拜母，如比肩之旧，文武之事，一以委昭”，北方士大夫书疏来，“专归美于昭，昭欲嘿而不宣则惧有私，宣之则恐非宜，进退不安。策闻之，欢笑曰：‘昔管仲相齐，一则仲父，二则仲父，而桓公为霸者宗。今子布贤，我能用之，其功名独不在我乎！’”孙策早亡，临终托弟于张昭、周瑜，策对昭说：“若仲谋不任事者，君便自取之。正复不克捷，缓步西归，亦无所虑。”③其对张昭竟如此信任。

孙权“性度弘朗，仁而多断，好侠养士”④，对臣属亦能折节下士，信任有加，虽有时亦不免逞君主之威，但多能切己自省，不护己短。如对张昭，孙权就非常信任，“每出征，留昭镇守，领幕府事”，因为张昭为旧臣，孙权“待遇尤重”。⑤ 周瑜是孙权的得力谋臣，为孙氏兄弟建立基业立下了汗马功劳，深得孙权信任。周瑜临死时，推荐鲁肃代替自己，孙权即以鲁肃代周瑜；陆逊寂寂无名，而为吕蒙所荐，孙权即用陆逊抗击刘备，结果大败刘备；甘宁为人粗暴，为孙权所恶，而吕蒙谓甘宁斗将难得，孙权即厚待甘宁；陆逊镇西陵，孙权刻印置于陆逊居所，每与刘禅、诸葛亮书，常让陆逊先过目，有不便者，陆逊可以自行改定，封印通行。其对臣属的信任于此可见一斑。

孙权又不滥用君主威权，每有过失，都能归责于己，决不推卸责任。孙权因辽东公孙渊称藩，“欲遣张弥、许晏至辽东拜渊为燕王”。对此，张昭力谏曰：“渊背魏惧讨，远来求援，非本志也。若渊改图，欲自明于魏，两使不反，不亦取笑于天下乎?”孙权反复向张昭解释，力主遣使出辽东，而张昭不为所动，且反对之意更为坚定。孙权非常恼火，“不能堪，案刀而怒曰：‘吴国士人入宫则拜孤，出宫则拜君，孤之敬君，亦为至矣，而数于众中折孤，孤尝恐失计’”。张昭毫不退让，

---

① 《裴注三国志・吴书一》。
② 《裴注三国志・吴书四》。
③ 《裴注三国志・吴书七》。
④ 《裴注三国志・吴书二》。
⑤ 《裴注三国志・吴书七》。

“熟视权曰：‘臣虽知言不用，每竭愚忠者，诚以太后临崩，呼老臣于床下，遗诏顾命之言故在耳’”。孙权最终未能听从张昭的意见，遣张弥、许晏乘桴浮海辽东。后二使果为公孙渊所杀。孙权因自己不听张昭之谏而致二使被杀，深感惭愧，于是登门拜访“忿言之不用，称疾不朝”的张昭，而“昭固不起，权因出过其门呼昭，昭辞疾笃。权烧其门，欲以恐之，昭更闭户。权使人灭火，住门良久，昭诸子共扶昭起，权载以还宫，深自克责。昭不得已，然后朝会”。①

孙权曾经信任校事吕壹，“壹性苛惨，用法深刻”，太子孙登数谏于孙权，孙权不纳，“大臣由是莫敢言”。② “壹等因此渐作威福”，“举罪纠奸，纤介必闻，重以深案丑诬，毁短大臣，排陷无辜”。③ “后壹奸罪发露伏诛”，孙权为自己不听劝谏而用人失误感到惭愧，“引咎责躬，乃使中书郎袁礼告谢诸大将”，“与诸君从事，自少至长，发有二色，以谓表里足以明露，公私分计，足用相保。尽言直谏，所望诸君；拾遗补阙，孤亦望之”，“今日诸君与孤从事，虽君臣义存，犹谓骨肉不复是过。荣福喜戚，相与共之。忠不匿情，智无遗计，事统是非，诸君岂得从容而已哉！……凡百事要所当损益，乐闻异计，匡所不逮”。④

陆逊为丞相，为国事殚精竭虑，晚年为人所诬，孙权多次遣使斥责陆逊，致使陆逊愤郁而死。事明，孙权见陆逊子陆抗，深为自责。如此勇于承担责任，实为封建帝王中所少有。正因为孙权能如此信任臣属，又不诿己过，所以，其臣下大多能为其尽心尽力，正可谓“三军用命”。

张昭、周瑜受孙策临终之托，不负信义，尽心尽力辅佐孙权。孙权继位时，根基尚浅，不服者众，幸赖张昭、周瑜等鼎力扶持，孙权才得以顺利继承孙策草创的基业，并将其发扬光大。《裴注三国志·吴书七》曰：“是时天下分裂，擅命者众。孙策莅事日浅，恩泽未洽，一旦倾陨，士民狼狈，颇有同异。及昭辅权，绥抚百姓，诸侯宾旅寄寓之士，得用自安。”周瑜、鲁肃扬威于赤壁，遂成三国鼎立之局；陆逊败关羽，使吴重新拥有荆州之地；其他如顾雍、程普、黄盖、吕蒙、甘宁等，莫不竭尽臣责，戮力同心。孙权对臣属信任有加、不诿己过的品德，使吴有

---

① 《裴注三国志·吴书七》。
② 《裴注三国志·吴书二》。
③ 《裴注三国志·吴书七》。
④ 《裴注三国志·吴书二》。

敢言直谏之臣，保证了吴在孙权时代的政治较为清明，经济较为发达，社会秩序稳定，从而也有了与曹魏及后来的西晋相抗衡的资本。

孙权死后，其宗室孙琳等弄权，朝政日非，至孙皓即位后，吴国的政治更是衰败透顶，面目全非。居《裴注三国志·吴书三》记载："皓初立，发优诏，恤士民，开仓廪，振贫乏，科出宫女以配无妻，禽兽扰于苑者皆放之。当时翕然称为明主。"然而，这不过是孙皓沽名钓誉的伎俩而已。事实上，孙皓刚站稳脚跟，就露出了其本来面目。"皓既得志，粗暴骄盈，多忌讳，好酒色，大小失望"。他对待臣下，完全失去了为君者的起码的道德。如，为了了解臣属对自己的看法，他"每宴会群臣，无不咸令沈醉。置黄门郎十人，特不与酒，侍立终日，为司过之吏。宴罢之后，各奏其阙失，迕视之咎，谬言之愆，罔有不举。大者即加威刑，小者辄以为罪"。他还使用一些酷刑来杀人，"或剥人之面，或凿人之眼"。

因为连年战争，吴国的赋税徭役很重，孙权时，大臣张昭、陆逊曾上疏谏言，要求减轻赋税，但孙权认为，三国分立，经常要打仗，赋税徭役不得不重。到了孙皓的时代，战争虽然减少了，但他营建新宫，"穷极伎巧，功役之费以亿万计"；后宫的宫女已有数千人，但他仍不满足，照样"采择无已"，"又激水入宫，宫人有不合意者，辄杀流之"。对那些敢于犯颜直谏之臣，孙皓动辄杀掉他们，如"尚书熊睦见皓酷虐，微有所谏，皓使人以刀环撞杀之，身无完肌"①；太子太傅贺邵针对孙皓"凶暴骄矜"，而致"政事日弊"的状况，上疏进谏："自登位以来，法禁转苛，赋调益繁；中宫内竖，分布州郡，横兴事役，竞造奸利；百姓罹杼轴之困，黎民罢无已之求，老幼饥寒，家户菜色，而所在长吏，迫畏罪负，严法峻刑，苦民求办。是以人力不堪，家户离散，呼嗟之声，感伤和气。又江边戍兵，远当以拓土广境，近当以守界备难，宜特优育，以待有事，而徵发赋调，烟至云集，衣不全裋褐，食不赡朝夕，出当锋镝之难，入抱无聊之感。是以父子相弃，叛者成行。原陛下宽赋除烦，振恤穷乏，省诸不急，荡禁约法，则海内乐业，大化普洽。"②对贺邵的进谏，孙皓恨之入骨，最终找个机会将贺邵杀了。

① 《裴注三国志·吴书三》。
② 《裴注三国志·吴书二十》。

孙皓的上述做法，自然使得君臣关系极度恶化，最后导致“上下离心”、朝臣“莫为皓尽力”①的结局。吴国在孙皓的手里终为西晋所灭。

4. 小结

综观三国时期君臣关系中的道德生活，可以看到，在曹丕称帝之前，汉献帝还是天子，汉王朝还未正式灭亡，因此，在士大夫、官僚甚至一般民众中普遍存在着以汉王朝为正统的思想意识，大多数人还在极力尽振兴汉室的为臣之责。然而，由于汉献帝权力的旁落，以汉献帝为中心的君臣关系中的道德生活只能是单方面的，即为臣者一种尽臣责的道德自觉。赤壁之战后，三国鼎立之局正式形成，三国的兴盛和衰亡与他们各自的君臣间的道德生活的好坏有着密切的联系，在君主和臣属都能够以道德的方式相互对待的情况下，就能兴盛。反之就会走上衰亡。

四、曹魏时期君民关系领域的道德生活

本文所指曹魏时期，起自建安元年(196)曹操挟持落难洛阳的汉献帝都许昌，“挟天子以令诸侯”，终于咸熙二年(265)司马炎篡魏，前后69年。虽然三国鼎立局面的正式形成起自公元220年曹丕篡汉(为魏文帝)，221年刘备称帝(为蜀汉昭烈帝)，又222年孙权称帝(为吴大帝)，但是事实上，当曹操“挟天子以令诸侯”时，汉帝只不过是被曹操玩弄于股掌之间的傀儡而已，汉室早已名存实亡而进入曹魏时代。曹操是在汉末群雄割据中崛起的枭雄，其人有雄才大略，善权术，其所作所为对魏晋南北朝时期的政治、经济、文化以及思想道德等方面都有巨大影响。本文着重分析曹魏时代政治道德生活的一个侧面，即君民关系领域的道德生活状况。

1. 曹魏时期的社会政治、经济环境

君民关系的实际状况受现实政治、经济状况的影响，曹魏时期指的是东汉末年至曹魏政权正式灭亡这一时期，和东汉的鼎盛时期相比，当时社会的政治、经济环境已发生了大的变化。

从政治方面来说，早在东汉末年，汉朝政府的统治已陷入严重的危机当中，

---

① 《裴注三国志·吴书三》。

小生产者大量破产，外戚、宦官专权，广大农民与统治阶级之间、统治阶级内部不同的利益集团之间的矛盾斗争日益尖锐。到东汉灵帝中平元年(184)终于爆发了由张角领导的农民大起义。为了镇压农民起义，握有军民财政诸权的地方刺史、太守纷纷举兵，从而形成了地方军阀割据的局面，由此，中国历史进入了一个长期的战争频仍时期。

战争带来的无休止的杀戮，造成了人口的大量减少和劳动力的剧减，因而也阻碍了经济的发展。除战争外，天灾和疾疫的爆发也使普通百姓的生活雪上加霜。蝗灾、干旱使农作物歉收，百姓饥馑，饿殍遍野，经济萧条。

在上述背景下，处在军阀混战中的枭雄曹操要成就自己的霸业，必须满足两个最基本的条件：一是众民，二是广土。因此，如何维系民心以成就自己的霸业就成了三国时期魏、吴、蜀的君主们面临的共同问题。

2. 纯任申韩，功利至上：曹魏时期政治生活的指导思想

曹操是在汉末天下大乱、群雄割据的局面下脱颖而出的一代枭雄，其治术是循名责实，纯任申韩，功利至上，走的完全是法家的路子，一切以自我为中心。他的名言是“宁我负人，毋人负我”。用人时则唯才是举，不重其德。其有名的魏武三诏令就非常明显地体现了这一点：

建安十五年(210)春，下令曰：“自古受命及中兴之君，曷尝不得贤人君子与之共治天下者乎！及其得贤也，曾不出闾巷，岂幸相遇哉？上之人不求之耳。今天下尚未定，此特求贤之急时也。‘孟公绰为赵、魏老则优，不可以为滕、薛大夫’。若必廉士而后可用，则齐桓其何以霸世！今天下得无有被褐怀玉而钓于渭滨者乎？又得无盗嫂受金而未遇无知者乎？二三子其佐我明扬仄陋，唯才是举，吾得而用之。”①

建安十九年(214)和二十二年(217)，曹操又以同样的语气下了两道求贤令。十九年的诏令中说：“夫有行之士未必能进取，进取之士未必能有行也。陈平岂笃行，苏秦岂守信邪？而陈平定汉业，苏秦济弱燕。由此言之，士有偏短，庸可废乎！有司明思此义，则士无遗滞，官无废业矣。”②二十二年的诏令中说得

① 《裴注三国志・魏书一》。
② 同上。

更甚："……管仲，桓公贼也，皆用之以兴。萧何、曹参，县吏也，韩、陈平负汙辱之名，有见笑之耻，卒能成就王业，声著千载。吴起贪将，杀妻自信，散金求官，母死不归，然在魏，秦人不敢东向，在楚则三晋不敢南谋。今天下得无有至德之人放在民间，及果勇不顾，临敌力战；若文俗之吏，高才异质，或堪为将守；负汙辱之名，见笑之行，或不仁不孝而有治国用兵之术：其各举所知，勿有所遗。"①

由此可见，曹魏政权从其奠基者曹操开始，奉行的就是法家路线。这一思路在其处理君民关系时也有所体现，具体表现为，为了实现其霸业，一方面，实行类似于儒家民本主义的策略；另一方面，同样是为了自己的霸业，在军阀混战的格局中，对与自己交战的军阀治下的无辜百姓大兴杀戮。以下，笔者从史料中选取相关内容加以分析。

3. 抚民、安民与苦民、病民共存：曹魏政权建立及巩固过程中君民关系中的道德内涵

在曹操谋求建立曹氏王朝及曹丕篡汉称帝并巩固曹氏王权的过程中，其安民、抚民、恤民的举措大致包括如下几个方面：

(1) 发展生产

"中平(184～189)以来，天下乱离，民弃农业，诸军并起，率乏粮谷，无终岁之计，饥则寇略，饱则弃余，瓦解流离，无敌自破者，不可胜数。袁绍在河北，军人仰食桑椹；袁术在江淮，取给蒲蠃，民多相食，州里萧条。羽林监枣祗请建置屯田。曹操从之。以祗为屯田都尉，以骑都尉任峻为典农中郎将，募民屯田许下，得谷百万斛。于是州郡倒置田官，所在积谷，仓廪皆满。"②

又如，阳安都尉李通为了应付战需而加紧按户征收绵绢，郎陵县令赵俨认为此事欠妥，与李通协商，并通过荀彧上报曹操，后圆满解决了这个事件。《资治通鉴·卷六十三》中完整记载了这一经过，其文如下："通急录户调，郎陵长赵俨见通曰：'方今诸郡并叛，独阳安怀附，复趣收其绵绢，小人乐乱，无乃不可乎？'通曰：'公与袁绍相持甚急，左右郡县背叛乃尔，若绵绢不调送，观听者必谓我顾望，有所须待也。'俨曰：'诚亦如君虑，然当权其轻重。小缓调，当为君释此

① 《裴注三国志·魏书一》。
② 《资治通鉴》卷第六十二。

患。'乃书与荀彧曰:'今阳安郡百姓困穷,邻城并叛,易用倾荡,乃一方安危之机也。且此郡人执守忠节,在险不贰,以为国家宜垂慰抚;而更急敛绵绢,何以劝善!'彧即白操,悉以绵绢还民,上下欢喜,郡内遂安。"

(2) 救济贫弱、鳏寡

以史料例证之。

建安七年(202)春正月,"令曰:'吾起义兵,为天下除暴乱。旧土人民,死丧略尽,国中终日行,不见所识,使吾凄怆伤怀。其举义兵已来,将士绝无后者,求其亲戚以后之,授土田,官给耕牛,置学师以教之。为存者立庙,使祀其先人,魂而有灵,吾百年之后何恨哉!'"①

建安二十三年(218),已晋爵为魏王的曹操颁令:"去冬天降疫疠,民有凋伤,军兴于外,垦田损少,吾甚忧之。其令吏民男女:女年七十已上无夫子,若年十二已下无父母兄弟,及目无所见,手不能作,足不能行,而无妻子父兄产业者,廪食终身。幼者至十二止,贫穷不能自赡者,随口给贷。老耄须待养者,年九十已上,复不事,家一人。"②

延康元年(220)冬十月癸卯,魏文帝令曰:"诸将征伐,士卒死亡者或未收敛,吾甚哀之;其告郡国给槥椟殡敛,送致其家,官为设祭。"③

黄初三年(222),魏文帝曹丕因立皇后郭氏而"赐天下男子爵人二级;鳏寡笃癃及贫不能自存者赐谷"④。

黄初六年(225)春二月,魏文帝曹丕"遣使者循行许昌以东尽沛郡,问民所疾苦,贫者振贷之"⑤。

太和元年(227)冬十一月,魏明帝曹叡因"立皇后毛氏。赐天下男子爵人二级,鳏寡孤独不能自存者赐谷"⑥。

太和六年(232),"三月癸酉,(明帝)行东巡,所过存问高年鳏寡孤独,

---

① 《裴注三国志·魏书一》。
② 同上。
③ 《裴注三国志·魏书二》。
④ 同上。
⑤ 同上。
⑥ 《裴注三国志·魏书三》。

赐谷帛”①。

(3) 赈灾、减租赋

同样以史料对此予以说明。

据《三国志・魏书・武帝纪》记载，建安九年(204)九月，“令曰：‘河北罹袁氏之难，其令无出今年租赋！’重豪强兼并之法，百姓喜悦”。又同书注引《魏书》记载此事“令曰：‘有国有家者，不患寡而患不均，不患贫而患不安。袁氏之治也，使豪强擅恣，亲戚兼并；下民贫弱，代出租赋，衒鬻家财，不足应命；审配宗族，至乃藏匿罪人，为逋逃主。欲望百姓亲附，甲兵强盛，岂可得邪！其收田租亩四升，户出绢二匹、绵二斤而已，他不得擅兴发。郡国守相明检察之，无令强民有所隐藏，而弱民兼赋也。’”

黄初三年(222)秋七月，魏文帝因“冀州大蝗，民饥，使尚书杜畿持节开仓廪以振之”②。

黄初五年(224)十一月庚寅，“以冀州饥，遣使者开仓廪振之”③。

魏明帝景初元年(237)九月，“冀、兖、徐、豫四州民遇水，遣侍御史循行没溺死亡及失财产者，在所开仓振救之”④。

(4) 兴办教育，移风易俗

三国时期是社会急剧动荡的时期，军阀混战，生灵涂炭，百姓流离失所，教育事业更是无从谈起。于群雄割据中脱颖而出的曹操在荡平袁绍、统一北方后，获得了一段相对稳定的时期，即着手整顿社会秩序，首要者就是兴办教育。

建安八年(203)秋七月，曹操发布命令，“令曰：‘丧乱已来，十有五年，后生者不见仁义礼让之风，吾甚伤之。其令郡国各修文学，县满五百户置校官，选其乡之俊造而教学之，庶几先王之道不废，而有以益于天下’”⑤。

魏文帝黄初二年(221)，曹丕有感于孔庙被毁坏，乡里不闻讲颂之声，乃发布诏书，重修孔庙，复旧制，并于孔庙外广修居室，以供学者居住。其诏曰：“‘昔仲尼资大圣之才，怀帝王之器，当衰周之末，无受命之运，在鲁、卫之朝，教化乎

---

① 《裴注三国志・魏书三》。
② 《裴注三国志・魏书二》。
③ 同上。
④ 《裴注三国志・魏书三》。
⑤ 《裴注三国志・魏书一》。

洙、泗之上，凄凄焉，遑遑焉，欲屈己以存道，贬身以救世。于时王公终莫能用之，乃退考五代之礼，修素王之事，因鲁史而制春秋，就太师而正雅颂，俾千载之后，莫不宗其文以述作，仰其圣以成谋，咨！可谓命世之大圣，亿载之师表者也。遭天下大乱，百祀堕坏，旧居之庙，毁而不修，褒成之后，绝而莫继，阙里不闻讲颂之声，四时不睹蒸尝之位，斯岂所谓崇礼报功，盛德百世必祀者哉！其以议郎孔羡为宗圣侯，邑百户，奉孔子祀。'令鲁郡修起旧庙，置百户吏卒以守卫之，又于其外广为室屋以居学者。"①

在兴办教育的同时，曹魏政权也整顿社会秩序，移风易俗。其主要措施有禁淫祀、倡薄葬、齐风俗。

关于禁淫祀，史料记载，还在光和末年(183)，曹操为济南相时，即厉行禁断淫祀。据《三国志·魏书·武帝纪》记载："迁为济南相，国有十余县，长吏多阿附贵戚，赃污狼藉，于是奏免其八；禁断淫祀，奸宄逃窜，郡界肃然。"又同书注引《魏书》："长吏受取贪饕，依倚贵势，历前相不见举；闻太祖至，咸皆举免，小大震怖，奸宄遁逃，窜入他郡。政教大行，一郡清平。初，城阳景王刘章以有功于汉，故其国为立祠，青州诸郡转相仿效，济南尤盛，至六百余祠。贾人或假二千石舆服导从作倡乐，奢侈日甚，民坐贫穷，历世长吏无敢禁绝者。太祖到，皆毁坏祠屋，止绝官吏民不得祠祀。及至秉政，遂除奸邪鬼神之事，世之淫祀由此遂绝。"从所引材料看，禁淫祀是曹操的一贯政策。

关于倡薄葬。建安二十三年(218)六月，"令曰：'古之葬者，必居瘠薄之地。其规西门豹祠西原上为寿陵，因高为基，不封不树。周礼冢人掌公墓之地，凡诸侯居左右以前，卿大夫居后，汉制亦谓之陪陵。其公卿大臣列将有功者，宜陪寿陵，其广为兆域，使足相容。'"②

建安二十五年即延康元年(220)春，曹操死于洛阳，"遗令曰：'天下尚未安定，未得遵古也。葬毕，皆除服。其将兵屯戍者，皆不得离屯部。有司各率乃职。敛以时服，无藏金玉珍宝。'"③

曹操死后，曹丕继位，同年以禅代方式取代汉帝，是为魏文帝。文帝继续倡

① 《裴注三国志·魏书二》。
② 《裴注三国志·魏书一》。
③ 同上。

导薄葬。曹丕认为,真正的忠孝并不是厚葬先人或君王,因为第一,人死之后即已无知无觉,厚葬以金银珠宝,造成浪费,所谓“骨无痛痒之知,冢非栖神之宅”;其次,厚葬必定引来盗墓之贼,反使故者尸骨被弃之荒野,“丧乱以来,汉氏诸陵无不发掘,至乃烧取玉匣金缕,骸骨并尽,是焚如之刑,岂不重痛哉!祸由乎厚葬封树”。正因为如此,黄初三年(222)冬十月甲子,在“表首阳山东为寿陵”时,文帝把薄葬作为一项制度确立下来。“作终制曰:‘礼,国君即位为椑,存不忘亡也。昔尧葬谷林,通树之,禹葬会稽,农不易亩,故葬于山林,则合乎山林。封树之制,非上古也,吾无取焉。寿陵因山为体,无为封树,无立寝殿,造园邑,通神道。夫葬也者,藏也,欲人之不得见也。骨无痛痒之知,冢非栖神之宅,礼不墓祭,欲存亡之不黩也,为棺椁足以朽骨,衣衾足以朽肉而已。故吾营此丘墟不食之地,欲使易代之后不知其处。无施苇炭,无藏金银铜铁,一以瓦器,合古涂车、刍灵之义。棺但漆际会三过,饭含无以珠玉,无施珠襦玉匣,诸愚俗所为也。季孙以玙璠敛,孔子历级而救之,譬之暴骸中原。宋公厚葬,君子谓华元、乐莒不臣,以为弃君于恶。汉文帝之不发,霸陵无求也;光武之掘,原陵封树也。霸陵之完,功在释之;原陵之掘,罪在明帝。是释之忠以利君,明帝爱以害亲也。忠臣孝子,宜思仲尼、丘明、释之之言,鉴华元、乐莒、明帝之戒,存于所以安君定亲,使魂灵万载无危,斯则贤圣之忠孝矣。自古及今,未有不亡之国,亦无不掘之墓也。丧乱以来,汉氏诸陵无不发掘,至乃烧取玉匣金缕,骸骨并尽,是焚如之刑,岂不重痛哉!祸由乎厚葬封树。‘桑、霍为我戒’,不亦明乎?其皇后及贵人以下,不随王之国者,有终没皆葬涧西,前又以表其处矣。盖舜葬苍梧,二妃不从,延陵葬子,远在嬴、博,魂而有灵,无不之也,一涧之间,不足为远。若违今诏,妄有所变改造施,吾为戮尸地下,戮而重戮,死而重死。臣子为蔑死君父,不忠不孝,使死者有知,将不福汝。其以此诏藏之宗庙,副在尚书、秘书、三府。”①

关于齐风俗。建安十年(205)九月,“令曰:‘阿党比周,先圣所疾也。闻冀州俗,父子异部,更相毁誉。昔直不疑无兄,世人谓之盗嫂;第五伯鱼三娶孤女,谓之挝妇翁;王凤擅权,谷永比之申伯,王商忠议,张匡谓之左道:此皆以白为

---

① 参阅《裴注三国志·魏书二》。

黑，欺天罔君者也。吾欲整齐风俗，四者不除，吾以为羞。’”①又，由于社会动乱，人命危浅，民间祭祀活动也相对混乱，除郊社、宗庙祭祀之外，三辰五行、名山大川也成为民间祭祀的对象，有损礼制，故文帝于黄初五年(224)十二月发布诏书，诏令废除这一习俗。其诏曰：“先王制礼，所以昭孝事祖，大则郊社，其次宗庙，三辰五行，名山大川，非此族也，不在祀典。叔世衰乱，崇信巫史，至乃宫殿之内，户牖之间，无不沃酹，甚矣其惑也。自今，其敢设非祀之祭，巫祝之言，皆以执左道论，著于令典。”②

除此之外，由于汉末社会混乱，战争频仍，军阀之间的相互杀戮固然常见，而民间百姓间的杀戮也所在多有，于是乎因杀戮而起的宗族复仇也成为风气，给动乱的社会火上添油。为制止这股风气，魏文帝于黄初四年(223)春，发布诏书，禁止复私仇，有复私仇者灭族。其诏曰：“丧乱以来，兵革未戢，天下之人，互相残杀。今海内初定，敢有私复仇者皆族之。”③

(5) 省刑罚，赦囚犯，行宽政于民

黄初元年(220)，曹丕即皇帝位，为宣示皇恩，即位之初即宣布大赦天下：“……大赦天下；自殊死以下，诸不当得赦，皆赦除之。”④

黄初五年(224)春正月，“初令谋反大逆乃得相告，其余皆勿听治；敢妄相告，以其罪罪之。……八月……扬州界将吏士民，犯五岁刑已下，皆原除之。”又同书注引《魏书》载癸酉诏曰：“近之不绥，何远之怀？今事多而民少，上下相弊以文法，百姓无所措其手足。昔太山之哭者，以为苛政甚于猛虎，吾备儒者之风，服圣人之遗教，岂可以目玩其辞，行违其诫者哉？广议轻刑，以惠百姓。”⑤

魏明帝青龙二年(234)春二月，“诏曰：‘鞭作官刑，所以纠慢怠也，而顷多以无辜死。其减鞭杖之制，著于令’”⑥。

魏明帝青龙二年(234)十二月，“诏有司删定大辟，减死罪”⑦。

---

① 《裴注三国志・魏书一》。
② 《裴注三国志・魏书二》。
③ 同上。
④ 同上。
⑤ 参阅《裴注三国志・魏书二》。
⑥ 《裴注三国志・魏书三》。
⑦ 同上。

魏明帝青龙四年(236)六月,"诏曰:'有虞氏画象而民弗犯,周人刑错而不用。朕从百王之末,追望上世之风,邈乎何相去之远?法令滋章,犯者弥多,刑罚愈众,而奸不可止。往者按大辟之条,多所蠲除,思济生民之命,此朕之至意也。而郡国毙狱,一岁之中尚过数百,岂朕训导不醇,俾民轻罪,将苛法犹存,为之陷阱乎?有司其议狱缓死,务从宽简,及乞恩者,或辞未出而狱以报断,非所以究理尽情也。其令廷尉及天下狱官,诸有死罪具狱以定,非谋反及手杀人,亟语其亲治,有乞恩者,使与奏当文书俱上,朕将思所以全之。其布告天下,使明朕意'"①。

与此同时,曹魏政权亦有其苦民、病民之举:

(1) 行杀戮

如曹操之父曹嵩传言为陶谦部将所害,曹操志在复仇,屡次征伐陶谦,对其治下之民大开杀戒。《三国志·魏书·武帝纪》载:"兴平元年(194)春,太祖自徐州还,初,太祖父嵩去官后还谯。董卓之乱,避难琅邪,为陶谦所害,故太祖志在复仇,东伐。使荀彧、程昱守鄄城,复征陶谦,拔五城,遂略地至东海。还过郯,谦将曹豹与刘备屯郯东,要太祖。太祖击破之,遂攻拔襄贲,所过多所残戮。"又:"前太尉曹嵩避难在琅邪,其子操令泰山太守应劭迎之。嵩辎重百余辆,陶谦别将守阴平,士卒利嵩财宝,掩袭嵩于华、费间,杀之,并少子德。秋,操引兵击谦,攻拔十余城,至彭城,大战,谦兵败,走保郯。初,京、雒遭董卓之乱,民流移东出,多依徐土,遇操至,坑杀男女数十万口于泗水,水为不流。"②兴平元年(194),曹操"复往攻陶谦,遂略地至琅邪、东海,所过残灭"③。

(2) 大兴土木

一般来说,统治者在政权尚未建立或建立初期,因为长期战乱的影响,民生凋敝,是不会行大兴土木之举的。而曹魏政权则不同,在三国鼎立之局尚未结束、其政权初建期即行大兴土木之举,必然会加重百姓的负担。

如史载,青龙三年(235)"大治洛阳宫,起昭阳、太极殿,筑总章观。百姓失农时",同书注引《魏略》曰:"是年起太极诸殿,筑总章观,高十余丈,建翔凤于其

① 《裴注三国志·魏书三》。
② 《资治通鉴》卷第六十。
③ 《资治通鉴》卷第六十一。

上；又于芳林园中起陂池，楫棹越歌；又于列殿之北，立八坊……通引谷水过九龙殿前，为玉井绮栏，蟾蜍含受，神龙吐出。使博士马均作司南车，水转百戏。岁首建巨兽，鱼龙曼延，弄马倒骑，备如汉西京之制，筑阊阖诸门阙外罘罳。”又《魏略》曰：“是岁[景初元年(237)]徙长安诸钟虡、骆驼、铜人、承露盘。盘折，铜人重不可致，留于霸城。大发铜铸作铜人二，号曰翁仲，列坐于司马门外。又铸黄龙、凤皇各一，龙高四丈，凤高三丈余，置内殿前。起土山于芳林园西北陬，使公卿群僚皆负土成山，树松竹杂木善草于其上，捕山禽杂兽置其中。”对于这种做派，当时即有大臣进言劝谏，如太子舍人张茂就进谏说：“陛下不兢兢业业，念崇节约，思所以安天下者，而乃奢靡是务，中尚方纯作玩弄之物，炫耀后园，建承露之盘，斯诚快耳目之观，然亦足以骋寇仇之心矣。惜乎，舍尧舜之节俭，而为汉武之侈事，臣窃为陛下不取也。”又司徒董寻上书谏曰：“臣闻古之直士，尽言于国，不避死亡。故周昌比高祖于桀、纣，刘辅譬赵后于人婢。天生忠直，虽白刃沸汤，往而不顾者，诚为时主爱惜天下也。建安以来，野战死亡，或门殚户尽，虽有存者，遗孤老弱。若今宫室狭小，当广大之，犹宜随时，不妨农务，况乃作无益之物，黄龙、凤皇，九龙、承露盘，土山、渊池，此皆圣明之所不兴也，其功参倍于殿舍。三公九卿侍中尚书，天下至德，皆知非道而不敢言者，以陛下春秋方刚，心畏雷霆。今陛下既尊群臣，显以冠冕，被以文绣，载以华舆，所以异于小人；而使穿方举土，面目垢黑，沾体涂足，衣冠了鸟，毁国之光以崇无益，甚非谓也。”①

此时离曹丕称帝才十几年。

(3) 为巴结士族而夺士族女已嫁为吏民妻者，还归士族

如青龙三年(235)，太子舍人张茂听闻“又录夺士女前已嫁为吏民妻者，还以配士，既听以生口自赎，又简选其有姿色者内之掖庭”，乃上书谏曰：“臣伏见诏书，诸士女嫁非士者，一切录夺，以配战士，斯诚权时之宜，然非大化之善者也。臣请论之。陛下，天之子也，百姓吏民，亦陛下之子也。礼，赐君子小人不同日，所以殊贵贱也。吏属君子，士为小人，今夺彼以与此，亦无以异于夺兄之妻妻弟也，于父母之恩偏矣。又诏书听得以生口年纪、颜色与妻相当者自代，故

---

① 参阅《裴注三国志·魏书三》。

富者则倾家尽产，贫者举假贷贳，贵买生口以赎其妻；县官以配士为名而实内之掖庭，其丑恶者乃出与士。得妇者未必有懽心，而失妻者必有忧色，或穷或愁，皆不得志。”①

以上所引史料表明，曹魏政权在处理君民关系时，有其在法家思想指导下的两面性，既有道德的一面，又有反道德的一面。

4. 小结

考察曹魏时期君民关系中的道德状况，可以看到，曹魏时期君民关系中的道德生活状况经历了一个由安民、恤民到扰民、苦民的演变过程，而这一过程是与曹魏政权的兴衰联系在一起并且表征着曹魏政权的兴衰的。大体来说，在曹魏政权建立过程中及其建立后的王权巩固时期，曹魏的统治者是比较能够恰当地处理传统意义上的君民关系的，他们大多能实行安民、抚民、恤民的政策，从而在一定程度上得到了民众的拥护，成就其帝王之业，而当曹魏政权相对稳固后，他们对民众的态度发生了变化，其扰民、苦民甚至虐民的现象大量发生。当然，作为标榜“皇恩浩荡”的一种策略，即使是在曹魏政权的后期，统治者在登基或因某种特殊情况的出现而改元(即更改年号)之时，都会发布一些诸如大赦、减赋税之类的诏书，实行抚民、恤民的政策，但这只不过是统治者粉饰太平的伪道德而已。

第二节　两晋时期的政治道德生活

由司马氏政治集团建立的晋朝大略可分为西晋、东晋两个时期。公元265年，司马炎代魏称帝，国号晋，定都于洛阳，史称西晋。西晋王朝经武、惠、怀、愍四帝，历五十二年而亡。琅邪王司马睿在西晋的乱局中东迁，联合南渡的北方士族与江东士族，在江左经营十年之后，于公元317年在建业称晋王，史称东

① 参阅《裴注三国志·魏书三》。

晋。东晋王朝又历十一帝前后一百零四年，于公元420年覆灭。西晋、东晋前后共历155年，这期间民族之间矛盾激化，统治阶级内乱纷纭，农民起义时有发生，中国社会由此进入一个分崩离析、动荡不安的历史时期。本节着重分析在司马氏统治下的两晋时期的政治道德生活状况。

一、两晋时期的政治结构与经济构成

西晋王朝之建立，基于司马氏家族数代的"狐媚隐谋，积心篡夺"①。司马炎逼魏帝曹奂禅位，是曹魏时期世家大族挑战封建皇权之史剧的再度上演，这充分说明在两晋时期世家大族是决定政治走向的重要力量，新建的西晋皇权当然也只能是建立在争取、联合并依靠世家大族支持的基础之上。对于这种政治格局，晋武帝司马炎有所认识，他鉴于曹魏宗室诸王有名无实，结果导致曹魏政权很快势孤而亡的教训，在登基之际即大封同姓王侯，寄希望通过封建的办法来稳固司马氏的政权。据《晋书·帝纪第三》记载，泰始元年，司马炎就一口气封了27个同姓王：

> 封皇叔祖父孚为安平王，皇叔父幹为平原王，亮为扶风王，伷为东莞王，骏为汝阴王，肜为梁王，伦为琅邪王，皇弟攸为齐王，鉴为乐安王，幾为燕王，皇从伯父望为义阳王，皇从叔父辅为渤海王，晃为下邳王，瓌为太原王，珪为高阳王，衡为常山王，子文为沛王，泰为陇西王，权为彭城王，绥为范阳王，遂为济南王，逊为谯王，睦为中山王，凌为北海王，斌为陈王，皇从父兄洪为河间王，皇从父弟楙为东平王。

晋朝的封王，与汉魏时期的"虚封"不同。曹魏时期封王的情况大致为："封建侯王，皆使寄地，空名而无其实。王国使有老兵百余人，以卫其国。虽有王侯之号，而乃侪为匹夫。县隔千里之外，无朝聘之仪，邻国无会同之制。"②而晋武帝的分封同姓侯，赋予了他们治军之权，这实为后来的"八王之乱"种下了祸根。

① 钱穆：《国史大纲》，商务印书馆1996年版，第229页。
② 《三国志·魏书·武文世王公传》。

《晋书·志第四》谓：

> 封诸王以郡为国。邑二万户为大国，置上中下三军，兵五千人；邑万户为次国，置上军下军，兵三千人；五千户为小国，置一军，兵千五百人。王不之国，官于京师。罢五等之制，公侯邑万户以上为大国，五千户以上为次国，不满五千户为小国。

东晋政权是在南渡士族亦即侨姓士族，和当地的吴姓士族共同支持下出现的，其政治结构除封建同姓王侯一项，其他方面某种程度上可以说是西晋政权之再版。众所周知，西晋在八王混战之后，接着王弥、石勒起兵，匈奴攻逼，使得“中原萧条，白骨涂地”。由于少数民族势力的日益发展，北方的局势日益恶化，掌握坞垒堡壁的世家大族与地方豪强，就在军事上有计划地转移，大部分世家大族率其宗族、乡里、宾客、部曲，南渡江南，故有“洛京倾覆，中州士女避乱江左者十之六七”[①]之说。王导劝说司马睿“收其贤人君子，与之图事”，亦即笼络南渡士人，联合他们建立偏安江左的政权。南渡士族虽然人数很多，但毕竟远道而来，立足未稳，司马睿还必须争取当地吴姓士族的支持。王导又劝说司马睿招引顾荣、贺循、周玘等，他说：“顾荣、贺循，此土之望，未若引之以结人心。二子既至，则无不来矣……顾荣、贺循、纪瞻、周玘，皆南土之秀，愿尽优礼，则天下安矣”。[②] 司马睿意识到问题的严重性，就在上巳节那天乘肩舆出游，大造声势，接着派王导一一拜会顾荣、贺循，将他们罗致帐下。顾荣又推荐了不少江南士族，《晋书·列传第三十八》有载：

> 时南土之士，未尽才用，荣又言：“陆士光贞正清贵，金玉其质；甘季思忠款尽诚，胆干殊快；殷庆元质略有明规，文武可施用；荣族兄公让明亮守节，困不易操；会稽杨彦明、谢行言皆服膺儒教，足为公望；贺生沈潜，青云之士；陶恭兄弟才干虽少，实事极佳。凡此诸人，皆南金也。”书奏，皆纳之。

---

① 《晋书·列传第三十五》。
② 同上。

既倚仗南渡士族，又尽量联络本地士族，两相联合，使得东晋政权具备了偏安江左的政治基础。司马睿初镇建业时，就用“以顾荣为军司马，贺循为参佐，王敦、王导、周顗、刁协并为腹心股肱，宾礼名贤，存问风俗，江东归心焉”。① 不过，比较而言，侨姓士族在东晋政局中占据着主导的地位。《晋书·列传第六十八》说：“帝初镇江东，威名未著，敦与从弟导等同心翼戴，以隆中兴，时人为之语曰：‘王与马，共天下’”。也就是说，琅邪王氏，为南渡士族之首。王氏与司马氏“共天下”一语，即是侨姓士族为主导支撑起东晋政权的坚强证据。

再来看看两晋的经济情况。在农业社会，土地制度构成了社会经济主要方面，也是本节要重点讨论的问题。太康元年(280)平吴之后，晋武帝下诏颁布了“占田课田制”，内容主要有以下三项：

其一为诸侯的“刍藁之田”：

> 王公以国为家，京城不宜复有田宅。……国王公侯，京城得有一宅之处。近郊田，大国田十五顷，次国十顷，小国七顷。②

可见，诸侯国为首的王公除了封地之外，政府还允许按封国大小留有定量的土地。

其二为编户百姓的占田课田：

> 男子一人占田七十亩，女子三十亩。其外丁男课田五十亩，丁女二十亩，次丁男半之，女则不课。③

其三为官吏的按品占田：

> 其官品第一至于第九，各以贵贱占田，品第一者占五十顷，第二品四十五顷，第三品四十顷，第四品三十五顷，第五品三十顷，第六品二十五顷，第

---

① 《晋书·帝纪第六》。
② 《晋书·志第十六》。
③ 同上。

七品二十顷，第八品十五顷，第九品十顷。①

从屯田制转变为占田课田制，既有积极的一面，也有消极的一面。对统治阶级而言，占田课田制一方面承认了土地私有制，体现了对士族豪门的让步，有利于取得了他们的支持。此外，该制度还规定了各级诸侯与官员占田的具体数量，限制他们不能占田太多，尽管收效甚微，但毕竟有个限额。至于允许农民占田，让劳动力与土地结合起来，既使得农民生活具有保障，又缓和了阶级矛盾、增加了国家的收入。《晋书·食货志》说，“是时天下无事，赋税平均，人咸安其业而乐其事”，此说虽有溢美之词，但也不难想见推行占田课田制以后，社会比较安定，经济有所发展。但这项制度并没有追收权贵官僚所侵占的屯田土地，也没有严格落实他们的占地限额，而农民不仅占地不足，且出现了广种薄收、力役繁重的弊端，社会财富不断向大地主集聚，贫者益贫，富者愈富，为社会的不稳定种下了祸根。

此外，西晋时期的贵族官僚、豪门世族占有大量土地，拥有大量的佃客、部曲、童仆、奴婢等劳动力，因此，贵族豪门的土地私人占有制日益发展，私人地主的经济力量随之日益强大，封建割据势力形成并进一步强化，社会经济最终主要由大官僚、大贵族把持。加之晋室缺乏积极光明的理想作为指导，使得民族矛盾、阶级矛盾激化，各种因素结合在一起，很快将整个社会推向了动乱的深渊。西晋的享乐主义风尚，东晋君臣之间、大臣之间的争权夺利，是这一时期政治生活的主要情态，研究两晋君臣关系的道德生活离不开对这个背景的勾勒。

二、两晋时期道德生活的指导思想

晋朝的政治生态大略可以从三个方面予以审视：

首先，并不光鲜的得天下方式使得司马家族仅能标举“以孝治天下”，儒家的“纲常名教”在这一时期受到了极端的鄙视，士大夫大多钟爱“玄学”“清谈”，纵情肆志。其次，晋朝自始就是一个腐败老朽的官僚集团，皇室与贵族家庭腐化严重，大多只顾目前享受，奢靡之风十分严重。再次，九品中正制的用人方法

① 《晋书·志第十六》。

又把持在世家大族的手中,政不见民,偶有利民惠民的措施也只是官样文章,难以落实;政不见贤,偶有贤人也因多方掣肘而无法发挥应有的作用,由此导致了政治与社会严重悬隔。

司马炎于公元 280 年灭掉东吴,统一中国,但其思想却并没有发生从世家大族向天下之主的转变,施政全无经国远图,关注的只是如何保住帝位,以及追求奢靡的生活享受,享乐主义占据主导地位。据《晋书》记载:"武帝每延群臣,多说平生常事,未尝及经国远图"。何曾侍武帝宴,回家即对自己的儿孙辈说,"国家应天受禅,创业垂统。吾每宴见,未尝闻经国远图,惟说平生常事,非贻厥孙谋之兆也。及身而已,后嗣其殆乎！此子孙之忧也。汝等犹可获没。"又指着其孙子们说:"此等必遇乱亡也。"何曾对司马炎"及身而已"的评判,即是指其仅仅为了个人享受而不考虑国家的长治久安,这种认识虽然准确,可他不仅不能规谏,自己也奢华无度。[1]《晋书》还记载了武帝与刘毅的一段对话:"帝尝南郊,礼毕,喟然问毅曰:'卿以朕方汉何帝也?'对曰:'可方桓、灵。'帝曰:'吾虽德不及古人,犹克己为政。又平吴会,混一天下。方之桓、灵,其已甚乎!'对曰:'桓、灵卖官,钱入官库;陛下卖官,钱入私门。以此言之,殆不如也。'"[2]可见,我们说司马炎思想上并没有从世家大族转换到天下之主,此论虽不中,亦不远。

在骄奢荒淫方面,晋武帝堪称"千古一帝"。泰始九年(273),下诏采择公卿以下女子,以备六宫,事未完毕时,禁止民间婚嫁。泰康二年(281),又选孙皓妓妾五千人入宫。"自此,掖庭殆将万人,而并宠者甚众,帝莫知所适。常乘羊车,恣其所之,至便宴寝。宫人乃取竹叶插户,以盐汁洒地,而引帝车。"[3]荒淫至此,又怎么可能关注政事?封建帝王如此骄奢淫逸,上行下效,臣下自然从风而靡,王恺与石崇的斗富,就是其突出表现。东晋时期皇室的奢靡之风较之西晋略有好转,司马睿建立的东晋政权,在起步时期能够注重团结各方力量,也认识到了公卿世族以豪侈挥霍为事是西晋灭亡的原因之一,能够在王导的辅佐下倡导节俭,但东晋的世家大族各为身家门第之私,豪华相尚,互相倾轧,争权夺利。统治阶级内部内讧重重,这期间吴姓与侨姓士族之争、侨姓士族之间的斗争,士庶

---

① 参阅《晋书·志第十八》。
② 《晋书·列传第十五》。
③ 《晋书·列传第一》。

之争，中央与地方势力之争，荆、扬的西府与北府之争，五花八门，错综复杂，延绵起伏的权臣之争耗尽国力，凋敝民生，使得农民纷纷起义反抗，在内忧外患之下，东晋王朝最终逃脱不了灭亡的命运。

在用人制度上，西晋继承曹魏的九品中正制。然而，时移势易，九品中正制已起不到从社会选拔人才为朝廷所用的效果，因为这项制度控制在世家大族手中，成为他们享受高官厚禄的捷径。当时的世家大族如琅邪王祥、荥阳郑冲、陈国何曾、临淮陈骞、颍川荀顗、荀勖、河东卫瓘、裴秀、太原王浑、王沈、泰山羊祜、河内山涛、京兆杜预等，或以国之耆老，特蒙优礼；或以参与魏晋递嬗之际的密谋，任掌机要；或以联姻皇室，如羊祜为司马师妻弟，山涛与司马师、司马昭为中表兄弟，杜预为司马懿女婿等，为晋室爪牙虎臣。如此，在一定程度上强化了门阀专政的格局。

在这种政治生态之下的君民关系，有着阶段性的特征，西晋皇室如果任用来自民间的庶族执政，政治就比较清明，政策就比较能够关注到百姓的利益，社会经济就会得到一定发展；但如果主政者是荒淫无度的世家豪族，就会政局昏暗，从而生灵涂炭，白骨遍野。以下，笔者从史料中选取相关内容加以分析。

三、两晋时期君民关系中的道德内涵

晋室在某些阶段确实采取了一些利民、惠民的措施，主要集中在这样三个时期：

第一期为武帝司马炎登基之初。司马炎登基之际即宣布："鳏寡孤独不能自存者谷，人五斛。复天下租赋及关市之税一年，逋债宿负皆勿收。"①

泰始四年，武帝"亲率王公卿士耕藉田千亩。又律令既就，班之天下，将以简法务本，惠育海内。宜宽有罪，使得自新，其大赦天下"②。同年六月，下诏要求郡国守相行利民、惠民之政：

郡国守相，三载一巡行属县，必以春，此古者所以述职宣风展义也。见

① 《晋书·帝纪第三》。
② 同上。

> 长吏，观风俗，协礼律，考度量，存问耆老，亲见百年。录囚徒，理冤枉，详察政刑得失，知百姓所患苦。无有远近，便若朕亲临之。敦喻五教，劝务农功，勉励学者，思勤正典，无为百家庸末，致远必泥。士庶有好学笃道，孝弟忠信，清白异行者，举而进之；有不孝敬于父母，不长悌于族党，悖礼弃常，不率法令者，纠而罪之。①

泰始四年十二月，武帝又颁"五条诏书"于郡国：

> 一曰正身，二曰勤百姓，三曰抚孤寡，四曰敦本息末，五曰去人事。②

泰始五年，青、徐、兖、豫四州发生洪水，伊、洛之水泛滥，司马炎下令开仓以赈民，泰始七年，雍、凉、秦三州饥荒，又"赦其境内殊死以下"。不久大旱，又下令"减膳"。诏"交趾三郡、南中诸郡无出今年户调"。③

司马炎的这些措施，一方面与改朝换代有一定的关系，新皇帝登基，当然要摆出一副爱民利民的姿态，同时，也是朝廷用人并非豪门世族垄断使然。西晋初年，晋武帝确实还能任用一些好的人才，如博学多识的中书令张华，清廉正直的郎中令杨祜，"博学多通，明于兴废之道"的河南尹杜预，这些人虽然并不占据机要，但仍能将民间疾苦达于朝廷，《晋书·食货志》中就记载了杜预多次上表力陈皇室应该施行重视民生、利于百姓的政策，即所谓"多陈农要"。

第二期为晋元帝建立东晋前后。期间，晋元帝司马睿能够任用王导等人执政，深知西晋时期公卿世族以豪侈挥霍为事、不遵法制是致使国家灭亡的原因之一，所谓"自魏氏以来，迄于太康之际，公卿世族，豪侈相高，政教陵迟，不遵法度，群公卿士，皆餍于安息。遂使人乘衅，有亏至道"。王导于是提倡"俭以足用"，当时帑藏空虚，王导首倡穿着练布单衣，主张"镇之以静，群情自安"。④

司马睿为了维护和稳定其政权，一方面不得不略微重视农业，劝课农桑。

① 《晋书·帝纪第三》。
② 同上。
③ 参阅同上。
④ 《晋书·列传第三十五》。

大兴元年(318),曾令徐扬二州,推广种麦,诏曰:“徐扬二州,土宜三麦,可督令熯地,投秋下种,至夏而熟,继新故之交,于以周济,所益甚大”。又“诏二千石长吏,以入谷多少为殿最。其非宿卫要任,皆宜赴农,使军各自佃作,即以为廪”。①另一方面,又不得不思考西晋之弊,吸取教训,对自己有所约束。他初镇江东之时,经常以酒废事,王导苦心规谏,竟也能戒酒不饮。大兴二年,吴郡大饥,元帝下诏,颇有恤民之政:

> 天下凋弊,加以灾荒,百姓困穷,国用并匮,吴郡饥人死者百数。天生蒸黎而树之以君,选建明哲以左右之,当深思以救其弊。昔吴起为楚悼王明法审令,捐不急之官,除废公族疏远,以附益将士,而国富兵强。况今日之弊,百姓凋困邪!且当去非急之务,非军事所须者皆省之。②

第三期为成帝时期。成帝时期虽有苏峻、祖约之乱,但仍然能够实现“晋室小康”,与其重用王导,同时大兴惠民、利民之政是密切相关的。据晋书载,晋成帝登基之后,即采取了一系列惠民政策:

> 咸和元年春二月丁亥,大赦,改元,大酺五日,赐鳏寡孤老米,二人斛,京师百里内复一年。③

> (咸和)四年……诏复遭贼郡县租税三年。④

> 咸和五年,成帝始度百姓田,取十分之一,率亩税米三升。六年,以海贼寇抄,运漕不继,发王公以下余丁,各运米六斛。是后频年水灾旱蝗,田收不至。⑤

---

① 《晋书·志第十六》。
② 《晋书·帝纪第六》。
③ 《晋书·帝纪第七》。
④ 同上。
⑤ 《晋书·志第十六》。

(咸和)九年……大旱,诏太官撤膳;省刑,恤孤寡,贬费节用。[①]

咸康元年春正月庚午朔,帝加元服,大赦,改元,增文武位一等,大酺三日,赐鳏寡孤独不能自存者米,人五斛。[②]

(咸康)二年……秋七月,扬州会稽饥,开仓赈给。[③]

此外,成帝前期,"王导辅政,以宽和得众"[④],正因为有王导的居中调停,各方面的矛盾没有爆发,外戚庾亮之辈,重臣温峤、陶侃之流,都暂时维持团结,戮力晋室。就成帝本人而言,也颇能自我节制,"留心万机,务在简约,常欲于后园作射堂,计用四十金,以劳费乃止"[⑤]。

纵观上述三期,可知倘若朝堂之上尚有来自民间的士庶参政,或者有比较正直的大臣辅助,虽然达不到"举直错诸枉,能使枉者直"的效果,但还是能使得晋室有一些爱民、惠民之政,从而对晋室政治产生一定程度的积极影响。西晋能够在太康元年平定东吴,元帝司马睿能够在江左建立东晋,成帝司马衍能够实现"晋室"小康,都是这个原因。

比照控制在豪门世族之下的晋室政治,就不难再从反面证实笔者的上述观点。晋武帝末年,由于世族的排挤,张华见逐,惠帝即位后,政治控制在外戚杨骏手中,贾后为首的大族与之夺权,直接激起了"八王之乱"。直接参与"八王之乱"的兵民,不下数十万人。另有天灾频仍,疾疫流行,《晋书·食货志》对当时的情形有如下描述:

及惠帝之后,政教陵夷,至于永嘉,丧乱弥甚。雍州以东,人多饥乏,更相鬻卖,奔迸流移,不可胜数。幽、并、司、冀、秦、雍六州大蝗,草木及牛马毛皆尽。又大疾疫,兼以饥馑。百姓又为寇贼所杀,流尸满河,白骨蔽野。

---

① 《晋书·帝纪第七》。
② 同上。
③ 同上。
④ 《晋书·列传第四十三》。
⑤ 《晋书·帝纪第七》。

豪门世族执政之后，为了彼此私利互相杀伐，就遑论顾及平民百姓的死活了。在这种情况下，人民无法生活下去，就结成大批流民群，或者称为“乞活”，背井离乡，奔赴他方。在流移途中还继续遭到迫害和镇压，于是揭竿而起，展开了激烈的反抗斗争。比较大型的流民起义，有巴氐李特领导的流民十万余口的起义，张昌聚流民于安陆（湖北云梦）的起义，王如率流人于宛（河南南阳）的起义，杜弢率流人于湘州的起义，平阳人李洪率流人于定陵（河南郾城）的起义等。

不仅内有流民起义，而且还夹杂着民族之间的斗争。泰始六年（270），凉州的鲜卑族秃发树机能起兵抗晋；泰始七年（271），南匈奴右贤王刘猛也起兵反晋；惠帝元康四年（294），匈奴郝散，又起兵于上党，攻杀长吏；至于刘渊、石勒等，都是从反抗西晋统治阶级的压迫转而争夺政权的。中国北方因此陷入“五胡十六国”的纷扰割据之中，逼得晋朝不得不建立偏安江东的政权。许多论者认为，晋室之所以不得不南渡江左，是因为没有执行江统等主张的“徙戎论”，而笔者认为这种理由并不充分，其要因必须归结到把持在强宗世族手中的腐败政治，腐败的贵族官僚集团为一己私利而实施的虐民、暴民政治，才是激反流民和当时少数民族的驱鱼之獭、驱雀之鹯。

东晋后期，晋室政治复被世家大族垄断，封建政府的赋役越来越苛重，广大劳动人民处于水深火热之中。孝武帝司马曜晚年“酣歌为务”，“溺于酒色，殆为长夜之饮”①，贤臣谢安死后，谢玄又得不到重用，孝武帝任用同母弟会稽王司马道子辅政。司马道子也非常昏聩腐化，贪于酒色，“蘧首昏目，政事多阙”，弄得当时“官以贿迁，政刑谬乱”，“用度奢侈，下不堪命”②。不久，孝武帝死，长子司马德宗继位，是为安帝。安帝是个白痴，从小到大，不会说话，不能分辨寒暑，一举一动，都由别人指使。司马道子之所以立这样一个皇帝，其用心可知。晋室政治把持到贵族手中，政治与社会悬隔之势更加强化，由此不仅激起了王恭、桓玄之乱，而且也逼反了广大农民，孙恩、卢循先后乘势而起，给本来已经摇摇欲坠的东晋政权以致命的一击。寒族出身的刘裕，由北府兵的下级军官，在平定

① 《晋书·帝纪第九》。
② 《晋书·列传第三十四》。

桓玄之乱与镇压起义的过程中，逐步掌握了东晋的军政大权。几年以后，刘裕派人勒死安帝司马德宗，立司马德文为傀儡。刘宋永初元年(420)六月，刘裕即位称帝，结束了东晋的腐朽统治。

四、两晋时期君臣关系中的道德生活

本节着重分析在司马氏统治下的两晋时期政治道德生活的一个侧面，即君臣关系领域的道德生活状况。

我们首先来看为了保全帝位，皇室对世家大族的笼络与放任。

司马炎登基称帝之时，对各豪门士族，无不礼遇有加。如对琅邪王祥，“拜太保，进爵为公，加置七官之职”①。荥阳郑冲，“拜太傅，进爵为公”②。陈国何曾，“拜太尉，进爵为公，食邑千八百户”③。渤海石苞，“迁大司马，进封乐陵郡公，加侍中，羽葆、鼓吹”④。平阳贾冲，“转车骑将军、散骑常侍、尚书仆射，更封鲁郡公”⑤。凡此种种，兹不赘举。

不仅如此，晋武帝对这些必须予以笼络的豪门士族，只要能够拥戴自己坐稳江山即可，至于其他是非过错，听之任之，一律不予过问。此种情状，从对何曾与贾充的态度即可见一斑。《晋书·列传第三》记载：

> (何曾)奢豪，务在华侈。帷帐车服，穷极绮丽，厨膳滋味，过于王者。每燕见，不食太官所设，帝辄命取其食。蒸饼上不坼作十字不食。食日万钱，犹曰无下箸处。人以小纸为书者，敕记室勿报。刘毅等数劾奏曾侈忲无度，帝以其重臣，一无所问。

从上面的引文可以看出，何曾奢侈无度，一方面有刘毅等人数次“劾奏”，而且也与武帝“大弘俭约”⑥的诏书精神是相违背的，可武帝却能够“以其重臣，一

① 《晋书·列传第三》。
② 同上。
③ 同上。
④ 同上。
⑤ 《晋书·列传第十》。
⑥ 《晋书·列传第三》。

无所问”。如果说对何曾还仅仅表现在“生活作风”的放任，那么，司马炎对贾充的态度，就完全可以用“是非颠倒，黑白不分”来形容了。贾充在弑杀高贵乡公曹髦，拥戴司马炎即位上可谓“功勋卓著”，早在平蜀之前，已经“与裴秀、王沈、羊祜、荀勖同受腹心之任”，深得司马家族器重。司马炎决定平吴之时，贾充属“主和派”，上表称“西有昆夷之患，北有幽并之戍，天下劳扰，年谷不登，兴军致讨(吴)，惧非其时”，对以张华、杜预等为代表的“主战派”百般阻挠。① 可令人不解的是，司马炎偏偏委任反对平吴的贾充为大都督，将中军，为诸军节度。在大功即将告成的前夕，还上表说“吴未可悉定，方夏，江淮下湿，疾疫必起，宜召诸军，以为后图。虽腰斩张华，不足以谢天下”②。吴国很快平定，贾充追悔莫及，由于害怕武帝治罪，于是慌忙赶到洛阳请罪，可武帝不仅毫不责怪，反而安慰了他一番。晋武帝是非不分，对士族的胁肩谄笑之状竟至于此！

对于那些势力逐渐坐大，不管其是否有治国才干最终补益于国家政治，也不管其是否真正对帝位安全造成事实上的威胁，晋武帝都绝不予以任用。司马炎的胞弟司马攸，素有人望，也有才干，本来可以匡扶晋室，大有一番作为。张华也主张重用齐王，认为“明德至亲，莫如齐王攸”，可是晋武帝担心司马攸危及自身统治，就是不予重用。荀勖担心齐王得到重用，就向武帝进谗，“齐王为百姓所归，公卿所仰，虽欲高让，其得免乎！宜遣还籓，以安社稷”③。为此，武帝进行了“遣王公之国”的议论，向雄、李憙、王浑、刘毅、曹志等人反对，于是司马炎当真把齐王看作威胁皇权的大敌，非要把他赶走不可。

东晋时期的情形如出一辙。前文已经述及，司马睿借助了南北大族势力，才在江南站稳脚跟。南方的周玘，早初本是司马睿争取的对象，而且其“三定江南”，颇有功绩，被任命为吴兴太守，治理吴兴颇有成效，“期年之间，境内宁谧”，司马睿因分吴兴另立兴郡(江苏宜兴)，以彰其功。但因“玘宗族强盛，人情所归”，司马睿因而对他“疑惮之”，最终削其权职，使其忧愤而死。④ 渡江的北方士族，命运也颇类似，王敦即是一例。司马睿“初镇江东，威名未著，敦与从弟导

① 《晋书·列传第十》。
② 同上。
③ 《晋书·列传第九》。
④ 参阅《晋书·列传第二十八》。

等，同心翼戴”[①]。敦任统帅，经营上游，任都督江扬荆襄交广六州军事、江州刺史，镇武昌。随着王敦势力的逐步坐大，晋元帝开始重用刘隗、刁协、戴渊、周顗等人，想用他们对抗王氏特别是手握重兵的王敦。刘隗认为：“王敦威权太盛，终不可制，劝帝出腹心以镇方隅”[②]。大兴四年(321)，晋元帝以戴渊为征西将军都督司兖豫并冀雍六州诸军事司州刺史，镇合肥。刘隗为镇北将军都督青徐幽平诸军事青州刺史，镇淮阴。“皆假节领兵，名为讨胡，实备王敦也”[③]。公元322年，王敦以诛刘隗为名，自武昌举兵，攻下建康，杀戴渊、周顗、刁协，刘隗逃奔石勒。这一年的闰十一月，元帝司马睿死，太子司马绍即位，是为明帝。公元324年，明帝下诏讨王敦，以王敦病卒军败才使得这次内乱得以收场。

以下，再来分析豪门士族与皇权的关系，一方面他们要利用皇权壮大自身力量，剪除异己；另一方面，在受到皇权打压之时，又会不惜起兵与之抗争。

大臣之间的尔虞我诈、争权夺利早在西晋立国之前就已现端倪。如卫瓘监钟会、邓艾平定西蜀，明明已经知道钟会可能作乱，却以专权之故杀死邓艾。到西晋立国，具体情形有过之而无不及，兹举数例。

在平吴的过程中，王濬先攻入石头城，王浑临阵怯敌，迟迟不敢渡江，却反诬王濬不受他的节度，擅自接受孙皓投降，欲以槛车征讨王濬。

上文说到的齐王司马攸事件，只因张华向武帝予以推荐，立即就“间言遂行”[④]。这实际上是荀勖、冯统因伐吴一事记恨张华，这时就乘机进谗，武帝“乃出华为持节、都督幽州诸军事、领护乌丸校尉、安北将军”，即把张华派到了北边任职。后来武帝又打算把张华调任京城，无奈冯统再进谗言，说对于统兵的功臣，不宜过于信任，因此张华进京后只做了一个无关紧要的太常，后又以“太庙屋梁折”免官，“终帝之世，以列侯朝见”。[⑤]

武帝末年，杨后父亲杨骏专权，武帝遗命以汝南王司马亮与杨骏共同辅政，杨骏害怕失权，竟从中书索取诏命藏匿起来，武帝死，惠帝司马衷立，杨骏依倚杨太后，大权独揽，与惠帝妻贾后矛盾激化，最终酿成了危害极大的“八王

① 《晋书·列传第六十八》。
② 《晋书·列传第三十九》。
③ 《资治通鉴·晋纪十三》。
④ 《晋书·列传第六》。
⑤ 参阅同上。

之乱”。

到了西晋末年，面对前赵的频频侵袭，西晋的一帮臣子，尤其是拥兵镇守一方的诸侯、大臣们，大多束手观望，置皇室安危于不顾。《晋书·帝纪第五》说：“巨猾滔天，帝京危急，诸侯无释位之志，征镇阙勤王之举，故君臣窘迫，以至杀辱云”。也就是说，晋愍帝的被俘见杀，实际上与这些大臣的不作为大有关系。

如果说西晋的豪门士族之争进行得比较“文雅婉约”的话，东晋时期就是赤裸裸的兵戎相见了。笔者将通过东晋相继发生的“王敦之乱”、“苏峻祖约之乱”、“桓温父子之乱”对此予以具体分析。

在王敦之乱中，有一个这样的细节：王敦兵至石头城，周札此时都督石头城水陆诸军事，周札不予抵抗，“开门应敦，故王师败绩”。[①] 周札的临阵倒戈，实际上是想假王敦之手来反对渡江士族刘隗、刁协、周顗、戴渊等执政者。可问题是，王敦也是南渡的头等士族，他看到“札（周札）一门五侯，并居列位，吴士贵盛，莫与为比”[②]，故深为之忌，制造事端杀掉了周札一门。

王敦之乱刚刚平息，苏峻、祖约之乱又起。本来，在平定王敦之乱时，苏峻、祖约都有功劳。公元 325 年，明帝死，其子司马衍即位为成帝，年幼，王导与外戚士族颍川庾亮辅政。对于朝廷任用北方士族的行为，苏峻本来就怀怨望，深为不满。加之庾亮认为苏峻骄恣，拟征召苏峻入朝为大司农，实际上是要夺其兵权。苏峻拒不应诏，而联合祖约，起兵反晋。

祖约是祖逖的弟弟，随逖南渡，仕于东晋。逖北伐时，卒于豫州刺史任上，东晋即用祖约代兄为刺史、平西将军。助平王敦之乱后，祖约因功封侯，进号镇西将军，屯驻寿阳，以捍北境。但祖约并不满足朝廷的封赏。《晋书·列传第七十》载：“自以名辈不后郗、卞，而不豫明帝顾命，又望开府，及诸所表请多不见许，遂怀怨望。”因此，到苏峻举兵时，推崇祖约而斥责执政者，祖约闻之大喜，即起兵与苏峻联合。

公元 328 年，苏峻、祖约攻破建业，又分兵转战吴县、海监、嘉兴、余杭、宣城，声势日盛。直到荆州刺史陶侃、江州刺史温峤联军东下，才杀苏峻，驱祖约，

---

① 参阅《晋书·列传第二十八》。
② 参阅同上。

于公元329年收复建业。苏峻、祖约之乱，前后三年，既加深了东晋人民的痛苦，也把江东弄得积弱不堪，是豪门士族为了狭隘集团利益，公然挑战皇权的例证。

之后的“桓温父子之乱”，桓温、桓玄父子专擅，已经严重威胁到了皇权自身的安全。父子二人一个废帝，一个称帝，终而使得司马晋室转手于刘宋王朝。桓温西灭成汉，三次北伐，确也有过不少建树。不过，“桓温有不臣之心，欲先立功河朔，以收时望。及枋头之败，威名顿挫，遂潜谋废立，以长威权”①。他废晋帝司马奕为海西公，而立简文帝司马昱，以便独揽大权，作为篡位的阶梯。桓温通过这种极端手段控制皇权，于是开始利用皇权大力剪除异己。在这期间，谋杀了庾倩、殷涓、曹秀等政敌。因桓温“威势翕赫，侍中谢安，见而遥拜”②，简文帝司马昱也被逼得忧愤而死。由于谢安、王坦之等人的调停周旋，桓温的篡夺之谋还没有得逞便病逝。不过到元兴二年(403)，其子桓玄先称大将军、楚王，终于于年底称帝，国号为楚。迁晋安帝司马德宗于寻阳。直到两年后刘毅率众攻入江陵，斩桓玄党羽桓振，灭尽桓氏，而迎安帝司马德宗还建业，桓温父子之乱才告一段落。不过，此时东晋气数已尽，权柄控制在刘裕手中。15年之后，东晋就正式宣告灭亡了。

五、小结

考察两晋时期君臣关系的道德状况，可以看到，尽管由于定都与疆域的变化，晋朝可以分为西晋、东晋两个不同的历史时期，但两晋期间的政治指导思想与君臣关系的实际情态，实际上是一脉相承的。西晋东晋的历代君臣，大多出身于贵族官僚家庭之中，奉行的是享乐主义，追逐的是权势名位。为了巩固自身的地位，他们不惜谗言相攻，兵戎相向，来自社会中下层的有才干的人才，也由于他们的排挤而难以得到重用。实际上，晋室自始就是一个腐败的官僚集团，荒淫无耻的贵族生活、尔虞我诈的政治算计，葬送了好不容易才实现的统一局面，也将中华民族推入了分裂、痛苦的深渊。

---

① 《晋书·帝纪第八》。
② 《晋书·帝纪第六十八》。

第三节 北齐时期的政治道德生活

本节之时间断限,起自魏分东西(534),迄于北齐灭亡(577),前后计43年。北齐虽是公元550年由文宣帝高洋取代东魏所建立,但其政权基础的奠定和地位的确立却在高洋之父高欢。高欢是鲜卑化的汉人,“既累世北边,故习其俗,遂同鲜卑”①,如同曹操,生前并未称帝,却创下帝基,死后为儿子高洋谥为“神武皇帝”,一生追随过不少反叛暴虐的人物,如杜洛周、葛荣、尔朱荣等。尔朱家族灭北魏,高欢背叛尔朱家族,立孝武帝,此后便把政权掌控于手中。公元534年,孝武帝不堪忍受高欢的威逼,逃至长安,投奔宇文泰,高欢于是另立孝静帝,迁都于邺,史称东魏。公元550年,高欢病死。同年,高洋称帝,正式取代东魏孝静帝,建立了北齐。本节主要从以下几个方面来分析北齐时代的政治道德生活。

一、北齐时期的社会政治、经济环境

早在北魏后期,政府的统治就已陷入严重的危机当中,政治日趋黑暗,统治阶层内部冲突不断,六镇兵起,宇内淆乱,朝廷瓦解,东西分立,对峙纷争。贪污腐化、土地兼并之风愈刮愈烈,朝廷大臣、军队将领、地方官吏都拼命搜刮民财,贪得无厌。在统治阶级的疯狂掠夺下,各族民众无法生存,均田制遭到严重破坏,再加上繁重的徭役赋税和自然灾害,农民被迫进行反抗,掀起了各族人民大起义的浪潮。公元534年,北魏孝武帝与高欢的矛盾不断升级,政局又有变化,高欢逼走孝武帝,另立孝静帝为傀儡皇帝,建立东魏,把政权操纵于手,又开始与牢牢掌握西魏政权的宇文泰进行长期的战争。北齐特别是其后期的统治者,自皇帝至各级官吏,多昏庸残暴,赋敛日重,徭役日繁,造成人力竭尽、府库空虚

① 《北齐书·神武纪》。

的严重局面。阶级矛盾日趋尖锐，统治阶级内部矛盾更加表面化。高欢迁都邺城，历东魏北齐，由强而弱，终遭覆灭。

二、北齐君民关系中的道德生活

如同历史上任何一个王朝，高氏掌握北齐政权后，为了巩固其统治地位，收买人心，积极地采取了一系列安民、抚民政策。

在掌握政权的初期，高欢为了获得民心，达到政治企图，非常关心百姓的疾苦。“武定二年三月癸巳，神武巡行冀、定二州，因朝京师。以冬春亢旱，请蠲悬责，赈穷乏，宥死罪以下。又请授老人板职各有差。”后来“以并、肆、汾、建、晋、东雍、南汾、泰、陕九州霜旱，人饥流散，请所在开仓赈给”，这些政策在一定程度上缓解了当时人民生活的困苦，也为其后来政权的建立收买了民心，打下了基础。[①]

文宣帝高洋即位后，在位初年，政治较为清明，他留心政务，削减州郡，整顿吏治，训练军队，加强兵防，使北齐在很短的时间内强盛起来。《北史・齐本纪中第七》对其初期施政的总评是：“及登极之后，神明转茂，外柔内刚，果于断割，人莫能窥。又特明吏事，留心政术，简靖宽和，坦于任使。故杨愔等得尽于匡赞，朝政粲然。兼以法驭下，不避权贵。或有违犯，不容勋戚，内外莫不肃然。”又称：“（文宣）始则存心政事，风化肃然，数年之间，翕斯致治。”《北齐书・文宣纪》中也充分肯定说他“初践大位，留心政术，以法驭下，公道为先”，“至于军国几策，独决怀抱，规模宏远，有人君大略”等。

文襄帝高澄死后，朝廷上下一片混乱，在这种情形下，高洋“推诚接下，务从宽厚，事有不便者咸蠲省焉，群情始服”[②]。待其即位后，高洋诏曰“大赦天下……其百官进阶，男子赐爵，鳏寡六疾，义夫节妇，旌赏各有差”，对社会稳定和风俗的恢复都有一定益处。又“遣大使于四方，观察风俗，问民疾苦，严勒长吏，厉以廉平，兴利除害，务存安静。若法有不便于时，政有未尽于事者，具条得失，还以闻奏”，致力于经济的恢复和百姓疾苦的解除，对政权的得失很是用心。[③] 又曾特

---

① 参阅《北齐书・神武纪》。
② 《北史・齐本纪中第七》。
③ 参阅《北齐书・文宣纪》。

地针对逐渐兴盛的生活奢侈之风，尤其是婚丧嫁娶互相攀比的风气，下诏曰“顷者风俗流宕，浮竞日滋，家有吉凶，务求胜异。婚姻丧葬之费，车服饮食之华，动竭岁资，以营日富。又奴仆带金玉，婢妾衣罗绮，始以创出为奇，后以过前为丽，上下贵贱，无复等差。今运属惟新，思蠲往弊，反朴还淳，纳民轨物。可量事具立条式，使俭而获中”①，提倡俭朴节约的生活，希望民风回归于质朴。

在定赋税上，高洋“始立九等之户，富者税其钱，贫者役其力”②，又对北齐政权的创建之地予以免税若干年的优惠，曾下诏曰“冀州之渤海、长乐二郡，先帝始封之国，义旗初起之地。并州之太原、青州之齐郡，霸业所在，王命是基。君子有作，贵不忘本，思申恩洽，蠲复田租。齐郡、渤海可并复一年，长乐复二年，太原复三年”③。继而开始恢复俸禄制，“自魏孝庄已后，百官绝禄，至是复给焉”④。立高殷为皇太子后，大赦天下，“以皇太子初入东宫，赦畿内及并州死罪已下，余州死降，徒流已下一皆原免”⑤。曾因自然天灾，下诏书对遭灾之地免除租赋，“遭蝗之处免租”，“螽涝损田，兼春夏少雨，苗稼薄者，免今年租赋”。⑥

文宣帝高洋又在各地设立学校，提倡儒学，制定礼仪，招纳贤才，修缮文物。有史记载：“诏郡国修立黉序，广延髦俊，敦述儒风。其国子学生亦仰依旧铨补，服膺师说，研习《礼经》。”⑦“诏封崇圣侯邑一百户，以奉孔子之祀，并下鲁郡以时修治庙宇，务尽褒崇之至。诏分遣使人致祭于五岳四渎，其尧祠舜庙，下及孔父、老君等载于祀典者，咸秩罔遗。”⑧后来的孝昭帝高演也继承了高洋的这一做法，“情好稽古，率由礼度；将封先代之胤，且敦学校之风；征召才贤，文武毕集”⑨。高洋又下诏书鼓励臣下直言进谏，利兼天下，说：“有能直言正谏，不避罪辜，謇謇若朱云，谔谔若周舍，开朕意，沃朕心，弼于一人，利兼百姓者，必当宠以荣禄，待以不次。”⑩“（诏）往者文襄皇帝所运蔡邕石经五十二枚，即宜移置学馆，

---

① 参阅《北齐书·文宣纪》。
② 同上。
③ 《北史·齐本纪中》。
④ 同上。
⑤ 《北齐书·文宣纪》。
⑥ 同上。
⑦ 同上。
⑧ 同上。
⑨ 《北齐书·孝昭纪》。
⑩ 《北齐书·文宣纪》。

依次修立。”①与此同时，还勤劝农事，解放役奴，“诸牧民之官，仰专意农桑，勤心劝课，广收天地之利，以备水旱之灾”②。“免诸伎作屯牧杂色役隶之徒为白户。”③

另外，高洋即位后还大力提倡生产，当时的农业、手工业、冶铁业、瓷器制造业都相当发达，当时中原最富庶的农业地区大都在北齐境内，而且还兼有鱼盐之利。仅沧州一地，就有煮盐地 1 484 处。生产的提高使北齐的经济得以较快地发展，成为同陈、西魏三国鼎立中最富庶的国家。

孝昭帝高演在位期间，文治武功兼盛，励精图治，留心于政事，积极寻求及任用贤能为朝廷效力，政治清明。对民生极为关心，曾分命使者巡省四方，求政得失，省察风俗，“轻徭薄赋，勤恤人隐”④。武官年逾六旬皆放免，军事上淘汰老弱，留下精壮，军力大增。“诏分遣大使巡省四方，观察风俗，问人疾苦，考求得失，搜访贤良……帝戎北讨库莫奚，出长城，虏奔遁，分兵致讨，大获牛马。”⑤

武成帝高湛在位时，“诏大使巡行天下，求政善恶，问人疾苦，擢进贤良。”⑥“帝临都亭录见囚，降在京罪人各有差”⑦。“夏四月，并、汾、晋、东雍、南汾五州虫旱伤稼，遣使赈恤。”⑧“诏遣十二使巡行水潦州，免其租调。”⑨“帝至洛阳，免洛州经周军处一年租赋，赦州城内死罪已下囚。己巳，以太师段韶为太宰，以司徒斛律光为太尉，并州刺史兰陵王长恭为尚书令。壬申，帝至武牢，经滑台，次于黎阳，所经减降罪人。丙子，车驾至自洛阳。是岁，高丽、靺鞨、新罗并遣使朝贡。山东大水，饥死者不可胜计，诏发赈给。”⑩“诏给西兖、梁、沧、赵州，司州之东郡、阳平、清河、武都，冀州之长乐、渤海遭水潦之处贫下户粟，各有差。”⑪天统二年“袷祭于太庙，诏降罪人各有差。……以旱故，降禁囚”。天统三年下诏书

① 《北齐书·文宣纪》。
② 同上。
③ 《北史·齐本纪中第七》。
④ 《北齐书·孝昭纪》。
⑤ 《北史·齐本纪中第七》。
⑥ 《北史·齐本纪下第八》。
⑦ 同上。
⑧ 《北齐书·武成纪》。
⑨ 同上。
⑩ 《北史·齐本纪下第八》。
⑪ 《北齐书·武成纪》。

“诸寺署所绾杂保户姓高者，天保之初虽有优敕，权假力用未免者，今可悉蠲杂户，任属郡县，一准平人。”又“以晋阳大明殿成故，大赦，文武百官进二级，免并州居城、太原一郡来年租赋。”①

统治者这些安民、抚民、恤民的举措，使得北齐在公元534～554年这一时期国力最为鼎盛，远远超过同时代的北周。然而当北齐政权相对稳固后，统治者对老百姓的态度也随之发生了变化，其扰民、苦民甚至虐民的现象普遍。

高洋初即帝位，政治较为清明。可是几年以后，开始居功自傲，荒淫酗酒，肆为暴虐，生活极其残暴腐化。《北齐书·文宣纪》史料记载他“以功业自矜，遂留连耽湎，肆行淫暴。或躬自鼓舞，歌讴不息，从旦通宵，以夜继昼”。有许多残忍、荒淫之举，且又“多所营缮，百役繁兴，举国骚扰，公私劳弊”，“凡诸赏赉，无复节限，府藏之积，遂至空虚”，以致“自皇太后诸王及内外勋旧，愁惧危悚，计无所出”。他大肆修建长城，营造宫室，令农民负担沉重。在都城邺修筑三台宫殿，十分豪华，动用了十万民夫，简直是奢侈至极，对人民的压迫更加沉重。

北齐后主高纬不理政事，整天弹唱作乐，荒淫残暴，人称“无愁天子”。他在位时大修宫殿、寺庙，挥霍浪费，不惜民力，政治腐败，贪污成风，甚至把地方官职分赐宠臣，让他们出卖。农民大量失去土地，“赋敛日重，徭役日繁，人力既殚，币藏空竭。乃赐诸佞幸卖官。或得郡两三，或得县六七，各分州郡，下逮乡官亦多降中旨，故有敕用州主簿，敕用郡功曹。于是州县职司多出富商大贾，竞为贪纵，人不聊生”②。广大农民在苛重的赋役下，纷纷逃亡。这样自然使北齐统治地区的阶级矛盾日益激化，小规模的农民反抗斗争不断发生。

三、北齐君臣关系中的道德生活

1. 重贤才与忠臣，并委以重任

在高氏未掌大权之前，神武帝就认为臣子应该忠诚奉主。他曾召集百官，谓曰：“为臣奉主，匡救危乱，若处不谏争，出不陪随，缓则耽宠争荣，急便逃窜，臣节安在？”③神武皇帝实掌政权后，一直至北齐后来的君王，都非常重视忠臣与

---

① 《北史·齐本纪下第八》。
② 《北齐书·文宣纪》。
③ 《北齐书·本纪卷二》。

贤才，并委以重任。

《北齐书·神武纪》记载：

> （神武）知人好士，全护勋旧……擢人授任，在于得才，苟其所堪，乃至拔于厮养，有虚声无实者，稀见任用……仁恕爱士。始，范阳卢景裕以明经称，鲁郡韩毅以工书显，咸以谋逆见擒，并蒙恩置之第馆，教授诸子。其文武之士尽节所事，见执获而不罪者甚多。故遐迩归心，皆思效力。至南威梁国，北怀蠕蠕，吐谷浑、阿至罗咸所招纳，获其力用，规略远矣。

在对待孙腾、司马子如、封隆之等臣子方面，高祖神武皇帝因他们伴随自己左右一起为奠定北齐政权的基础而鞠躬尽瘁，所以视之为功臣和心腹，授以高官，并经常让他们参与朝政，甚至与之并座共餐。“高祖镇晋阳，（司马）子如时往谒见，待之甚厚，并坐同食，从旦达暮，及其当还，高祖及武明后俱有赉遗，率以为常……兴和中，以为北道行台，巡检诸州，守令已下，委其黜陟。”①后来世宗和显祖也因为他们是老一辈功臣，继续给他们以重任并交付朝廷要务。

封隆之自高祖起之初，就开始参与谋略大计，奇谋妙算，“高祖嘉其忠谨，每多从之。……武定三年卒官……诏遣主书监神贵就吊，赙物五百段，赠使持节、都督沧瀛二州诸军事、骠骑大将军、瀛洲刺史、司徒公。高祖以隆之勋旧，追荣未尽，复启赠使持节、都督冀瀛沧齐济五州诸军事、冀州刺史、太保，余如故，谥曰宣懿。高祖后至冀州境，次于交津。追忆隆之，顾谓冀州行事司马子如曰：‘封公积德履仁，体通性达，自出纳军国，垂二十年，契阔艰虞，始终如一。以其忠信可凭，方以后事托之。何期报善无徵，奄从物化，言念忠贤，良可痛惜。’为之流涕。令参军仲羡以太牢就祭焉。”②

世宗将受魏禅时，兰固成因怀恨在心，企图谋害世宗。陈元康“以身扞蔽，被刺伤重，至夜而终”。后来帝下诏书说：“元康识超往哲，才极时英，千仞莫窥，万顷难测……赠使持节、都督冀定瀛殷沧五州诸军事、骠骑大将军、司空公、冀

---

① 《北齐书·司马子如传》。

② 《北齐书·封隆之传》。

州刺史，追封武邑县一千户，旧封并如故，谥曰文穆，赙物一千二百段。”①令陈元康在死后竭尽哀荣。

世宗、显祖对崔暹也是器重有加。世宗为了多给崔暹一些权势，“诸公在坐，令暹高视徐步，两人挈裾而入，世宗分庭对揖。暹不让席而坐，觞再行，便辞退。世宗曰：‘下官薄有蔬食，愿公少留。’暹曰：‘适受敕在台检校。’遂不待食而去，世宗降阶送之。旬日后，世宗与诸公出之东山，遇暹于道，前驱为赤棒所击，世宗回马避之。”高祖逝世后，“世宗以暹为度支尚书，兼仆射，委以心腹之寄。暹忧国如家，以天下为己任。世宗车服过度，诛戮变常，言谈进止，或有亏失，暹每厉色极言，世宗亦为之止。”帝曾对群臣说：“崔太常清正，天下无双，卿等不及。”当初，世宗想将妹妹嫁给崔暹的儿子，但恰逢世宗驾崩，也就没有了结果。后来显祖亲作书与暹曰：“贤子达拏，甚有才学。亡兄女乐安主，魏帝外甥，内外敬待，胜朕诸妹，思成大兄宿志。”这样，公主就下嫁给了达拏。显祖常饮酒至醉，太后及兄弟都不能甚至不敢劝阻，崔暹却多次冒着触犯龙颜的危险向显祖进谏，说其饮酒过多，故而深得朝廷内外感动和崇敬。以致后来崔暹因病身亡后，帝竟抚灵而哭。②

2. 宠信奸佞小人，滥杀无辜

北齐的君臣关系的另一方面，则表现在君王宠信奸佞小人方面。北齐诸帝大多昏庸，荒淫无耻。而上梁不正下梁歪，朝廷出现了一大批奸佞小人，如穆提婆、和士开、高阿那肱等。他们专权弄事，加速了朝政的腐化。北齐佞臣之多，在历史上是很突出的一个现象。

高德政对文宣帝忠心耿耿，尤其在禅代之际，言辞恳切，极力主张，赤诚之心显而易见。帝非常赏识亲近他，并委以重任，但同时他也遭到了杨愔的嫉妒。显祖末年，帝纵酒使性，多为非法，高德政屡进忠言劝谏说：“陛下道我寻休，今乃甚于既往，其若社稷何，其若太后何！”帝听后大为不悦，对左右说：“高德政恒以精神凌逼人。”后杨愔借机陷害高德政，帝听信其谗言，最终把德政处死，同时诛杀其妻儿。后来文宣帝后悔莫及。③

---

① 《北齐书·陈元康传》。
② 参阅《北齐书·崔暹传》。
③ 参阅《北齐书·高德政传》。

高洋对于不称心如意的宗室大臣，“情有蒂芥，必在诛戮，诸元宗室，咸加屠剿，永安、上党并致冤酷，高隆之、高德政、杜弼、王元景、李蒨之等皆以非罪加害。尝在晋阳以槊戏刺都督尉子耀，应手即殒。又在三台大光殿上，以锯锯都督穆嵩，遂至于死。又尝幸开府暴显家，有都督韩悊无罪，忽于众中唤出斩之。自余酷滥，不可胜纪。朝野惨憎，各怀怨毒。而素以严断临下，加之默识强记，百僚战栗，不敢为非，文武近臣，朝不谋夕”①。高洋的残酷，使得臣下均战战兢兢，朝不保夕，君臣离心，使其政治埋藏了深重的隐患。

北齐后主高纬在位期间，宠幸陆令萱、和士开、高阿那肱、萧长鸾、穆提婆等佞幸，与他们结为一伙，诛杀宗室、外戚和大臣，朝政腐败。后宫佳丽如云，连侍奉高纬的宫婢都获封为郡君。高纬极为昏聩，政权委托一群奸邪小人，甚至宫里所养的狗、马、鹰，都有和郡守一样的名号，还得食禄。

后主的弟弟琅邪王高俨因对和士开、穆提婆等人恣意奢侈、大兴宅第，十分不满，对他们说：“君等所营宅早晚当就，何太迟也。”于是遭到二人的忌恨。后来和士开、穆提婆等人一直在后主面前挑拨离间，再加上事态的变故，后主欲杀高俨。因受牵连，跟随高俨的文武职吏也一同遭罪，几乎全被杀掉。②

北齐末年，北周为了拔掉北齐的擎天之柱斛律光，扫除自己消灭北齐的最大障碍，于是使用反间之计，四处散布谣言说斛律光要反叛，“军逼帝京”，皇帝听到谣言，心甚恶之。祖珽因为和斛律光结有怨仇，明知此为谣言，在皇帝跟前不仅不辟谣，反而趁机火上浇油，并为帝出谋划策如何把斛律光引入内室将其杀害。事后帝“下诏称光谋反，今已伏法，其余家口并不须问。寻而发诏，尽灭其族”。斛律光被杀后，“周武帝闻光死，大喜，赦其境内。后入邺，追赠上柱国、崇国公。指诏书曰：‘此人若在，朕岂能至邺！’”③

3. 纵容官吏贪污腐败

面对官吏之贪污聚敛现象，北齐历任君主多采取纵容的态度，这使得强宗豪族和官僚权贵的势力更为嚣张。汉世族杜弼曾劝高欢治理惩处贪污不法者，高欢却说“天下浊乱，习俗已久。今督将家属多在关西，黑獭（宇文泰）常相招

① 《北齐书·文宣纪》。
② 参阅《北齐书·武成十二王纪》。
③ 《北齐书·斛律光传》。

诱，人情去留未定。江东复有一吴儿老翁萧衍者，专事衣冠礼乐，中原士大夫望之以为正朔所在。我若急作法网，不相饶借，恐督将尽投黑獭，士子悉奔萧衍，则人物流散，何以为国？尔宜少待，吾不忘之。"①后来杜弼又向高欢直谏，"请先除内贼，却讨外寇。高祖问内贼是谁。弼曰：'诸勋贵掠夺万民者皆是。'高祖不答，因令军人皆张弓挟矢，举刀按槊以夹道，使弼冒出其间，曰：'必无伤也。'弼战栗汗流。高祖然后喻之曰：'箭虽注不射，刀虽举不击，槊虽按不刺，尔犹顿丧魂胆。诸勋人身触锋刃，百死一生，纵其贪鄙，所取处大，不可同之循常例也。'"②

高欢这种纵容的态度在其姊夫尉景身上表现得更为明显。尉景"以勋戚……而不能忘怀财利，神武每嫌责之。转冀州刺史，又大纳贿，发夫猎，死者三百人。"③下面这段话更足以表现其态度："厍狄干与（尉）景在神武（高欢）坐，请作御史中尉。神武曰：'何意下求卑官？'干曰：'欲捉尉景。'神武大笑，令优者石董桶戏之。董桶剥景衣，曰：'公剥百姓，董桶何为不剥公？'神武诫景曰：'可以无贪也。'景曰：'与尔计生活孰多，我止人上取，尔割天子调。'神武笑不答。"④虽然高欢放纵的目的乃在安抚、收买人心，但他对这些人的纵容，不但不会使东魏、北齐强盛起来，反而会腐蚀吞没这个政权。

4. 宠幸鲜卑勋贵与重用汉人相互交织

鲜卑贵族与汉世族之间的矛盾一直是北齐时期最大的民族矛盾之一。帝君宠幸鲜卑勋贵与重用汉人相互交织的政治策略是北齐君臣关系中政治道德生活的主要体现。

高氏政权时期，鲜卑歧视汉人现象非常严重。从高欢起兵反对尔朱氏到高洋称帝建立北齐政权以来，高氏集团主要是依靠六镇鲜卑贵族，次则联合汉人强宗大姓。他们最大限度地保证鲜卑贵族的利益，歧视汉人，视之为奴，这使得鲜卑贵族极度嚣张跋扈。高欢一再设法调和这种关系，他对鲜卑勋贵掠夺百姓采取宥容的态度。他说："诸勋人身犯锋镝，百死一生，虽或贪鄙，所取者大，岂

---

① 《北齐书·杜弼传》。
② 同上。
③ 《北齐书·尉景传》。
④ 同上。

可同之常人也!”为了缓和民族矛盾,他一边对鲜卑人说:“汉民是汝奴,夫为汝耕,妇为汝织,输汝粟帛,令汝温饱,汝何为陵之?”另一边对汉人说:“鲜卑是汝作客,得汝一斛粟,一匹绢,为汝击贼,令汝安宁,汝何为疾之?”[①]这些做法在调和民族关系方面,多少起了一定的作用。

高洋即位后,他所依靠的主要力量依然是鲜卑,朝中大臣十之七八都是鲜卑人,对于汉族则采取仇视的态度。高洋在位期间,大肆屠杀汉族人民,维护鲜卑贵族利益。虽然当时也有一批汉族官吏像杨愔(高欢之婿)、郑子默、燕子献等在朝廷中占据着重要地位,但高洋还是认为自己的政权是鲜卑人的政权,应该最大限度地保证这部分人的根本利益。尽管他也引用汉人,但是有所提防。正因如此,高洋废魏建齐后,曾问臣下汉人杜弼:“治国当用何人?”杜弼回答说:“鲜卑车马客,会须用中国人。”高洋竟然“以为此言讥我”,借故把他杀了。[②] 还有他杀高德政,就是因为高德政要用汉人、除鲜卑的缘故。在高德政死后,高洋对群臣说:“高德政常言宜用汉人,除鲜卑,此即合死。”[③]魏恺因坚决推辞青州长史之官职,“文宣大怒曰:‘何物汉子? 与官不就!’”[④]这些事例足可证明高洋重鲜卑、轻汉人。

高殷继位,意味着具有汉家血统的人统治北齐(因其母亲是汉人),这使北齐鲜卑勋贵大为震动,他们不愿意让这样的事情发生。高欢妻子娄氏也坚决反对高殷为帝,称“岂可使我母子,受汉老妪(指高殷之母李夫人)斟酌!”高洋弟弟高演、高湛于是联合朝廷鲜卑权势人物,发动宫廷政变,杀了杨愔等人,废了高殷,高演当了皇帝。这既是高氏皇室内部争夺帝位的斗争,但同时也是鲜卑勋贵排斥汉族门阀的鲜明事例。[⑤]

北齐统治的晚期,汉世族在朝中地位更加低下。鲜卑贵族韩凤动辄詈骂朝士说:“狗奴,大不可奈,唯须杀却。”[⑥]

但与此同时,高氏集团为了维护和巩固其政权,不得不借助于汉族的门阀

---

① 《资治通鉴·梁纪十三》。
② 参阅《北齐书·杜弼传》。
③ 《北齐书·高德政传》。
④ 《北史·魏恺传》。
⑤ 参阅《北齐书·杨愔传》。
⑥ 《北齐书·韩凤传》。

世族势力，让其参与政治，作为北齐政权的第二种支持力量。高欢自称是渤海汉族高氏的子孙，又利用姻亲关系把女儿嫁给汉人门阀世族杨愔，想以此提高自己在汉人中的威信。他所引用并授予要职的官吏，如高敖曹、高乾、高昂兄弟等人，都是汉族门阀世族人物。他还企图调和当时相当尖锐、紧张的鲜卑与汉人的关系，对部下说："不得欺汉儿，不得犯军令，生死任吾则可，不尔不能为，取笑天下。"[①]当时鲜卑人一概轻视汉人朝臣，唯独对汉族大将高昂，不敢过于放肆，因为高昂为高欢打天下立下了赫赫战功。"高祖每申令三军，常鲜卑语，昂若在列，则为华言。昂尝诣相府，掌门者不纳，昂怒，引弓射之。高祖知而不责。"[②]

高欢的儿子高澄任吏部尚书后，为了树立威望，对鲜卑勋贵加以抑制，引用了一批汉族文官助其整肃勋贵、排除异己。经过革新，废除了以论资排辈为晋升标准的年劳之制，开始选拔贤能，注重官吏的才学。"凡才名之士虽未荐擢，皆引致门下，与之游宴、讲论、赋诗，士大夫以是称之。"[③]高澄这样做的目的，显然是想依靠汉族势力，为高氏集团代魏做准备。当然，高澄这种行为也引起了鲜卑亲信的不满。

高洋继承父亲遗志，在称帝之后，也仍以中原的世族汉官主持朝政的中枢，推行汉化政策，巩固封建统治。除了宗室以外，几乎全部都是以文化见长的汉臣高德政、杜弼、崔季舒、崔昂、崔暹、魏收、杨愔等。他最重用的宗室是他的弟弟高演，就是后来的孝昭帝，也是宗室中以汉化、儒雅著称者。在高洋压抑勋贵及诛杀宗室的同时，又大量引用汉族士人，临终前遗诏汉人杨愔等辅佐"得汉家性质"的太子高殷，结果在高洋死后不久爆发了高洋弟高演联合胡族武将的夺位政变，杨愔等汉族士人集团被屠杀。高演夺位之后汉族势力大退，但鲜卑族统治集团也因高演的集权措施以及立皇太子高百年事件而发生分裂。

虽然以高洋为代表的北齐君主在对待胡汉关系上有着前后不一的态度，大多数时候是扶助鲜卑打压汉人，但有时似乎也重用汉人。他们的这些行为其实也不难理解，一方面，他们认为北齐政权应该是鲜卑人的政权，应该由鲜卑人自

---

① 《北齐书·神武纪》。
② 《北齐书·高昂传》。
③ 《资治通鉴·梁纪十四》。

己来掌握;另一方面,他们为了政治的需要,为了政权的更加稳固,企图调和当时相当尖锐、紧张的鲜卑与汉人的关系,也曾经任用汉族士人,厉行法制,澄清吏治,试图以严刑峻法对鲜卑勋贵没有礼法、任意豪夺的行为加以约束。然而这些措施的采取并不是为了还社会秩序以清静和公正,而在于借此打击朝中贵族,削弱他们对于高氏宗室集团权力的威胁,建立起自己的法统。事实上这班汉族士人在完成这样的历史使命后,很快即被高氏以各种理由清除,或是削权削官,或是罢官流放,甚至迫于鲜卑勋贵集团的压力加以处决,无一不是这样。

四、北齐同僚关系中的道德生活

1. 激烈的权力之争

各臣子为了得到皇帝的宠幸,让仕途走得顺远,互相勾心斗角,极尽污蔑陷害之能事,即使身为忠臣,也难逃招致佞臣陷害的厄运。

汉臣祖珽在政治上手段非常高明,得到高演、高纬长幼二帝的亲宠之后,便开始觊觎宰相之位。“先与黄门侍郎刘逖友善,乃疏侍中尚书令赵彦深、侍中左仆射元文遥、侍中和士开罪状,令逖奏之。”后事情败露被抓,祖珽索性装出一副伸张正义的样子对武成帝大声辩解:“臣由士开得进,本无心毁之意,陛下今既问臣,臣不敢不以实对。士开、文遥、彦深等专弄威权,控制朝廷,与吏部尚书尉瑾内外交通,共为表里,卖官鬻狱,政以贿成,天下歌谣。若为有识所知,安可闻于四裔!陛下不以为意,臣恐大齐之业隳矣。”武成帝不听,祖珽最终被囚禁而双目失明。①

武成帝去世后,后主高纬重新提用祖珽。但祖珽依然故态复萌,再次卷入宫廷内部的权力之争。他极力讨好权倾内外的陆令萱、穆提婆母子,离间他们与赵彦深的关系,并与陆令萱等人进一步勾结,力劝后主杀死其亲兄弟琅邪王高俨,以免其日后篡位。在他与陆令萱二人的共同诬陷下,忠良之臣斛律光惨遭灭门之祸。

显祖初嗣霸业时,司马子如等因先前遭到崔暹弹劾,为泄旧怨,“言暹罪重,谓宜罚之”。高隆之也进言“宜宽政网,去苛察法官,黜崔暹,则得远近人意。”显

---

① 参阅《北齐书·祖珽传》。

祖依照他们进行了处理。后来又有人毁谤攻击崔暹，并状告暹谋反，“锁赴晋阳，无实，释而劳之。寻迁太常卿”。帝对群臣说：“崔太常清正，天下无双，卿等不及。”①

士族官僚兼教育家颜之推，在北齐时期也有同僚忌妒他的才能。“之推聪颖机悟，博识有才辩，工尺牍，应对闲明，大为祖珽所重……帝甚加恩接，顾遇逾厚，为勋要者所嫉，常欲害之。”②幸而他处事也还比较机敏，好几次躲过了灾难，终于保全性命。

2. 相互包庇勾结，请托之风盛行

段荣的第二个儿子孝言，“本以勋戚绪余，致位通显，至此便骄奢放逸，无所畏惮”，因为其兄段韶的关系，任礼部尚书之职。孝言既无知人之明，又不能公平待人接物，他所选拔的人，不是由于贿赂，就是因为故旧。周围的人对此愤愤不平。有位名叫崔成的官员，实在是忍无可忍，有一天忽然在人群中大声呼喊：“尚书，天下尚书，岂独段家尚书也！”孝言无言以对，只得命令手下将崔成拉出。又与韩长鸾勾结，共同陷害祖珽。孝言掌管铨选举荐之大权，恣情取舍，请托之风非常盛行。帝敕令疏浚京城北隍，由孝言监工。动工这天，孝言大摆酒席，“诸人膝行跪伏，称觞上寿，或自陈屈滞，更请转官，孝言意色扬扬，以为己任，皆随事报答，许有另授。富商大贾多被铨擢，所进用人士，咸是粗险放纵之流。”③

3. 知人善任，推荐同僚贤良

崔暹喜好推荐人士，即使遭到被举荐之人的诋毁也不放在心上。曾推荐邢邵任府僚、兼任机密，世宗因而征召邢邵，而且对他非常信赖器重。言谈中，邢邵慢慢诋毁起崔暹来。世宗不高兴，对暹说：“卿说子才之长，子才专言卿短，此痴人也。”崔暹回答说：“子才言暹短，暹说子才长，皆是实事，不为嫌也。”武定初，崔暹又推选毕义云、卢潜、宋钦道、李愔、崔瞻、杜蕤、嵇晔、郦伯伟、崔子武、李广等人为御史，当时人们都称赞他知人善任的良好美德。④ 崔暹的这种宽大胸怀在北齐那个权力纷争的朝代确实是难能可贵。

---

① 参阅《北齐书・崔暹传》。
② 《北齐书・文苑传・颜之推》。
③ 《北齐书・段孝言传》。
④ 参阅《北齐书・崔暹传》。

4. 不畏强豪，肃清不法贪官

崔暹为官正直，直言弹劾，不避亲贵，曾多次上表弹劾尚书令司马子如及尚书元羡、雍州刺史慕容献，又弹劾太师咸阳王坦、并州刺史可朱浑道元，他们皆因罪状彰明被免了官职。其余被处死、被罢黜的人也不少。“高祖如京师……握暹手而劳之曰：‘往前朝廷岂无法官，而天下贪婪，莫肯纠劾。中尉尽心为国，不避豪强，遂使远迩肃清，群公奉法。冲锋陷阵，大有其人，当官正色，今始见之。今荣华富贵，直是中尉自取，高欢父子，无以相报。’”于是崔暹威名日盛，朝廷内外没有不畏服他的。①

五、北齐官民关系中的道德生活

北齐王朝地方豪族纵横，官吏贪污敛财、侵夺百姓等现象随处可见。《北齐书・文襄纪》载：“自正光（520～524）已后，天下多事，在任群官，廉洁者寡”，并非虚言。“求财纳贿，不知纪极”、“公然受纳，无所顾惮”的官吏之贪污聚敛现象，在北齐政权创建之初，就极为严重与普遍，与历史上很多政权初创时的开国气象迥然有异。

北齐特别是其后期的统治者，自皇帝至各级官吏，多昏庸残暴，狗马鹰亦得加封官号。政治上逐渐腐败，官吏贪污成风。高欢时期，其心腹之臣孙腾依仗权势“纳贿不知纪极，官赠非财不行，肴藏银器，盗为家物，亲狎小人，专为聚敛”②，不仅受贿，而且还盗用国家财物，猖狂之极。其另有宠臣司马子如“兼恃旧恩，簿领之务，与夺任情，公然受纳，无所顾惮”③，高隆之也是“时有受纳”。咸阳王元坦禄厚位尊，但仍然“贪求滋甚，卖狱鬻官，不知纪极”④。而高氏父子身边之人也是肆无忌惮地贪污纳贿。张亮出身低微因有才能而知遇于高欢，委以腹心之任，“然少风格，好财利，久在左右，不能廉洁，及历诸州，咸有黩货之闻”⑤。陈元康东魏时期深为高澄依信，“而不能平心处物，溺于财利，受纳金帛，

---

① 参阅《北齐书・崔暹传》。
② 《北史・孙腾传》。
③ 《北齐书・司马子如传》。
④ 《北史・魏咸阳王坦传》。
⑤ 《北齐书・张亮传》。

不可胜纪，放责交易，偏于州郡，为清论所讥。”①官员受贿、聚敛、放债及盗用国家财物情况均有，可见吏治之腐败。

北齐后期卖官鬻爵的情况相当严重，“各引亲党，超居非次，官由财进，狱以贿成，其所以乱政害人，难以备载”。农民大量失去土地，“赋敛日重，徭役日繁……人不聊生”②。公元 564 年，虽然宣布实行新的均田和赋役制度，但北齐朝廷对土地兼并已束手无策。从《关东风俗传》的描绘可以看得很明显。“其时强弱相凌，恃势侵夺，富有连畛亘陌，贫无立锥之地”，“肥饶之处，悉是豪家”，“编户之民，不得一垄”。又说，“露田虽复不听买卖，买卖亦无重责。贫户因王课不济，率多货卖田业，至春困急，轻致藏走”。由此可见，北齐的均田制几乎已名存实亡。

六、小结

综观北齐的整个发展历史，从以其过人的英勇能力奠定了北齐政权基础的神武帝高欢，到凭借几代积累的帝业正式成立北齐的文宣帝高洋，最后到荒淫残暴、腐败无能致使北齐一举而灭的后主高纬，这一期间虽有君王政治比较清明，采取了安民抚民的举措，但毕竟只是昙花一现。北齐短短的 20 多年历史，基本上一直交织着胡汉民族矛盾的冲突斗争，而统治阶级的昏庸腐败、荒淫残暴更是历代闻所未闻，从而走向最终被周灭亡的政治尽头。唐人魏徵对北齐这样分析说：“(统治者)视人如草芥，从恶如顺流。佞阉处当轴之权，婢媪擅回天之力，卖官鬻狱，乱政淫刑，刳剒被于忠良，禄位加于犬马，谗邪并进，法令多闻，持瓢者非止百人，摇树者不唯一手。”不仅政治如此腐败，而且对百姓的剥削非常苛重，“土木之功不息，嫔嫱之选无已，征税尽，人力殚，物产无以给其求，江海不能赡其欲”。“于是土崩瓦解，众叛亲离。”“由此言之，齐氏之败亡，盖亦由人，匪唯天道也。”③如此分析，确有道理。

① 《北齐书·陈元康传》。
② 《北齐书·后主高纬纪》。
③ 同上。

第四章

婚姻家庭中的道德状况

家庭生活是人类社会生活的一个重要方面，其涉及的道德价值内容则构成了家庭道德生活的全部内涵。而对于家庭道德生活的构成，大致可以从以下几个方面来考虑：一是从中国传统社会的宗法血缘关系出发，家的概念实际上涉及两个层次的内容，一是家族，二是家庭，因此，从伦理道德的角度来说，也就相应地有一个如何处理家庭与家族的关系问题，这可以看作是家庭道德生活的第一个层次；第二个层次是家庭内部各成员之间的关系如何处理的问题，这其中包括父母与子女的关系、夫妻关系、兄弟姊妹关系等。以下我们在分析魏晋南北朝家庭道德生活时，将主要以上述关于家庭道德生活的概念、架构来展开。

第一节　家族利益高于家庭利益

和汉代相比，魏晋南北朝时期人们在如何处理家庭与家族的关系时，其价值观念发生了很大的变化。如果说，在汉代，人们更注重小家庭的利益，强调小家庭中的"人情"，那么，到了魏晋南北朝时期，人们则更注重大家庭即家族的整体利益。由于汉代人更重视小家庭的利益，因此，汉代人不顾及个体行为对家族整体产生的影响，没有了家族整体利益的掣肘，汉代人在行为方式上更重视进取，其大言尚武之风也与此有着密切的关系。

一、汉代人的小家之念与大言尚武之风

中国自古以来就是一个宗法血缘观念浓厚的国家，但在汉代，由于家庭结构以室家型、供养型的小家庭为主，因此，人们更加关注小家庭的利益，而不关注家族的整体利益。

汉代人重"人情"，这里的人情即是指顾小家、顾念父母妻儿之情。汉初赵相贯高坦言："人情宁不各爱其父母妻子乎？"①晁错也说："人情非有匹敌，不能

① 《史记》卷八十九《张耳陈余列传》。

久安其处。”[①]汉武帝对方士说过:“嗟乎!吾诚得如黄帝,吾视去妻子如脱屣耳。”司马相如作《大人赋》以申发其情:“悲世俗之迫隘兮,朅轻举而远游。”[②]除了得道升仙的诱惑外,帝王也羁绊于思念妻子的世俗人情。汉高祖起兵,投书沛中父老陈述利害:“沛今共诛令,择可立立之,以应诸侯,即室家完。不然,父子俱屠,无为也。”以“室家完”为说,城中即应高祖之命而降。[③] 窦婴因栗太子被废事生怨不朝,梁人高遂谓婴曰:“有如两宫螫将军,则妻子毋类矣!”[④]言及“妻子”,窦婴即朝请如故。昆阳之战前绿林军见莽军强盛,“皆惶怖,忧念妻孥”,光武斥责说,“今不同心胆共举功名,反欲守妻子财物邪?”[⑤]一句话激怒了众将。由于人情之所在,“妻子保堂室,使我无百忧”[⑥],是人们常见的心态。“君人者不当使男女有过时无匹偶也”[⑦],又是统治者时常要注意的内容。

汉代人顾及小家、顾念妻子,而不重大家、不重宗族的利益。主父偃扬言:“臣结发游学四十余年,身不得遂,亲不以为子,昆弟不收,宾客弃我,我厄日久矣!”[⑧]虽然他说这番话属“倒行逆施”之言,但他怨父母、怨昆弟、怨宾客,唯独不及妻与子,也确实代表了一些人对家、对族的看法。如主父偃之流做事不顾家族利益、不顾宗族安危者并不是个别的。新莽末年刘縯、刘秀兄弟起兵,南阳刘氏“诸家子弟恐惧,皆亡逃自匿,曰‘伯升杀我’。及见光武绛衣大冠,皆惊曰‘谨厚者亦复为之”[⑨]。不顾宗族安危者,虽谨厚之人也不例外。追随刘氏兄弟的李通为应“刘氏复兴,李氏为辅”之谶而求富贵,成功之日,却付出了其父李守在长安之家、南阳兄弟、门宗 64 人被杀的代价。无怪乎史家指斥其“猖狂无妄之福,污灭亲宗,以觖一切之功哉!”[⑩]邓晨追随内弟刘秀起兵,新野邓氏家墓被焚,“宗族皆恚怒”[⑪]。耿纯等劝刘秀早正帝位,说:“天下士大夫捐亲戚。弃土壤,从大

① 《汉书·晁错传》。
② 《史记》卷一一七《司马相如列传》。
③ 参阅《汉书·高帝纪》。
④ 《史记》卷一〇七《魏其侯列传》。
⑤ 参阅《后汉书·光武纪》。
⑥ 丁福宝辑:《茅山父老歌》,《全汉诗》卷三。
⑦ 《白虎通义·爵》。
⑧ 《汉书·主父偃传》。
⑨ 《后汉书·光武纪》。
⑩ 《后汉书·李通传》。
⑪ 《后汉书·邓晨传》。

王于矢石之间者，其计固望其攀龙鳞，附凤翼，以成其所志耳。”[①]这样“捐亲戚”求富贵的人并不是少数。汉末袁绍起兵“当攻董卓，不告父兄，至使太傅门户，太仆母子，一旦而毙”[②]。平心而论，像李通、袁绍的行为并没有什么道德上的缺失，而是时人的家族观念与后人不同罢了。

汉代人求进取、追富贵的心态往往溢于言表，不加掩饰。观《史记》和两汉书中的人物，各色人等，不论贵贱，不分男女长幼，“大丈夫”、“鸿鹄之志”、“富贵毋相忘”等豪言壮语常挂在嘴边。项、刘见秦始皇帝，项羽有“彼可取而代之”的雄心，刘邦有“大丈夫当如此”[③]的感叹。为人佣耕的陈胜有“鸿鹄之志”[④]，“贫不事事”的陈平也有“得宰天下”[⑤]的志向。女子薄姬少时与管夫人、赵子儿姊妹间也有“先贵毋相忘”[⑥]之约。刘邦自己有“大丈夫”之心，激励属下为自己卖力时也常言此，他对求假齐王（请求代理）的韩信使者曰：“大丈夫定诸侯，即为真王耳，何以假为！”[⑦]对自己不太喜欢的儿子惠帝也寄鸿鹄之望，为戚夫人而悲歌曰：“鸿鹄高飞，一举千里。羽翮已就，横绝四海。”[⑧]新莽末年，天下纷争，马援常谓宾客曰：“丈夫为志，穷当益坚，老当益壮。”[⑨]公孙述梦中得谶语：“八厶子系（‘公孙’之义），十二为期。”欲称帝而犹豫未决，谓妻子曰：“虽贵而祥短，若何？”妻对曰：“朝闻道，夕死尚可，况十二乎！”[⑩]其妻之言，何其壮哉！东汉末，群雄争霸，董卓见皇甫嵩嘲笑曰：“鸿鹄固有远志，但燕雀自不知耳。”嵩则对答说：“昔与明公俱为鸿鹄，但明公今日变为凤皇耳。”[⑪]语虽婉转，柔弱中不失斗志。

这种大丈夫之心、鸿鹄之志，不但是动乱时代成功的英雄和败亡的草寇的口头禅，就是在和平时期，人们也不忘以此自勉自励，表现出浓厚的尚武求功风

---

① 《后汉书·光武纪》。
② 《三国志·魏志·公孙瓒传》“不告父兄”，实际上是不告叔父、从兄。《后汉书·袁绍传》作“乃诛绍叔父及宗族在京师者，尽灭之”。
③ 《史记·高祖本纪》。
④ 《汉书·陈胜传》。
⑤ 《汉书·陈平传》。
⑥ 《汉书·外戚传》。
⑦ 《汉书·韩信传》。
⑧ 《史记·留侯世家》。
⑨ 《后汉书·马援传》。
⑩ 参阅《后汉书·公孙述传》。
⑪ 参阅《后汉书·皇甫嵩传》注引《献帝春秋》。

貌。主父偃扬言："丈夫生不五鼎食，死即五鼎烹耳。"[①]东汉外戚梁竦也有"大丈夫居世，生当封侯，死当庙食"[②]之语。年仅十五的陈蕃慨言："大丈夫处世，当扫除天下，安事一室乎！"[③]为人誊录的书生班超说："大丈夫无他志略，犹当效傅介子、张骞立功异域，以取封侯，安能久事笔研间乎？"[④]"攻城野战，有斩将搴旗之功"[⑤]，是文士也崇尚的壮举。"家世贫贱"的太原介休三贤之一郭太说："大丈夫焉能处斗筲之役乎？"[⑥]隐士逢萌也曾叹曰："大丈夫安能为人役哉！"[⑦]宦者吕强为人所构陷下狱，怒曰："丈夫欲尽忠国家，岂能对狱吏乎！"[⑧]就连置身世外的隐士、为人所贱的宦官也都非常重气节。

好大言、尚武求富贵的精神面貌，是与当时社会等级流动的活跃有关的，而等级流动的活跃与否，又与其所处时代的家族结构和观念紧密相联。汉代人只重小家不重族氏，因此也不重等级和出身。补《史记》的褚先生说："丈夫龙变。《传》曰：'蛇化为龙，不变其文；家化为国，不变其姓。'丈夫当时富贵，百恶灭除，光耀荣华，贫贱之时何足累之哉！"这段话是当时社会等级流动活跃的生动写照。褚先生又说："士不必贤世，要之知道；女不必贵种，要之贞好。"[⑨]将"丈夫龙变"与不必"贤世"、"贵种"联系在一起，正是当时人们的室家观念对社会的精神面貌产生影响的根由。小家既是系累，也易摆脱；汉代的族制不发达，使得个人的约束性也少，故而整个社会的精神面貌豪放有活力，个人进取心强，好大言，重气尚武。

二、魏晋人的族类意识与谨慎重文之风

到了魏晋时代，个人的和小家庭的室家观念已为强调大家族利益的族类意识所取代。人们以家族为本位，重视门第观和血统论。这一时期人们的出仕或

① 《汉书·主父偃传》。
② 《后汉书·梁统附子竦传》
③ 《后汉书·陈蕃传》。
④ 《后汉书·班超传》。
⑤ 《汉书·司马迁传》。
⑥ 《后汉书·郭太传》。
⑦ 《后汉书·逸民逢萌传》。
⑧ 《后汉书·宦者传》。
⑨ 《史记·外戚世家》。

免役，都是以“族”或“门”为主体。魏晋动乱之际聚众起兵或迁徙者，莫不举族而动，如汉代那种不顾家族安危的情况很难见到了，人们常将倾宗覆族视为最大的忧患，保家族而牺牲个人，为社会所称道。

蜀将马超临殁，最为感叹的是马氏“门宗二百余口为孟德所诛略尽”，以宗族血食为忧。陈寿也评曰：“马超阻戎负勇，以覆其族，惜哉！”①晋惠帝初年，外戚杨骏擅权，骏之姑子、弘训少府蒯钦深忧与杨氏同蹈“倾宗覆族”之祸。杨骏之弟杨珧也担心：“历观古今，一族二后，未尝以全，而受覆宗之祸。”②王敦举兵后，在京王氏尽危，司空王导谓周顗曰：“伯仁，以百口累卿！”③史家孙盛著《晋阳秋》，直书权臣桓温枋头之败事，温怒，胁迫孙盛诸子令其改写，“诸子乃共号泣稽颡，请为百口切计”④。宋矩为石虎将麻秋所擒，谓秋曰：“矩终不背主覆宗，偷生于世。”先杀妻子，然后自刎，以牺牲小家而免祸及宗族。⑤ 他们都将大家族的利益置于小家庭和个人之上。

随着家族观念的变化，魏晋时代的社会风气也为之一变。汉代人有“鸿鹄之志”之大言者多矣，而晋人则以“无异心”为本，有大志者，即有大逆之心。即使是离帝位仅一步之遥的曹操以及司马懿、司马师、司马昭父子，也绝没有刘、项那种“彼可取而代之”、“大丈夫当如此”之言，表面上还要故作谦逊谨慎之状。

两汉风气质朴尚武，魏晋人以谨慎重文为本。魏晋时代是以士族为主导的时代。士族以其家族文化上的优越区别于凡庶之族，文化不但是其起家发达的根本、出仕的需要，也是其保持家族门第和家道久远的保证。士族文化有两个方面的内容：一是文章词采方面的；一是经学道德上的。南方的侨姓和吴姓士族都是以“文”见长，文学艺术人物不绝于族；北方士族以“质”著名，儒教礼法的门风为世所称，二者典型地代表了士族文化两方面的内容。即便是以尚武为特色的少数民族政权，也受此影响。后赵的石虎造太武殿初成，“图画自古贤圣、忠臣、孝子、烈士、贞女，皆变为胡状”⑥。胡人的所谓“汉化”过程，实际上也就是

---

① 参阅《三国志·蜀书·马超传》。
② 《晋书·杨骏传》。
③ 《晋书·刘隗传》。
④ 《晋书·刘盛传》。
⑤ 参阅《晋书·忠义传》。
⑥ 《晋书·艺术传》。

儒质化过程。

士族除了重视道德礼法、强调文学经术的家法外，还交往讲求举止仪态、才华风度，处世注重略武尚文、随流平进。士族文化决定了其自身的社会价值观念，并且成为当时社会价值观念取向的主流。

汉儒叔孙通说过："儒者难与进取，可与守成。"①儒者治国如此，治家也不例外，守成是士族以文治家的重要特点。以文守业，随流平进，可避免大起大落；略武尚文，又是多数士族家道久远的重要原因。士族享有政治特权，但又不能涉政太深，以持中为好。琅邪王氏的家门旧风是"持盈畏满"②和"随流平进"③，这种以家族为重的持家之道，使得家族不以朝代兴亡而兴亡，源远流长。有些士族最初是靠武功而发达，但一俟进入士族行列，他们就逐渐偃武修文，操俎豆之事。相反，卷入政治太深和崇尚武功者，会随着政治斗争的激烈而起伏不定，易于败亡，如沮授在官渡之战前对宗族所言："势存则威无不加，势亡则不保一身。"④东汉汝南袁氏以经学为望族，然自袁绍与曹操争天下失败，至魏晋后已默默无闻。又如东晋曾执朝政牛耳的大族桓氏、殷氏，皆因与军权关系过密，盛极而反，终致宗族衰败。尚武而致宗族败落，深为士族所惧。颜之推以颜氏祖先崇武者皆招致祸败的教训，谆谆告诫子孙："此皆陷身灭族之本也，戒之哉！戒之哉！"⑤士族们对于频繁的改朝换代听之任之，以家殉国的忠臣少，而为族献身的孝子多，家事重于国事。

第二节 婚姻重门第

自汉末至三国时期，战乱频繁，曹魏政权重法术轻儒家，故儒家宣扬的礼教在此时得不到继承和发扬，人们的传统价值观念更加淡化了，思想比两汉时更为开

① 《汉书·叔孙通传》。
② 《宋书·王微传》。
③ 《梁书·太宗王皇后传》。"素族"在此与皇族相对而言，非指寒庶之族。
④ 《后汉书·袁绍传》。
⑤ 《颜氏家训·诫兵》。

放，这同样也影响了婚姻家庭观及贞洁观。上层社会的政治联姻，以妇女作政治筹码，更无信义爱情可言。公元280年，西晋灭吴，结束了长期分裂的局面，建立了统一政权。但是由于西晋王朝的迅速腐化、败落，仅仅10余年就爆发了“八王之乱”。此时的士族快速发展，产生了门第政治，而门第政治的出现直接对当时的婚姻观产生了影响，此时的门第婚姻还处在发展中，与皇权紧密结合。其后，西北匈奴、鲜卑、羯、氐、羌各族进入中原地区，相继建立十六国，这就是史书中所称的“五胡乱华”时期。北方人民南逃，司马氏在江东建立了东晋，士族的势力极度膨胀，东晋成了君权最弱的时期，士、庶的界限更严，社会等级更加分明，士族阶层为了维护自身的权益，只在门第相当的士族间通婚，进而出现了门阀内婚制。接着南朝的宋、齐、梁、陈，与北朝的北魏（拓跋氏）、北齐（高氏）、北周（宇文氏）相继建立，形成南北朝对峙局面。南北民族的融合，南北地理条件的不同，民族之间的互相影响给南北社会风气带来了明显的变化；再加上道教的盛兴和佛教的传播也对这一时期人民的生活方式和心理、思想造成了深刻影响。

众所周知，任何时代、任何一种婚姻，无论从生理角度，还是从社会角度上看，都含有某种交换因素，包括情感、生理、经济、政治、文化等，这就决定了价值能够在婚配择偶中起稳定和协调的作用。

《礼记·昏义》记载，婚姻者“合二姓之好，上以事宗庙，而下以继后世也，故君子重之”。中国古代社会一直是以嫡长子继承制为主的血缘宗法社会，婚姻的确立关系到家族整体利益，也直接影响财产继承的问题。“合二姓之好”即是使两个姓氏家族产生联系，通过联姻使两家结合，其权益更稳定。“上以事宗庙，而下以继后世也”，正因为婚姻对祖宗，对后世有重要影响，所以“君子重之”，人们对此从不简单行事。

魏晋南北朝时期的婚姻家庭关系非常复杂，不同时期、不同地域、不同民族都有所差异，但最主要的特点是门第婚姻，它是中国婚姻形式上的一种特殊形式。门第婚姻实行的主体是“士族”。门第婚姻强调婚姻之礼，突出的是父权与夫权，强调尊卑贵贱等级制度。何为礼？《左传·僖公二十二年》有云：“为礼卒于无别，无别不可谓礼。”所谓“别”，即“贵贱有等，长幼有差，贫富轻重皆有称者也。”①《礼

① 《荀子·礼论》。

记·曲礼上》:“夫礼者,所以定亲疏,决嫌疑,别用异,明是非也。”因此,我们可以把“礼”看作是用以规定宗法等级名分的制度。这种等级制度自然导致了门第观,门第观古已有之,但门第政治则是在士族出现之后才产生的,政治的力量决定着士族的等级,士族的等级影响着婚姻的等级,门第婚姻最初就来源于门第政治。士族即士人之族,是自汉代士人家族发展而来的文化贵族。士族门第的高贵,起初并不是以其先辈之高官厚禄为其唯一表征,而实以家学及礼法等标异于其他诸姓,这种家学和礼法的突出,使得士族成为以礼治家的积极实践者和倡导者。这也是门第婚姻强调婚姻之礼的原因。毛汉光先生认为,魏晋士族是以儒学为资凭的,此语虽有一定道理,但有无文化不是士庶之间的本质区别,其本质区别在于是否出仕,是否有世袭特权,“累官三世及官居五品以上”。

公元220年魏文帝曹丕为了得到士族阶层的支持和拥护,同意并采纳了士族出身的陈群的意见,颁布“九品中正制”。“九品中正制”是为了考察所管士人品质的高下而设立的,即按“才能”把他们品评为九等,朝廷按品授官,品第越高,官职越大。虽然品定士人的原则包括品、状、家世三个方面,但实际上是轻才德、重家世。凡被列入下等者,仕途受限,升迁甚难,而上层权贵把持高位,享有特权,处处抑制寒门。不仅士庶之分严格,就连士族内部同样分为旧门、次门、后门、勋门四个等级,这种甚为严格的等级制度促进了士族的形成与巩固。

门第政治产生于西晋时期,随着九品中正制、西晋户调式、国子学的问世而确立。这是因为,九品中正制认官以门第高低为准则,保证了士族在政治上的世袭特权,标志着世族阶层的形成,为门第政治的产生提供了政治基础。西晋户调式规定的占田荫客制度,使士族享有分配国家土地和劳动人手的法定特权,只要是列入士族的“士人子孙”,无论做不做官,都可以获得士族特权。这是士族赖以长期存在的经济基础。国子学的建立集中反映了士族特权阶层对文化教育事业和仕途的控制和垄断,为士族子弟求学出仕提供了便利条件,亦为门阀政治形成的文化基础。至此,在政治、经济、文化条件一一具备的情况下,门阀政治在西晋时期就应运而生了。

门第政治产生于汉末,而门第婚姻却产生于西晋时期,到了两晋南北朝初、中期愈演愈烈,形成僵化不变的准绳,它不仅在士族与庶族、上层社会与底层社会之间划出了一条不可跨越的鸿沟,还间接扼杀了庶族的出路。门第婚姻这种状况直到南北朝后期才有所改变，婚姻重门第之风渐衰。

一、三国时期的婚姻门第观念

东汉末期至三国时期，农民起义、军阀混战，许多世代为官的人在战乱中死亡，家境败落，家产被洗劫一空，他们的子女在战乱中或依靠门资过着清苦的生活，或沦为奴婢，在这种生命和财产都得不到任何保障的条件下，门第婚姻是难以实现的，更别说门阀等级内婚制。此时，伴随着儒学的衰退、道学的盛行，儒家讲求的严格的尊卑等级观念在这时也松弛了，名士自立于世，放荡不羁，故在婚姻上也不是极重门第的。我们可以从当时的婚姻状况窥一斑见全豹，帝王的婚姻关系作为整个社会最高层次的婚姻关系最能表现其特征。如三国时期，曹魏有些帝王的配偶并不都是世宦之家的名门闺秀，如：曹操的卞皇后、曹丕的甄皇后和郭皇后及曹叡的毛皇后等皆非出自士族门第。

《三国志·魏书》卷五《后妃传》记载："武宣卞皇后，琅邪开阳人，文帝母也。本倡家，年二十，太祖于谯纳后为妾。后随太祖至洛……建安初，丁夫人废，遂以后为继室。诸子无母者，太祖皆令后养之……二十四年，拜为王后。"武宣卞皇后即曹操的卞皇后，魏文帝曹丕的母亲，先为妾，后才受封王后，明帝即位，尊太后曰太皇太后，她本是倡家女，可见其出身之低微。"文昭甄皇后，中山无极人，明帝母，汉太保甄邯后也……建安中，袁绍为中子熙纳之。熙出为幽州，后留养姑。及冀州平，文帝纳后于邺。"曹丕的甄皇后本是袁绍儿子袁熙之妻，袁熙兵败冀州，才被曹丕纳入，可见甄皇后也只是俘虏。"文德郭皇后，安平广宗人也。祖世长吏。……早失二亲，丧乱流离，没在铜鞮侯家。"郭皇后虽出身士宦之家，但后来没入公侯家，也只是一婢女而已。再如"明悼毛皇后，河内人也……父本典虞车工"，更无门第可言，"明元郭皇后，西平人也，世河右大族。黄初中，本郡反叛，遂没入宫"。郭皇后虽出身士宦，但当时已是罪臣之女，已不同往日。可以看到曹魏政权最高统治者的配偶，有的是倡家婢女，有的是亡国之胄以及叛乱者的寡妻侍妾，甚少士家之女。无怪乎，魏明帝为王时，河内虞氏为妃，等明帝即位，而虞氏没有被立为皇后，太皇太后卞太后去慰勉，而虞氏气愤地说："曹氏自好立贱，未有能以义举者也。然后职内事，君听外政，其道相此而成；苟不能以善始，未有能令终者也。殆必由此亡国丧祀矣！"著名的历史学家孙盛也曾作出评论:“魏自武王,暨于烈祖,三后之升,起自幽贱。本既卑矣,何以长世?”曹魏这种婚姻关系,反映了政治在其婚姻中的作用还不很大,门第政治尚在形成期,政治上不重门第使人们在婚姻问题上亦不重视门第。

不仅曹魏统治者婚姻如此,刘蜀政权的统治者的婚姻亦是如此。《三国志·蜀书》卷三十四《二主妃子传》记载:“先主甘皇后,沛人也,先主临豫州,住小沛,纳以为妾。”甘皇后是刘备潦倒时所纳的妾,其出身自不必说,后刘备转战广陵海西,糜竺“于是进妹于先主为夫人”,糜竺“祖世货殖”也就是商人,在当时“士、农、工、商”的社会等级中,可见其出身之低微。而刘备的穆皇后,“陈留人也。兄吴壹,少孤,壹父素与刘焉有旧,是以举家随焉入蜀。焉有异志,而闻善相者相后当大贵。焉时将子瑁自随,遂为瑁纳后。瑁死,后寡居。先主既定益州,而孙夫人还吴,群下劝先主聘后。先主疑与瑁同族,法正进曰:‘论其亲疏,何与晋文之于子圉乎?’于是纳后为夫人”。刘备入蜀后,其根基未稳,出于政治考虑才娶了刘瑁之寡妻,并没考虑她的出身,其婚姻是一场政治联姻。后主刘禅的“敬哀皇后,车骑将军张飞长女也……十五年,薨”;“……后主张皇后,前敬哀之妹也”。刘禅两位皇后都是一介武夫张飞的女儿。可见蜀汉政权的婚姻也是不重门第。

至于孙吴政权的统治者所娶后妃,其门第低下者亦不胜枚举,自吴主孙权母亲吴夫人至吴主孙权谢夫人、徐夫人、步夫人等都是出身低下者。但凡在史书中未记载出身家世的夫人,许多是从民间选来的,其出身之低显而易见。

三国时期,曹魏、刘蜀、孙吴的统治者婚姻并非极重视门第,这主要与秦汉帝王娶妻不问出身有关,如秦始皇之母赵姬、汉武帝之母王皇后、汉武帝之卫皇后、汉成帝之赵皇后等。虽然三国时期婚姻不极重视门第,承两汉之风,但不重门第并不能表明其婚姻的纯粹性,文中在开头就提到婚姻中含有某种交换因素。时值乱世,统治阶级为了扩大自己的势力、增强军事力量,多与经济实力强、社会影响大的对象通婚、联婚,不是非要与出身高门的士族结合,因为要制敌取胜必要用人,用人若依门资不以才智而选,则事难谋。因此,三国时期,仕宦与社会风尚并未重视门第,而是以才干业绩取人,上层之择偶对象,也大抵受汉代遗风影响,不重血统,而侧重于当世具有文武韬略的功臣勋将,并不排斥出身卑微之人。若说三国时期有门阀等级内婚的形式,那也只是在孙吴出现萌芽，因为长江三角洲地带没有受到战火的侵袭，东吴的朱、张、顾、陆四家大族在此繁衍壮大，在一定程度上四姓彼此联姻，而联姻也只是想借大族势力来巩固自己的统治，因而在此出现了门阀等级内婚制的萌芽，并不是严格意义上的门阀内婚制。它与两晋南北朝极力推崇士族门第婚姻迥然有别。

二、两晋、南北朝门第观的发展、兴盛——门阀内婚制的强化

自九品中正制颁布以后，士族与非士族之间有了严格的界限，士族的地位及特权是受到法律保障的。西晋承曹魏九品中正制的选人制度，形成官吏的高下之分，高门与寒门的界线愈加明确，士、庶之分愈演愈烈，形成高门士族与寒门庶族，高门士族的势力日渐壮大。然，士族姓氏门第也是有升有降的，只有世代为高官，才能保持其世代"士族"不替。否则，就会衰微下去，其家族的兴衰荣枯，是发展还是没落，家世门第，中正高品只是一个基础，仅能决定事情的一半，另一半仍须仰仗皇权、官僚制和国婚。士族为了保持其高贵的社会地位及把持其拥有的特权而采用了门阀等级内婚制。为了保持家族血统的崇高，避免低门血统的混入，即使庶族财产殷富，政治地位显赫，士族也不愿意与之通婚。士族既有不会轻易随改朝换代而转移的政治经济上的特权，更有长期以来形成的群体文化优势。为了保证这种力量能够长期在社会里占据举足轻重的地位，士族阶层也采取种种措施。为了严格区分士、庶，保持其血缘的纯洁性，防止他人冒籍，于是谱学盛行。这一时期的家谱有《谢氏谱》、《京兆韦氏谱》等，地区之谱有《益州谱》、《冀州姓族谱》等，士族之谱有《百家谱》，最著名的是东晋南朝时，贾弼之祖孙三代专精谱学。宋时刘湛、齐时王俭、梁时王僧孺也都有谱学专著。谱学的兴盛说明这一时期士族对宗族血缘纯洁性的维护，其本质是为了长保士族政治、经济特权不受损害。

西晋时，士族的发展逐渐依附皇权，而皇权的稳定和持久也依赖士族们的支持和维护，其时，士族与皇权的国婚甚多。据《晋书·后妃传》记载，西晋皇室后族基本上皆为士族，西晋的统治者认为，高门士族的子女贤淑令德，能够辅佐皇帝更好地治理天下，其统治必然会得到士族阶级的广泛支持，从而长盛不衰。所以在晋武帝时，甚至六宫仕女也大都是公卿以下子女。尽管此时士族与皇权的国婚甚多，士族的地位更牢固，但无任何一族占优势，一流高门亦如此，这是

由于西晋统治者仍能自己掌控君权，君权没有下滑，任何士族家族的发展还能受到皇权的制约。

到了东晋，南渡的士族势力迅速发展，士族以家族为单位积极介入政权，接管原属皇权统辖的一切要职。此间，士族的发展极度膨胀，皇权的稳定和持久必须要有地方实力派的拥护，竟形成“王与马，共天下”的局面，君权旁落，东晋的朝政先后由王、庾、桓、谢四大家族轮流执掌，使主弱臣强之势更加突出，成为君权最弱的时期。东晋成为门第政治确立时期，不仅士庶之分更严，而且门第政治的发展愈发加强了人们对门第的关注，在婚姻上就导致门第婚姻的僵化，社会各个阶层的思想意识中普遍存在着极其严重的等级观念，都仰慕那金碧辉煌的门第，盼望与之联姻。政治的等级森严，影响和造就了这一时期独特的带有极端化的等级婚姻。此时，门阀等级内婚制的发展达到了最高点。

从上层社会阶层来看，当时可分为皇族、士族和庶族三种类型，前两种属于特权阶层，但就其稳定性和势力的强大和广泛性来看，不仅寒门庶族比不上士族，就连皇族恐怕也不能望其项背。在当时，士族中有与皇室通婚的，也并不以此为荣；若士族中有不幸与庶族通婚者，则整个士族阶层都会引以为耻；而庶人若是与士族出身的人结婚，则必会引为无上光荣。两晋时，士族与皇族之间频频联姻，由于婚姻制度能保证身份的血缘继替，是士族维护等级地位的重要手段，具有明显的排他性，使社会阶层分别形成封闭式的婚姻圈。

如《晋书》卷一二五《冯跋传附冯素弗传》记载，冯素弗未贵，“自诣慕容熙尚书左承韩业请婚，业怒而距之。复求尚书郎高邵女，邵亦弗许”。又如，王述子“坦之，为桓温长史，温欲为子求婚于坦之。及还家省父，而述爱坦之，虽长大，犹抱置膝下。坦之因言温意，述大怒，遽排下，曰：‘汝竟痴耶！讵可畏温面而以女妻兵也。’坦之乃辞以他故，温曰：‘此尊君不肯耳。’遂止”。谯国桓氏本亦高门士族，不过上升为第一流高门时间稍晚，桓温为大将军长期掌兵，多次北伐，以武功显，其时，太原王氏竟把这样的显贵家庭也轻蔑为“兵”，并且拒绝联姻，则真正的“兵”、“将”社会地位之低至此便知了。

司马氏渡江后，因地域不同，风尚习俗互异，东南大族又对外来侨姓士族颇怀嫌忌，故虽门望相当，但彼此亦不互相通婚，而侨姓历来自我标榜优秀，轻视吴姓，一般亦不与吴姓通婚。东晋士族的通婚圈已十分狭窄，而在北朝，留在北方的士族的通婚圈更加狭窄。这些没有南渡的士族只有依靠胡族贵族缓慢发展，形成后来的高门士族。北魏至后来的北周、北齐都采取优礼士族的政策，但未重用整个士族阶层参与政治，士族的权利受到一定程度的限制，其在政治上的发展自然不及南朝士族门第政治的高度。民族与文化上的差异，成了阻碍汉族出仕和婚媾的客观因素。此时的婚姻多是汉人士族家族与家族互为婚媾，同北魏皇室联姻极少。直至孝文帝改革鲜卑旧俗，采用西晋以来士族的取士标准按门资而不是依才能用人。南北两地的士族及其婚姻，在当时的发展各有差异，南朝以门第婚姻为主流，北朝以民族婚姻为载体。北朝其门第婚姻只存在于汉人士族与汉人士族之间的联姻，而与其他民族贵族的婚媾，自然属于贵族婚姻的范畴之内了。

北朝婚配娶嫁中的门第划分比南朝更为严格，而且是以法令的形式固定下来的。据《魏书·帝纪第五》载，北魏和平四年(463)诏“皇族、师傅、王公、侯伯及士民之家，不得与百工、伎巧、卑姓为婚，犯者加罪”；同书《帝纪第七》载太和二年(478)又诏“皇族贵戚及士民之家，不得与非类婚偶”。当时，在婚姻方面限制如此严格，从根本上说，是为了维护统治阶级的利益。当时社会动荡不安，贵族阶层时有分崩离析之虞，“朝为田舍郎，夕登天子堂”的事也时有发生，所以，上层统治阶级要采取一切措施巩固与保持其既得利益与原有地位，不允许在任何方面打开一个缺口。沈约所说的“此风弗剪，其源遂开；点世尘家，将被比屋”正反映了这种恐慌心理。同时，东晋以后，五胡云扰，血统混乱，为标异种族，也不得不在婚姻方面严格地加以区分。

北朝高门士族女子，即使有疾患，亦不愿下嫁卑族，如《魏书·崔巨伦传》载：“巨伦有姊，明惠有才行，因患，眇一目，内外亲类莫有求者，其家议欲下嫁之。巨伦姑赵国李叔胤之妻，高明慈笃，闻而悲感，曰：‘吾兄盛德，不幸早逝，岂令此女屈事卑族！’”这正是当时士族们的心态。在这样的背景下，士族婚姻只能在与自己家族地位相当的家族内进行，身份等级界限越来越严格，士族间的以身份等级为基础的家族联姻制也就随之形成。这种联姻制度最初能起到维持本族利益的作用，但久而久之，士族内部的各方面素质都会因血缘近婚的影响受到束缚，只会加速士族的衰亡。

三、南北朝中后期婚姻门第观消融

南北朝自刘宋以降，江山易代频仍，出身庶族的恩幸、武人通过担任要职与皇权紧密结合，操纵了从中央到地方的军政大权，一部分士族开始冲破历史的禁锢，放下架子与庶族接触，因为庶族，不仅在政治、经济上开始兴起，而且在才学、品行诸方面证明了自己的存在。价值观念的转变迫使一些有头脑的士人不得不放下架子，与庶族往来。他们既有清雅之士，亦有为了追求权力，与之往来者。刘宋时期一部分士人价值观念的这种转变并非空穴来风，而是反映了当时庶族正在各方面兴起，士族亦在各方面衰落的社会现实。士族开始慢慢与后起之秀联姻。这在皇室的婚姻中也不例外，《陈书・卷七・皇后传》记载："高祖宣皇后章氏，讳要儿，吴兴乌程人也。本姓钮，父景明为章氏所养，因改焉。""后主张贵妃，名丽华，兵家女也。家贫，父兄以织席为事。后主为太子，以选入宫。是时龚贵嫔为良娣，贵妃年十岁，为之给使，后主见而说焉，因得幸，遂有娠，生太子深。后主即位，拜为贵妃。"

庶族崛起，还有一部分士人为了经济利益而与他们交往联姻，如王源，《昭明文选・奏弹王源》收录王源嫁女一事，遭沈约等人上疏弹劾，而且还要将其"寘之明科，黜之流伍"。原文为：

> 风闻东海王源，嫁女与富阳满氏。……源虽人品庸陋，胄实参华。曾祖雅，位登八命；……祖少卿，内侍帷幄；父璿，升采储闱，亦居清显。……源频叨诸府戎禁，豫班通彻。……而讬姻结好，唯利是求……玷辱流辈，莫斯为甚。……源人身在远，辄摄媒人刘嗣之到台辩问。嗣之列称：吴郡满璋之，相承云是高平旧族，宠奋胤胄……家计温足，见讬为息鸾觅婚。……王源见告穷尽，即索璋之簿阀……见璋之任王国侍郎，鸾又为王慈吴郡正阁主簿……源父子因共详议，判与为婚。璋之下钱五万，以为聘礼。……源先丧妇，又以所聘余直纳妾。如其所列，则与风闻符同。窃寻璋之姓族，士庶莫辨。满奋身殒西朝，胤嗣殄没，武秋之后，无闻东晋……其为虚讬，不言自显。王满连姻，寔骇物听，潘杨之睦……有异於此。……且买妾纳媵，因聘为资……施衿之费，化充床第……鄙情赘行，造次以之。……纠慝

> 绳违,允兹简裁。源即主。……臣谨案:南郡丞王源,忝藉世资,得参缨冕……同人者貌,异人者心……以彼行媒,同之抱布。……且非我族类,往哲格言;薰莸不杂,闻之前典。……岂有六卿之胄,纳女於管库之人;……宋子河鲂,同穴於舆台之鬼。……高门降衡,虽自己作;……蔑祖辱亲,於事为甚。……此风弗剪,其源遂开,点世尘家,将被比屋。……宜寘以明科,黜之流伍。使已污之族,永愧於昔辰;方媾之党,革心於来日。……臣等参议,请以见事免源所居官,禁锢终身,辄下禁止视事如故。……源官品应黄纸,臣辄奉白简以闻。臣约诚惶诚恐,云云。

即便门阀士族进入衰落阶段,仍然存在着固守士庶不相往来的高门士族,不过只是少数而已,他们更加注意同寒门庶民宗族保持严格的等级界限,与寒门庶族车服异制,起居异处,更不与之通婚。如《南史·儒林·王元规传》记载:"王元规,字正范,太原晋阳人也。祖道宝,齐员外散骑常侍、晋安郡守……元规八岁而孤,兄弟三人,随母依舅氏往临海郡,时年十二。郡土豪刘瑱者,资财巨万,以女妻之。元规母以其兄弟幼弱,欲结强援,元规泣请曰:'姻不失亲,古人所重。岂得苟安异壤,辄婚非类!'母感其言而止。"王元规出身太原王氏,属于高门。但他幼年丧父,家中贫困,与亲兄弟们随母寄居舅父家中,刘瑱愿出巨资作为陪嫁把女儿嫁给王元规,以攀一门名门亲戚。但王元规不愿意娶土豪刘瑱之女,就因为刘瑱出身寒门被视为"非类"。

《南史·贼臣列传》,梁武帝时河南王侯景请娶于王、谢,梁武帝规劝侯景说:"王、谢门高,非偶。可与朱、张以下访之。"

四、婚姻门第观的流弊

两晋南北朝时期的婚姻门第观念极大地影响了男女间的通婚圈,门阀士族之间重门第的时弊,后来在民间也渐渐地成为风尚,给整个社会带来很大的负面影响,形成许多不良婚俗习尚。

首先,造成了娶嫁失时、婚嫁极尽铺张奢侈、以人换财的现象。为了标榜门第,豪门巨富娶妇嫁女的排场、规模越办越大,以示官位尊卑,并且豪门大族都唯恐适龄嫁娶会影响联姻,失去攀附的机会,于是把订婚和结婚的年龄一再提前；而门第不高者，便用财币以显富贵。贫苦人家受这种社会风气的浸淫，为了不让亲家和乡邻觉得自家门第低下，也极尽所有，铺张奢侈，为了筹措子女结婚费用，不得不推迟婚期，造成嫁娶失时的现象。久而久之，社会的婚嫁习俗多向奢侈、讲排场的方向发展，财产的多寡便演化成为民间百姓评判婚姻是否匹配得当的标准。北齐以儒家传统思想为立身之道的颜之推在其《颜氏家训》中带着讥讽的口吻阐述了社会上婚姻重门第财物的流弊："近世嫁娶，遂有卖女纳财，买妇输绢，比量父祖，计较锱铢，责多还少，市井无异。或猥婿在门，或傲妇擅室，贪荣求利，反招羞耻，可不慎欤。"又说："世有痴人，不识仁义，不知富贵并由天命，为子娶妇，恨其生资不足，倚作舅姑之尊，蛇虺其性，恶口加诬，不识忌讳，骂辱妇之父母，却成教妇不孝己身，不顾他恨"。

其次，早婚、重亲。由于社会上娶嫁失时且门第观念根深蒂固，容易造成近亲结婚，所以，《魏书·帝纪第五》载，北魏孝文帝曾下诏，令男女娶嫁失时者如古代促春奔会之礼会合之，即不备财礼亦可结婚，但其时已积习难改，娶嫁失时者大有人在。时至南北战乱，人口锐减，市井萧条。据《周书》记载，北周建德三年(574)，武帝宇文邕又有诏曰："自今以后，男年十五，女年十三已上，爰及鳏寡，所在军民，以时嫁娶，务从节俭，勿为财币稽留。""勿为财币稽留"对当时男女娶嫁失时现象有所作用，但男十五娶，女十三嫁，就太不慎重了，男女都未成年就结婚，给人体健康带来极大危害。从两晋南北朝皇室的婚姻年龄，我们可以发现其婚龄之早。东晋至南北朝时，重亲、异辈婚现象严重。如谢尚娶袁耽妹，谢安(尚从弟)女又适耽子袁质，为一代从表亲通婚；袁质子湛娶谢玄女，袁湛妹适谢玄从子谢重，此二代从表亲通婚，这种表亲婚势必带来血统上的混乱，异辈婚便发生了。如东晋明帝娶庾冰之妹，而明帝之孙废帝娶庾冰之女。晋哀帝为孝武帝之侄，而哀帝王皇后为孝武帝王皇后之姑，皆出自太原王氏。其实，异辈婚与近亲婚本质并无太多差别。

再次，溺婴现象普遍。溺婴的习俗古已有之，且一般溺的多是女婴，少有溺男婴。溺婴是由于无力负担子女的婚嫁费用而这样做的，在南北朝婚姻重财礼的时期这种现象更多。巨大的财力付出，在"不孝有三，无后为大"的传统观念影响下，男方还可以在娶妻后通过妻子终生的劳作得到相应的补偿和"上以事宗庙，下以继后世”的心灵慰藉。而对于女方来说，虽然可以在嫁女的时候索取一部分财物，但终究如同泼出去的水一样，无法收回，也没有其他的补偿。所以，养女儿成了巨大的拖累，反映出人们的养女致家贫的文化心态。《颜氏家训》也说：“太公曰：‘养女太多一费也。’陈蕃云：‘盗不过五女之门。’女之为累，亦已深矣。然天生烝民，先人传体，其如之何？世人多不举女，贼行骨肉，岂当如此而望福于天乎？”颜氏对此溺女婴现象甚为不平，认为这种行为是违背天命的。

魏晋南北朝时期的等级婚姻是先秦宗法等级社会的传承，更是当时社会政治、经济、文化乃至军事等方面的现实世象在婚姻观念和婚姻制度方面的反映，由此而形成的婚姻中的门第观和婚姻制度中的等级制度，对其后漫长的中国封建社会乃至当今社会仍然产生着巨大、深刻而长远的影响。

第三节 “寝则同床”的兄弟友情与“相敬如宾”的夫妻之礼

男子同性恋行为在古代能为人们所宽容的重要原因之一，是它常与受到赞扬的男子间的亲密友谊混淆在一起，彼此很难扯清。高罗佩在《中国古代房内考》指出：“应当记住的是，男性友谊是经书颂扬的社会关系之一。而且，在中国，男人常常用比西方国家所习惯的更亲热的字眼来表达对朋友的倾慕之情。这种充满深情的语言并不足以证明凡是使用这种语言的人彼此都有同性恋关系。虽然对这样微妙的问题做出肯定判断不言而喻是很困难的，但我相信，除非有更过硬的反证，我们可以认为，一般说来，这些古代著名文学家的亲密友谊中并不包含同性恋关系。”①男子们这种用“更亲热的字眼来表达对朋友的倾慕之情”，往往还伴随着“更亲热”的相处方式，如“共帐而寐”、“寝则同床”等，这样的例子很多。如西汉时的任安与田仁俱为舍人，同居门下为官，“同心相

① 高罗佩：《中国古代房内考》，李零等译，上海人民出版社 1990 年版，第 131 页。

爱。……两人同床卧”①。隗嚣敬重马援,“与援共卧起”②。三国时刘关张的友谊流传千古,这种友谊的表现是“先主与二人寝则同床,恩若兄弟”③。刘备的另一位爱将赵云与他相见于邺,也是“先主与云同床眠卧”,共帐之间秘密商议招募兵员大事④。吴太子孙登礼遇僚属,“略用布衣之礼,与(诸葛)恪、(张)休、(顾)谭等或同舆而载,或共帐而寐”⑤。祖逖与司空刘琨俱为司州主簿,两人“情好绸缪,共被同寝”⑥。以上谈到的这些人的关系应属正常的友谊关系,但是这种“共帐而寐”的友谊与同性恋者的“共卧起”的相处方式,在外人看来又确实没有什么特别的不同。

人们之所以以“共帐而寐”作为男子亲密友谊的重要标志,这是从兄弟的友爱而来,然后转到布衣交好,则和当时人们的居住习俗相关。前说刘备与关羽、张飞的“寝则同床”,是和“恩若兄弟”相联系的,这种居处方式在兄弟中最常见。

未成家的兄弟们“寝则同床”是很自然的,而娶有妻室后仍能以如此方式居处,就成了兄弟友爱的象征。《后汉书·姜肱传》:

> 肱与二弟仲海、季江,俱以孝行著闻。其友爱天至,常共卧起。及各娶妻,兄弟相恋,不能别寝,以系嗣当立,乃递往就室。

汉人兄弟间娶妻后一般要分家各过,文中说“以系嗣当立,乃递往就室”,是兄弟们想到后嗣重要的时候,才跑回自家和妻室住几天,平时兄弟们应还是保持“共卧起”的习惯。《姜肱传》注引谢承《后汉书》说得更明确:“肱性笃孝,事继母恪勤。母既年少,又严厉。肱感《恺风》之孝,兄弟同被而寝,不入房室,以慰母心。”不过谢承《后汉书》所述兄弟们的“同被而寝,不入房室”,除了表现兄弟之爱外,还有一个重要目的是“慰母心”。继母年轻守寡,姜肱兄弟们担心由于自己夫妇间的亲热而引起继母的孤单之情,不能心安其室,也有以此防其淫念的

---

① 《史记·田叔列传》褚补。
② 《后汉书·马援传》。
③ 《三国志·蜀志·关羽传》。
④ 参阅《三国志·蜀志·赵云传》注引《云别传》。
⑤ 《三国志·吴志·吴主五子传》。
⑥ 《晋书·祖逖传》。

意图。姜氏三兄弟的“共卧起”成为后世兄弟间友爱的楷模，一些人还加以效仿。如南朝的张弘策，“兄弟友爱，不忍暂离。虽各有室，常同卧起，世比之姜肱兄弟”①。韦放“于诸弟尤雍穆。每将远别及行役初还，常同一室卧起，时比之三姜”②。

古人还常将兄弟间的友情比之为鸳鸯加以赞扬。古有诗曰：

> 骨肉缘枝叶，结交亦相因。四海皆兄弟，谁为行路人？况我连枝树，与子同一身。昔为鸳与鸯，今为参与辰。③

古词《鸡鸣高树颠》：

> ……舍后有方池，池中双鸳鸯。鸳鸯七十二，罗列自成行。鸣声何啾啾，闻我殿东厢。兄弟四五人，皆为侍中郎。五日一时来，观者满道傍。黄金络马头，颎颎何煌煌。桃生露井上，李树生桃傍，虫来啮桃根，李树代桃僵。树木身相代，兄弟还相忘！④

曹植有弟出养族父郎中伊，植作《释思赋》以赠之曰：

> 彼朋友之离别，犹求思乎白驹。况同生之义绝，重背亲而为疏。乐鸳鸯之同池，羡比翼之共林。亮根异其何戚，痛别干之伤心。⑤

对于实际关系要亲密得多的夫妻来说，理想的关系不过是“客”和“宾”，相互之间要客客气气；而糟糕的关系又将妻室比之为衣服，可以换来换去，都远没有亲密如鸳鸯的兄弟关系那样重要。史书有很多夫妻相敬如宾的故事，如《后汉书·逸民传》：

① 《南史·张弘策传》。
② 《南史·韦叡传》。
③ 《文选》卷二十九。
④ 《宋书·乐志》。
⑤ 《艺文类聚》卷二十一《人部·五》。

> 庞公者，南郡襄阳人也。居岘山之南，未尝入城府。夫妻相敬如宾。

《后汉书·循吏列传(仇览)》：

> 虽在宴居，必以礼自整。妻子有过，辄免冠自责。妻子庭谢，候览冠，乃敢升堂。家人莫见喜怒声色之异。

《太平御览》卷二一二引谢承《后汉书》：

> (魏)朗性矜严，……动有礼序，室家相待如宾，子孙如事严君焉。

“室家相待如宾”，即夫妻相待如宾也。《三国志·魏志·常林传》注引《魏略》：

> 其妻常自馈饷之，林虽在田野，其相敬如宾。

《晋书·何曾传》：

> 年老之后，与妻相见，皆正衣冠，相待如宾。己南向，妻北面，再拜上酒，酬酢既毕便出。一岁如此者不过再三焉。

兄弟们成家后仍不时地抛开妻室亲密地“共卧起”，而夫妻间平时却要如此彬彬有礼地相互客气，衣冠不整不相见，甚至男子不束发髻而披发过夫妻生活都被视为无礼①。这些在后人看来实在有些可笑。为什么人们要将本来不如夫妻亲密的兄弟看得更为亲密呢？单以孝道或男尊女卑的说教，似乎还不能把这种现象解释得清楚和全面，这也不完全是那些懂“礼”的兄弟和夫妇间的故作姿态以沽名钓誉。对兄弟“共卧起”的居住风俗的崇尚并不是空穴来风，它比夫妻间共卧起的居住方式的渊源要更早。

① 《淮南子·氾论训》：“景阳淫酒，被发而御于妇人……此四人者，皆有所短。”

按《礼记》的规定，夫妇不仅居室、浴室要分开，连晾衣服竿、喝水的井也不能共同使用。丈夫与妻子相见，应客客气气，上堂时要扬声；看到门外有两个人的履但听不到屋里说话声，就不能进去；要低首进门不能四处乱看。[①] 孟子就因为"往燕私之处，入户不有声"，被孟母斥为"无礼也"。[②]《礼记》上的这些规定应该包含着更古的礼俗。古礼对夫妻的规范是要尽量将他们分开，而与要求兄弟们的亲密相处正好相反。商鞅变法前秦国的家庭是"父子兄弟同室内息"[③]，这已是比较原始的居住习俗了，这种"父子兄弟同室内息"为后人所诟病的原因，是它在兄弟共卧起的同时，又加入了父亲及夫妻同室内息的居住方式，是兄弟同寝与夫妻同寝不分。可以说，兄弟之间的同室而寝与夫妻间相对分居的居住方式，其渊源比秦国的这种"戎狄之俗"还要早。

从民族学的实例来看，走婚时代的阿注们的"夫妻"同室共卧生活，是不固定的和临时性的。在永宁纳西族的生活院落中，已婚的妇女均有自己单独的房间，称为"花骨"，汉族称为"客房"，作为"客人"的丈夫们只是半夜来访而白天离去。生活在母系大家庭中的兄弟们自小就住在公共住宅的主室内，一直到成年后他们才分开，过着从妻居住的走婚生活。本家族内没有已婚男子自己单独的专门住宅，只有到了晚年没有能力再走婚时，他们才可以回到母家的主室居住，再过成婚前的大家族生活，由外甥女和外甥来扶养。[④]

从纳西族对偶婚时代的居住方式来看，夫妻间的同床共卧的时间相对较短，兄弟们在一起的时间要长得多，对偶婚夫妻夜合昼分，也自然不如兄弟关系亲近。由此可以推测，兄弟间"共卧起"的居住习俗，应该是走婚时代的居住礼俗；而"夫妻相待如宾"也应是来自这一时代从女居的类似"客房"中的男女相见礼仪。《三国志·魏志·乌丸传》注引《魏书》也谈到乌丸族的赘婿在妻家居住

① 《礼记·内则》："礼始于谨夫妇。为宫室，辨外内，男子居外，女子居内。深宫固门，阍寺守之。男不入，女不出。男女不同椸枷，不敢悬于夫之楎椸，不敢藏于夫之箧笥，不敢其湢浴。"《曲礼》："将上堂，声必扬。户外有二屦，言闻则入，言不闻则不入。将入户，视必下。"在汉代也能见到夫妻间各有各的居室的情况。《后汉书·梁冀传》：外戚梁冀、孙寿为夫妇，"冀乃大起第舍，而寿亦对街为宅，殚极土木，互相夸竞。……冀爱监奴秦宫，宫至太仓令，得出入寿所。"可见冀舍与寿所是分开不同的。

② 参阅《韩诗外传》卷九。

③ 《史记·商君列传》。

④ 参阅宋兆麟：《云南永宁纳西族的住俗——兼谈仰韶文化大房子的用途》，《考古》1964 年第 8 期；严汝娴、宋兆麟：《永宁纳西族的母系制》，云南人民出版社 1983 年版，第 155～161 页。

时的礼俗:"婿随妻归,见妻家无尊卑,旦起皆拜,而不自拜其父母。"丈夫对妻及妻家是非常重"礼"的。好像很有些巧合的是,古人将夫妻比作"宾"、比作"友"①,和近代民族志实例中的"阿注"表示"朋友"的含义非常相似。这对于古代"夫妻相敬如宾"之礼及兄弟"寝则同床"的友情,近乎可以找到合理的来源了。

第四节　世风与门风

魏晋南北朝时期的士族阶层是一个享有政治经济特权的特殊阶层,这个阶层有九品中正制从法律制度上保证他们可以世代位居高官,即《南齐书·王俭传》中所谓"平流进取,坐致公卿";而品官占田荫客制,则保证他们可以按官品的高低占有土地和劳动力。这些特权使他们得以完全靠门资和先人的地位讨生活,无须竞争,无须个人奋斗。读书、习武、农商、工伎几乎成了多余的事,祖先的福荫使他们拥有大量的闲暇时间,于是他们在筵宴酗酒、观赏表演艺术、游览与狩猎、弈棋与赌博、游戏与玩具的观赏、赛牛与斗鸡及驯养宠物、沉湎夜生活等方面,具有强烈的纵欲性,特别是不顾道德的约束,过分追求娱乐过程中的舒适安逸。这些行为严重地腐蚀了官僚队伍,使之充斥懒汉、色迷、酒徒和赌棍,上层社会出现淫逸之风,姬妾声伎特别多,形成了亵玩女子的不良之风。

一、性观念开放

魏晋南北朝时期的士族任情旷达,发挥至极端便成为性放纵。葛洪在《抱朴子·外篇·疾谬》中指出:"轻薄之人……入他堂室,观人妇女,指玷修短,评论美丑。……或有不通主人,便共突前,严饰未办。……其或妾媵藏避不及,至搜索隐僻,就而引曳,亦怪事也。……入室视妻,促膝之狭坐,交杯觞于咫尺,弦歌淫冶之音曲,以诛文君之初心。……乱男女之大节,蹈《相鼠》之无仪。……

① 《孔雀东南飞》:"结发同枕席,黄泉共为友。"

然而俗习行惯，皆曰：此乃京城上国，公子王孙贵人所共为也。”这种世风势必影响生活于同时代的妇女。

这种世风也大力冲击着东汉以来束缚妇女个性发展的所谓“妇德”，章学诚先生曾言：“晋人崇尚玄风，任情作达，丈夫则糟粕六艺，妇女亦雅尚清言。步障解围之谈，新妇参军之戏，虽大节未失，而名教荡然。”此时的妇女已冲破道德的束缚，尽情展现张扬的个性，潇洒涉足各种社交活动，性格自由而开放。她们已经不再满足于传统的“中馈之事”，而是结伴周游，观视渔畋，游览名胜山水，涉足佛寺，路上高声喧哗，夜宿他家，其开放的社交之风，让人瞠目结舌。这种“伤风败俗”，正是魏晋妇女思想自由、开放的生动反映。她们在婚恋中也显示出主动性来。如晋代乐府诗《孟珠》所记载：

> 阳春二三月，草与水同色。攀条摘香花，言是欢气息。
>
> 阳春二三月，草与水同色。道逢游冶郎，恨不早相识。
>
> 望欢四五年，实情将懊恼。愿得无人处，回身与郎抱。

《世说新语笺疏·贤媛》序文中，余嘉锡先生引干宝《晋纪总论》曰：“其妇女……先时而婚，任情而动，故皆不耻淫逸之过，不拘妒忌之恶。”先时而婚，任情而动之典型者，莫若《世说新语·惑溺》所载贾充之女贾午私通韩寿。西晋贾充之女于青琐之中见其父属员韩寿，便私下悦之，想念不已。韩寿后知之，逾墙而入，与其共宿，贾充之女将自己喜爱的香囊赠给韩寿。后充觉之，乃以女妻寿。韩寿穿箭，虽未免获讥于世，然贾女以身相许，足见其越礼而不恤。类似的记载还有干宝《搜神记》卷十五：晋武帝世，河间郡有男女私悦，许相配适，寻而男从军，积年不归，女家更欲适之，女不愿行，父母逼之，不得已而去。

《北史·卷十四·后妃下》记载：

> 薛嫔者，本倡家女也。年十四五时，为清河王岳所好。其父求内宫中，大被嬖宠。其姊亦俱进御。文宣后知先与岳通，又为其父乞司徒公。帝大怒，先锯杀其姊。薛嫔当时有娠，过产亦从戮。

上述所列行为，反映了当时的社会风气，婚前私通的现象很普遍，其性观念也非常开放。从某种角度来说，正是妇女思想观念的开放导致其性观念及行为的开放。像贾充之女这样给自己意中人赠送礼物及以身相许作为相爱的凭证来表达感情的方式在当时并不稀奇。《晋书·列女传》中有一段话颇耐人寻味："史臣曰：……自晋政陵夷，罕树风检，亏闲爽操，相趋成俗。"在封建史家的眼里，这一时段的妇女"亏闲爽操"，简直不像话。《抱朴子·外篇·疾谬》一段文字更是对这种"亏闲爽操"有极好的补充："而今俗妇女，休其蚕织之业，废其玄紞之务。不绩其麻，市也婆娑，舍中馈之事，修周施之好，更相从谐之适亲戚，承星举火，不已于行，多将侍从，玮晔盈路，婢使吏卒，错杂如市。寻道亵谑……或宿于他门，或冒夜而反。游戏佛寺，观视渔畋；登高临水，出境庆吊；开车褰帏，周章城邑；杯觞路酌，弦歌行奏……"又如南朝前废帝刘子业的姐姐山阴公主以性欲强烈并且厚颜无耻而出名，她的淫乱行为更为荒唐放纵：

《宋书·前废帝纪》记载，一日，山阴公主对刘子业说："妾与陛下男女虽殊，俱为先帝所生，陛下六宫万数，妾只驸马一人，太不公平，还请陛下体恤！"刘子业说："这有何难？"便选了面首 30 人，服侍公主。山阴公主与这许多面首，轮流取乐，兴味盎然，如此荒淫无耻的行为在南北朝时不胜计数。

再如干宝《搜神记》中河间郡男女私悦事；刘义庆《幽明录》中的石氏女因心悦同郡庞阿，其灵魂遂奔庞阿；卖胡粉女子和富人子两相情悦，富人子欢踊致死而后复活，共偕连理等故事，都充分反映了魏晋南北朝妇女背越礼教，追求发乎自然之情和满足本能欲望的美满爱情的性观念。这些妇女在性爱问题上，"不耻淫逸之过"，"先时而婚"，"任情而动"，十分有鲜明的时代特色。

此时婚俗还有一突出特点，即很多人视改嫁为常事，妇人改嫁并不会招致多少异议，这个时期再婚屡见不鲜。男士不以娶寡妇为不荣，妇女不以改嫁为羞耻。

《周书·卷九·皇后传》记载：

> 文帝元皇后，魏孝武帝之妹。初封平阳公主，适开府张欢，欢性贪残，遇后无礼，又尝杀后侍婢。后怒，诉之于帝，帝乃执欢杀之。改封后为冯翊公主，以配太祖，生孝闵帝。

《北史·卷十三·后妃下》记载：

> 上党太妃韩氏，轨之妹也。神武微时欲娉之，轨母不许。及神武贵，韩氏夫已死，乃纳之。

虽然整个社会思想观念开放，妇女地位相对历史上其他朝代的妇女地位高，但千年的宗法社会，强调的仍是男权——父权、夫权，妇女依然属于弱势群体。因此，上层社会的淫佚之风，使男子蓄妾盛行。

二、南北朝时期妇女的地位

爱情的特质即是具有排他性，男女相爱本应专一、互补。但在古代的中国，男女地位不平等，尤其是上层社会普遍实行着多妻制，社会要求妇女从一而终，而男人却可以占有众多的女性，因此，南北朝时期，妇女生活失衡，妒忌、毒苛之种种亦出现于上层社会。不少妇女，为了抗议这种社会不公，常常以各类方式进行反抗。山阴公主置面首属于在走极端，更多的人则采用“妇妒”的手法发泄她们的怨恨。南北朝时期，南朝蓄妾成风，而北朝则不然，更着重嫡庶之别。由于民族身份的差异，妇女们在南方和北方的命运并不相同，北朝妇女的地位比南朝妇女要高。

在南朝，除公主的地位较为特殊，可挟制丈夫外，其余各阶层的妒妇皆为社会所不容。如刘宋时，尚书右丞劳彦远善围棋，明帝常将他叫到宫中对弈。一日，劳彦远面上有很多伤痕，明帝询问其致伤缘故。他讲是因妻子怀疑自己不忠，醋海生波，抓挠而成的。明帝说：“我给你的老婆治治病，怎么样？”劳彦远顺口答道：“愿听圣旨裁决。”万没料到，明帝赐给他的是包毒药，并让劳彦远当晚必须将妻子毒死。征北将军刘休的妻子同样好妒。皇帝知道后，特意赏赐了刘休一位年轻貌美的宫女作侍妾，又下令将刘妻杖责二十，并要刘家在宅后开一扫帚、皂荚小店，由刘妻亲自经营买卖，以此来羞辱她。

在北朝，据《北齐书·卷二十八·元孝友传》记载：“将相多尚公主，王侯娶后族，故无妾媵，习以为常。”从北魏开始，到北齐形成高潮，以致“举朝既是无妾，天下殆皆一妻”。东魏有个叫元孝友的沧州刺史上表皇帝，认为北朝这一风习与中国传统礼教不合，他说："父母嫁女，则教以妒；姑姊逢迎，必相劝以忌。以制夫为妇德，以能妒为女工。自云不受人欺，畏他笑我。"北朝妇女在一起聚会交流制夫之术，而南朝的妇女除公主外命运多悲惨。元孝友还提出"广置妾"的荒唐理论，百官各以品第置妾，主张一夫一妻多妾制，他认为，因为当时妇女忌妒，使男子骛于外淫，若广置妾，满足男子内淫，子嗣及家庭内部矛盾便可迎刃而解。《北齐书·元孝友传》原文如下：

> 古诸侯娶九女，士一妻一妾。《晋令》：诸王置妾八人；郡君、侯，妾六人。《官品令》：第一第二品有四妾，第三第四有三妾，第五第六有二妾，第七第八有一妾。所以阴教聿修，继嗣有广。广继嗣，孝也；修阴教，礼也。而圣朝忽弃此数，由来渐久。将相多尚公主，王侯亦娶后族，故无妾媵，习以为常。妇人多幸，生逢今世，举朝既是无妾，天下殆皆一妻。设令人强志广娶，则家道离索，身事迍邅，内外亲知，共相嗤怪。凡今之人，通无准节。父母嫁女，则教以妒；姑姊逢迎，必相劝以忌。以制夫为妇德，以能妒为女工。自云不受人欺，畏他笑我。王公犹自一心，以下何敢二意。夫妒忌之心生，则妻妾之礼废；妻妾之礼废，则女淫之兆兴。斯臣之所以毒恨者也。请以王公第一品娶八，通妻以备九女，称事。二品备七，三品四品备五，五品六品则一妻二妾。限以一周，悉令充数，若不充数，及待妾非礼，使妻妒加捶挞，免所居官。其妻无子而不娶妾，斯则自绝，无以血食祖父，请科不孝之罪，离遣其妻。

北齐大儒颜之推分析这种现象认为"此乃恒代之遗风"。起自恒、代而入主中原建立政权的鲜卑拓跋人，其妇女在家族中的地位较之汉人为高，其妇女在社交场合也比汉族妇女活跃。如《颜氏家训·治家篇》中曾就南北妇女的不同风貌作过比较："江东妇女①，略无交游。其婚姻之家，或十数年间，未相识者，惟以信命赠遗，致殷勤焉。邺下风俗，专以妇持门户。争讼曲直，造请逢迎。车乘填街衢，绮罗盈府寺。代子求官，为夫诉屈。"一方是数十年大门不出、二门不

① 这里主要是指士族官僚阶层而言，江东下层妇女和皇室妇女不在此列。

迈；一方则是上交下游，妇唱夫随。里里外外，全靠“女强人”，丈夫怎么敢和妻子叫“横”呢？所以“南间贫素，皆事外饰。车乘衣服，必贵齐整，家人妻子，不免饥寒。河北人事，多由内政，绮罗金翠，不可废阙。羸以悴奴，仅充而已，唱和之礼，或尔汝之”。南方官僚士人不把老婆放在眼里，顾及的只是自己的脸面。而北朝人必须首先满足妇人的物质需要，至于自己则实事求是，不用强打精神摆出阔架子来。夫妻之间，你我相称，也不敢多加计较。

北方的妇女在家庭中地位高，不仅是由于她们擅长社交，更重要还是她们善于理财、善于经营生计的缘故。《颜氏家训》：“河北妇人，织纴组纠之事，黼黻锦绣罗绮之工，大优于江东也。”甚至有妇人精于骑射，在沙场征战方面也不让男儿，如《木兰诗》正是产生于北朝的民歌。

可见妇女社会地位的改善与提高，需要靠其自身自强不息，一味妒忌吃醋，反而愈弄愈糟。南北朝时期南北妇女的不同命运，恰是一个很好的证明。

三、门风

魏晋南北朝时期的士族高度重视治家，认为治家犹如治国，其时士族大家就是一个整体，一个有共同利益的宗族，若想在乱世中保家全宗，必须重视处理家庭内部的各种关系，增强家庭成员的凝聚力。因此，门风教育非常重要。

所谓门风，是指门户家教、家庭风气，它是士族家族世代形成的、以区别其他门户的标志，对于士族家族保持政治、经济特权起着重要的作用。

士族家族非常注重对家族成员进行门风教育和门风的传承。王昶就告诫子、侄，他家门风是：“惟仁义为名，守慎为称，孝悌于闺门，务学于师友。”要守住自家门风，就要以儒家孝敬仁义的思想立身，以道家玄默冲虚的思想行事。具体说来，就是要做到不自以为是，不沾沾自喜，不自我表扬。能受委屈，能行礼让，不争强好胜，不轻易毁誉他人，也不计较别人对自己的无端诋毁。① 南朝时王微称：“持盈畏满，自是家门旧风。”②王僧虔家“门风多宽恕”③，谢幾卿“家门

---

① 参阅《三国志·魏志·王昶传》。
② 《宋书·王微传》。
③ 《梁书·王规传》。

笃睦”①。谢瞻告诫权位极重的弟弟谢晦说:“吾家以素退为业,汝遂势倾朝野,此岂门户福邪。”②颜之推在家训中,也不无自豪地说:我家世以儒雅为业,门风素来整饬缜密。

同样,士族也非常重视对子女进行伦理规范教育,其中包括如何处理家庭关系—父子关系、兄弟关系等。谢安“处家常以仪范训子弟”③。对于如何处理家庭内部人与人之间的关系,如父子关系、兄弟关系、妯娌关系、婆媳关系等;如何处理家庭与社会的关系,如何为人处事、接人待物等,当推《颜氏家训》论述最为详细。颜之推也非常重视对子女的教育,在《颜氏家训》、《教子》和《兄弟》中提出了一些颇有见地的思想。

《颜氏家训》中辟有专篇《治家》以论如何治家,其要点如下:

第一,治家的关键在于以教育感化家人。这种教育感化是从上面推行到下面,由前人延续到后人。这就要求父亲要慈爱,兄长要友爱,丈夫要仁义。

第二,治家要节俭,但不可吝啬。节俭而不奢侈可保障家庭的衣食之源。对处于穷困危难的人,尤其是本宗的穷人,要在经济上给予接济,不可吝啬。如果能做到肯施舍而不浪费,能节俭而不吝啬是最好不过的。

第三,治家与治国一样,要宽严得当。梁代有人治家过分严厉苛刻,结果被妻妾合谋害死。也有人治家一味讲究宽仁,结果家中僮仆也敢克扣、贪匿宴请客人和他人馈赠的食品。家中出事很多都是由于治家宽严不当而引起的。

第四,妇女只能负责操办有关衣食方面的礼仪,而不能主持家政。否则就会像母鸡在清早打鸣一样引来灾祸。

第五,生女过多虽然是家庭的拖累,但女儿也是父母的骨肉,随意杀害女婴是不会得到上天的赐福的。

第六,治家要避免和反对以下弊端:宠爱女婿、虐待儿媳;在婚嫁中,卖女儿捞钱财,用财礼买媳妇,算计比较对方父祖辈的权势地位;不爱护所借他人之书;请巫师求鬼神赐福消灾,祈道士设坛醮祭,画符驱鬼等。

书中认为,兄弟至亲,“分形连气”,不可轻慢兄弟亲情,兄弟之间要避免在

① 《南史·谢灵运附曾孙幾卿传》。
② 《南史·谢晦传》。
③ 《晋书·谢安传》。

各自娶妻生子以后关系的疏远淡漠，始终要互相敬爱，不受旁人的影响而改变兄弟亲情；双亲去世以后，兄弟间更应互相照顾和爱怜，如果兄弟之间不和睦，那么家庭内部就不团结，就会受外人欺负；妯娌之间容易产生纠纷，会影响兄弟间的手足关系，所以不宜居住在一起，但是如果互相都能把兄弟的孩子看成是自己的孩子，这种纠纷就不易产生；做弟弟的如果像侍奉父亲一样地侍奉兄长，就不用担心兄长爱弟不如爱子了。

此外，士族还重视才艺传习。门风教育除经学、佛学、道学、玄学之外，大凡一技之长，皆是家传内容。对才艺教育的重视乃是出于士族宗族在乱世中产生的一种忧患意识。诸葛亮教育儿子说，不学习就不能增长知识、提高才干。王僧虔告诫其子说，目前王家门中，优秀的子弟好比龙凤，低劣一点的也犹如虎豹，可是一旦失去了父祖的荫庇以后，哪里还有什么龙虎呢？何况我不能成为你们的庇荫，你们正应该各自努力啊！① 颜之推告诫儿孙说，你们是不可能长期依赖父兄的，家乡和国家也不可能常保无事，一旦乱世来临，颠沛流离，没有人荫庇你们，只有自己救自己。所以，积财千万，不如薄伎在身②。又说："人生在世，会当有业"，农、商、工、伎、武、文都是正当职业，干什么都应力求做好。他批评一些士大夫不屑于务农、经商，又缺乏从事手工、伎艺的本领，射箭不能射穿一层铠甲，动笔只会写出自己名字；还有的人只是满足于靠祖上的庇荫才获得的一官半职，不学无术，一无所长，养尊处优，肤脆骨柔。一旦乱世来临，完全不能应付，或被抛尸于荒野，或沦为贱人。因此，其家训中，涉及了文字、训诂、音韵、校勘、书法、绘画、卜筮、射箭、医药、算术、游艺等学问。

第五节　民族迁徙、融合影响婚俗与婚制

三国至西晋末年，军阀混战，中原人口锐减，北方氐、羌、匈奴等少数民族入

① 参阅《南史·王昙首传附王僧虔传》。
② 参阅《颜氏家训·勉学》。

主中原发达地区，原居于东北的乌丸和东部的鲜卑族也大量内迁，而汉族百姓为了躲避战乱，遂大量流入东北和西北，与鲜卑及氐、羌族杂居。十六国时期，北方先后建立了汉、匈奴、羯、氐、羌等族政权，各个政权为了获得兵源和劳动力，大规模征服各地的民户，驱赶其到自己的领地或是边陲重镇，再到后来北魏孝文帝迁都，对百姓强制迁徙。自西晋永嘉之乱到刘宋元嘉，魏晋南北朝时期经过这三次民族迁徙，北方各少数民族大规模向内地迁徙，与汉族错居杂处，促进了各族之间的相互接触和经济文化交流，也给婚俗与婚制带来了巨大的影响。而涌入江南的汉族流民不断地大量内迁，流民就有近百万人，南方原有的夷蛮或“出山”或“下山”，他们与汉族一起杂居，共同加入了对南方的开发。

汉族承三代之礼，是在婚姻中非常重视礼的民族。春秋战国时代有一部礼制集成，名叫《仪礼》，其中的《婚礼》对婚姻的聘娶过程作了详尽的规定，整个过程有几个步骤：

“纳彩”，即通过媒人向女方通达欲娶之意，女方同意后，男方将彩礼送来，女方纳之。

“问名”，即问得女方姓名、生辰，回去占卜吉凶。

“纳吉”，即卜得吉兆后，定下婚姻之事。

“纳征”，即确定婚姻之后，再送上定婚之礼。

“请期”，即男家至女家确定迎娶日期。

“期初婚”，即迎娶。

这六个步骤即古代婚姻的“六礼”，“六礼”皆备，婚姻关系才算确立。由此，纳彩、问名、纳吉、纳征、请期、迎娶是汉族古礼中婚姻成立所必需的基本程序，称为“六礼”。

唐代杜佑《通典·礼》中所说：“自东汉魏晋以来，时或艰虞。岁遇良吉，急于嫁娶……六礼俱废。”以往将魏晋南北朝视为“礼崩乐坏”时期是不对的。魏晋南北朝时期，婚姻“六礼”仍是官方颁行的婚礼正统模式。此时的“六礼”比古之“六礼”繁缛得多，奢侈得多，以此来显示双方的地位与财富。

虽然三国、西晋时，无皇帝纳后用六礼的记载，但据《晋书·卷十四·礼仪志上》记载，至东晋成帝咸康二年(336)，纳皇后杜氏时，命太常华恒与博士参定六礼之仪。东晋穆帝升平元年(357)将要纳皇后何氏，太常王彪之参照华桓定的六礼，写成六礼版文。

纳彩版文玺书说："皇帝咨前太尉参军何琦：浑元资始，肇经人伦，爰及夫妇，以奉天地宗庙社稷。谋于公卿，咸以为宜率由旧典。今使使持节太常彪之、宗正综以礼纳彩。"何氏从叔何琦答："皇帝嘉命，访婚陋族，备数采择，臣从祖弟故散骑侍郎准之遗女，未闲教训，衣履若而人，钦承旧章，肃奉典制。前太尉参军都乡侯粪土臣何琦稽首再拜承制诏。"

问名版文说："皇帝曰：咨某官某姓，两仪配合，承天统物，正位于内，必俟令族，重章旧典。今使使持节太常某、宗正某，以礼问名。"何琦答："皇帝嘉命，使者某到，重宣中诏，问臣名族。臣族女父母所生，先臣故光禄大夫、雩娄侯祯之遗玄孙，先臣故豫州刺史、关中侯恽之曾孙，先臣故安丰太守、关中侯睿之孙，先臣故散骑侍郎准之遗女。外出自先臣故尚书左丞胄之外曾孙，先臣故侍中、关内侯夷之外孙女。年十七。钦承旧章，肃奉典制。"

纳吉版文说："皇帝曰：咨某官某姓，人谋龟从，佥曰贞吉，敬从典礼。今使使持节太常某、宗正某，以礼纳吉。"何琦答："皇帝嘉命，使者某重宣中诏，太卜元吉。臣陋族卑鄙，忧惧不堪。钦承旧章，肃奉典制。"

纳征版文说："皇帝曰：咨某官某姓之女，有母仪之德，窈窕之姿，如山如河，宜奉宗庙，永承天祚。以玄纁皮帛马羊钱璧，以章典礼。今使使持节司徒某、太常某，以礼纳征。"何琦答："皇帝嘉命，降婚卑陋，崇以上公，宠以典礼，备物典策。钦承旧章，肃奉典制。"

请期版文说："皇帝曰：咨某官某姓，谋于公卿，泰筮元龟，罔有不臧，率遵典礼。今使使持节太常某、宗正某，以礼请期。"何琦答："皇帝嘉命，使者某重宣中诏，吉日惟某可迎。臣钦承旧章，肃奉典制。"

亲迎版文说："皇帝曰：咨某官某姓，岁吉月令，吉日惟某，率礼以迎。今使使持节太保某、太尉某以礼迎。"何琦答："皇帝嘉命，使者某重宣中诏。令月吉辰，备礼以迎。上公宗卿兼至，副介近臣百两。臣蝼蚁大族，猥承大礼，忧惧战悸，钦承旧章，肃奉典制。"

东晋成帝、穆帝时期制定的婚姻"六礼"版文从形式上看是对汉代传统的继承，从内容上看则彰显了皇帝至高无上的权威。从纳彩到亲迎，皇帝始终居高临下，臣下只能口称嘉命，奉典承。此外，上述版文也明确反映出当时统治阶层力图维护传统婚姻礼制的意图。这一时期婚姻礼制的特点是：由国家规定，具有严格的等级性；以传统“六礼”为依据。

而此时入主中原的北方民族，主要是鲜卑族慕容氏建立的前燕、后燕和拓跋氏建立的北魏、北齐。“乌丸、鲜卑即古所谓东胡也”，汉末还处于原始社会阶段，尽管魏晋南北朝时鲜卑族的力量强大，但在社会制度和婚姻制度上还未脱离原始母系从妻居的遗俗，尚保留有大量原始婚姻习俗，如群婚、血缘异辈婚、逆缘婚、收继婚等。

收继婚，也叫“蒸”“报”“因”，儿子对父亲妻妾的收继婚称为“蒸”；侄儿对叔伯妻妾的收继婚称为“报”；孙辈对祖父辈妻妾的收继婚称为“因”。收继婚往往并非由当事人之间的性爱或情欲所致，而是根据政治需要所作出的安排，常常是典型的政治联姻。即寡妇不外嫁，在家族内转房、收继，子妻其后母，执嫂为妇，这种收继婚或转房婚与汉族完备的三纲五常、三从四德教义，与“六礼”的婚仪程序相去甚远。北方少数民族的婚姻观念相对开放、自由，这种带有粗豪的游牧民族气息特征的婚姻形式是原始氏族游牧经济生活在婚姻文化观念上的反映。

“蒸”“因”“报”作为一种公开、合法的婚姻制度，大致在春秋后期趋于消失。到了汉代，收纳父亲的妻妾已被视为“禽兽行，乱人伦，逆天当诛”的大恶之行。例如西汉时江都王刘建、燕康王刘嘉之子刘定国等王室成员之死，其罪名中都有这一款。而在汉族周边少数民族地区，这类异辈收继婚仍然流行了很长时期。不过历代贵族仍不乏实行此事的实例。汉代朝廷上虽然将“蒸”视为大恶，当涉及与周边民族的政治关系时却丝毫不反对变通，例如和亲的解忧公主在汉朝的指示下，与乌孙单于父子两代结了三次婚。[①] 但北朝的统治者也意识到了自己民族的落后，往往进行改革，如后赵的建立者石勒也曾经“下书禁国人不听报嫂”[②]。可在实际生活中，收继婚俗未见其止。以北齐来说，更是几乎每个皇帝都有“蒸母报嫂”的行为。最负臭名的“蒸母”者，要算隋炀帝。

《北史・卷十四・后妃下》载：

---

① 参阅《汉书・西域传》。

② 《晋书・卷一百五・后赵载记下》。

> 宣华夫人陈氏，陈宣帝女也。……初，帝寝疾于仁寿宫，夫人与皇太子同侍疾。平旦更衣，为太子所逼，夫子拒之得免。……诸宫人共逼之，乃拜使者。其夜，太子蒸焉。
>
> 冯翊太妃郑氏，名大车，严祖妹也。初为魏广平王妃。迁邺后，神武纳之，宠冠后庭，生冯翊王润。神武之征刘蠡升，文襄蒸于大车。神武还，一婢告之，二婢为证。神武杖文襄一百而幽之，武明后亦见隔绝……
>
> 神武崩，文襄从蠕蠕国法，蒸公主，产一女焉。
>
> 容华夫人蔡氏，丹阳人也。……帝寝疾，加号华容夫人。帝崩后，亦为炀帝所蒸。

《晋书・刘聪载记》记载："伪太后单氏姿色绝丽，聪蒸焉。单即乂之母，乂屡以为言，单氏惭恚而死，聪悲悼无已。"单氏为刘渊之妻，聪之蒸后母合于匈奴旧俗，在汉时这并不是值得见怪的事，和亲的公主从"胡俗"也是常见。但晋时的观念却不同，单氏与其子乂都有了羞耻感，受"汉俗"影响日深。

东西魏分裂之际，由于北方尚未受汉文化影响的鲜卑族的大量涌入，原始婚姻习俗在某种程度上又有所恢复，但这只是昙花一现，不久便随着各民族融合的加快而趋向式微。如此南北文化的撞击下，淫乱之风起，而贞洁和礼仪则荡然无存。少数民族的统治者在汉地为王，见自己本民族落后处，便自然自觉淘汰，积极吸收汉文化，逐渐仿效汉民族的婚姻模式，即使是仍处于由原始游牧阶段向农耕定居阶段过渡的一些北方少数民族政权也积极提倡汉族婚仪"六礼"模式。

北魏的六礼，皇帝所用规格最高，臣依地位不同而依次降低，同样体现了君臣的尊卑等级关系。婚礼的演变反映了当时我国民族婚姻文化融合的趋势。北方皇帝婚礼也有遵六礼的。《隋书・礼仪志》载：

> 后齐皇帝纳后之礼，纳彩、问名、纳征讫。告圆丘方泽及庙，如加元服。是日，皇帝临轩，命太尉为使，司徒副之，持节诣皇后行宫，东向，奉玺绶册，以授中常侍。皇后受册于行殿。使者出，与公卿以下皆拜。有司备迎礼。太保太尉，受诏而行。主人公服，迎拜于门。使者入，升自宾阶，东面。主

人升自阼阶，西面，礼物陈于庭。设席于两楹间，童子以玺书版升，主人跪受。送使者，拜于大门之外。有司先于昭阳殿两楹间供帐，为同牢之具。皇后服大严绣衣，带绶珮，加幜。女长御引出，升画轮四望车。女侍中负玺陪乘。卤簿如大驾。皇帝服衮冕出，升御坐。皇后入门，大卤簿住门外，小卤簿入。到东上阁，施步障，降车，席道以入昭阳殿。前至席位，姆去幜，皇后先拜后起，皇帝后拜先起。帝升自西阶，谐同牢坐，与皇后俱坐。各三饭讫，又各酳二爵一卺。奏礼毕，皇后兴，南面立。皇帝御太极殿，王公已下拜，皇帝兴，入。明日，后展衣，于昭阳殿拜表谢。又明日，以榛栗枣修，见皇太后于昭阳殿。择日，群官上礼。又择日，谒庙。皇帝使太尉，先以太牢告，而后遍见群庙。

北魏初期，汉族士人，特别是高门世族，与拓跋鲜卑贵族通婚记载寥寥，恐与其同姓相婚的陋俗有关。为了取缔这种陋俗，鲜卑历史上进行了几次婚姻制度的改革。如据《魏书·高宗纪》记载，文成帝拓跋濬下诏："夫婚姻者，人道之始。是以夫妻之义，三纲之首，礼之重者，莫过于斯，尊高卑下，宜令区别。然中代以来，贵族之门，多率不法，或贪利财贿，或因缘私好，在于苟合，无所选择，令贵贱不分，巨细同贯，尘秽清化，亏损人伦，将何以宣示典谟，垂之来裔？今制皇族、师傅、王公、侯伯及士民之家，不得与百工、伎巧、卑姓为婚，犯者加罪。"

后孝文帝也进行了改革，始有改观，西魏、北周继承并深化了有关婚姻制度的改革，以法令形式对存在争议的"内外之婚"作出明确的禁绝。这些改革对于泯灭鲜卑、汉民族之间的界限、促进民族融合具有重要意义，同时也是我国婚姻史上的一大进步。

在婚俗上，民族融合对汉族与少数民族的影响也不少。如北朝鲜卑族的戏婿习俗。汉族古礼中，新郎亲迎所带来的娶亲队伍是文质彬彬，谦恭谨慎，双方都以礼相待。而北朝则不同，《北史·后妃下》记载，北齐文宣帝高洋娶段韶妹为妃，"婚夕，韶妻元氏为俗弄女婿法戏文宣。"元氏纠集一伙妇女打婿，她是按鲜卑风俗率群女杖击高洋，但她行得过分，却由此闯下大祸。高洋扬言要杀死元氏，吓得她在高洋母亲娄太后处躲避，终文宣之世不敢露面。高洋是从汉俗角度看戏婿，故反感；而鲜卑族原有许多母系遗风，服役婚阶段，"婿随妻还家，妻家无尊卑，旦旦拜之”[1]。婿执奴辈礼，戏之、辱之、击之本是常事，谁敢怪之？北朝戏婿与南朝戏妇混合之，是婿妇皆戏之。

第六节　宗教对魏晋南北朝风气及婚姻的影响

战乱使东汉时期已正式确立的“三纲五常”大为松弛，封建的思想统治削弱，人们在动乱颠沛的社会中深感命如朝露，所以或看破红尘、狂放不羁；或则信奉宗教，佛、道之说盛行；或则重视养生保健，独善其身。

一、道教

道教源于原始巫教，在东汉末年形成，道教之名始立，以张道陵为大宗，讲符箓、禁咒之法。其时，张氏兄弟曾经创建太平道，在下层民众中秘密发动农民起义。后道教结合方术，向上层发展。奉老子为太上老君，是为道教之祖。以老子《道德经》为经典，讲修持行善，修长生不老之术。

南北朝时期，道教虽已由原始巫教向正规宗教转型，但由于彼此门类派系庞杂，一类是以修身养性、炼丹服食为主的丹鼎派；一类是擅长通冥达幽、画符念咒的符箓派。前者又称仙术，后者应归作神术。修与炼，既需功夫又要耗费巨资，因此丹鼎派的门人多是有钱有闲的士族阶层，一般平民百姓多信符箓派。

晋代葛洪对丹鼎派来说，是最重要的人物，他所著的《抱朴子》原共有 116 篇，形成了完整的道教理论，并把道教实用化，概括为内外两部分。内养精神，包括辟谷、行气、丹砂、服药、符箓等，是为道家传统的方术；外涉儒家用世之学，包括政治哲学原理，以及为人处世的规范等。

“人生苦短，及时行乐”，魏晋南北朝时期整个社会普遍抱有这种观念，士族一边在放纵行乐，一边在寻求延年益寿的良方。社会上层皇室、官僚、贵族家庭

① 《后汉书·乌桓传》。

妻妾成群，他们的性生活的色欲需要促进了房中术的发展。

魏晋南北朝时期，士族阶层服食五石散成风，如何晏、夏侯玄、嵇康、王弼等都是服散的倡导者，人们为了延寿长生，采取的主要方法就是服用五石散。《神农本草经》还把五石散中的白石英、紫石英、石钟乳、赤石脂列为上品之药。《抱朴子·内篇·仙药》引用《神农本草经》说："上药令人身安命延。"更有王羲之"与道士许迈共修服食，采药石不远千里，遍游东中诸郡"[①]。然而，从许多迹象看，好服五石散者，多是为了弥补纵欲过度而造成的身体虚弱和性能力的不足。

道教追求长生不死，在长期的修道过程中，如何正确处理性欲成为一个不可回避的问题，房中术因而成为道教的一项重要方术。道教内丹方术中就有导引、房中术等。房中术渊源于春秋战国时的一种方术，又叫男女合气之术，是养生术的一部分，专讲结合自然男女交合的方法，以使人长寿。它也属于医学范畴，在汉代有所发展。但东晋以后，一些道派明确反对房中术，如东晋出现的上清派，倡导存思、行气，慎重对待房中术。北魏寇谦之改革北天师道时，严格禁止房中术。但是，因房中术的特殊魅力，无论是在道教内外，其依然流行。

关于房中术的著作在两汉出现较多。据《汉书·艺文志》记载有八家、计186卷（按所列各书卷数之和实为191卷），它们是：《容成阴道》26卷；《务成子阴道》16卷；《尧舜阴道》26卷；《汤盘庚阴道》20卷；《天老杂子阴道》25卷；《天一阴道》24卷；《黄帝三王养阳方》20卷；《三家内房有子方》17卷，以上八家著作均已失传。这些著作假托黄帝、尧舜、汤盘庚等古部落酋长而传。《汉书·艺文志》云："房中术，性情之极，至道之际。是以圣王制外乐以禁内情，而为之节文。传曰：'先王之所乐，所以节百事也。'乐而有节，则和平寿考，及迷者弗顾，以生疾而陨性命。"可知房中术自古为历代帝王所重视，成为他们礼乐教化的组成部分，并用以宣情、节欲、疗病、延寿。20世纪70年代，长沙马王堆出土的竹简中有专门养生术、房中术方面的著作，都涉及性保健的内容，主要有《十问》、《合阴阳》、《天下至道谈》。

晋代既讲道家无为，修炼长生，逃避现实之乱世；也讲房中术以声乐之好而求隐。这是当时士大夫阶层的一种倾向。葛洪师事郑隐得房中秘诀，成为房中

---

① 《晋书·王羲之传》。

术的大理论家之一，南朝梁、齐的陶弘景在这方面的影响也很大。葛洪在其著作《抱朴子》中对当时的房中术成果作了系统总结，统计出当时有“房中之法十余家”，“百余事焉”。他认为服食金丹、行气和房中术是修仙的三大重要方术，服食金丹最为重要，也最难把握，最好三种相互配合，再辅以其他方术。房中术则是服食金丹和导引行气能否最终成功的关键所在。他在《抱朴子・内篇》的《微旨卷》中说：“或曰：‘闻房中之事，能尽其道者，可单行致神仙，并可移灾解罪，转祸为福，居官高迁，商贾倍利，信乎？’抱朴子曰：‘此皆巫书妖妄过差之言，由于好事增加润色，至令失实。或亦奸伪造作虚妄，以欺诳世人，隐藏端绪，以求奉事，招集弟子，以规世利耳。夫阴阳之术，高可以治小疾，次可以免虚耗而已。其理自有极，安能致神仙而却祸致福乎？人不可以阴阳不交，坐致疾患。若纵情恣欲，不能节宣，则伐年命。善其术者，则能却走马以补脑，还阴丹以朱肠，采玉液于金池，引三五于华梁。令人老有美色，终其所禀之天年。”他认为若想长寿，“虽服百药，犹不能得长生”，必行房中术，但行房中术“纵情恣欲，不能节宣，则伐年命”，反而短寿。葛洪还把房中术与养生术紧密地联系在一起，而且认为善于养生是最为根本的。具体见《抱朴子・内篇》的《极言卷》。

二、佛教

佛教于东汉末年自印度传入中国，到魏晋南北朝时有了长足发展，进入中国佛教发展史的兴盛时期，这得益于当时的统治者信奉佛教并大力宣扬佛教，特别是南朝刘宋、萧齐、萧梁、南陈四个王朝的大力支持和提倡，最著名的是梁武帝。梁武帝带头崇尚佛教的一系列活动，使得佛教几乎成为萧梁的“国教”。他大修寺庙，仅首都建康，就有“佛寺五百馀所，穷极宏丽；僧尼十馀万，资产丰沃，所在郡县，不可胜言”①，并且涌现了一大批著名的佛教经师、论师，形成了各家佛教师说精彩纷呈的思想格局。

佛教宣扬禁欲主义，认为人生的苦难皆由种种欲望引起。只有皈依佛门，出家遁世，明心见性，才能脱离苦海，而出家为僧尼是不能结婚的。佛教有五戒十恶，“五戒”是：偷盗、邪淫、妄语、饮酒、杀生。而“十恶”即：杀生、偷盗、邪淫、

① 《梁书・范缜传》。

妄语、两舌、恶口、绮语、贪欲、瞋恚、邪见。

从这些戒律看，出家人是严戒性生活及饮酒的。他们相信佛法无边，可以度化苦难，使人脱离苦海。佛教的兴盛，对于当时社会风气起到了很大的作用。佛法要求人们除在行动上约束自己外，还必须在心理上克制任何欲望与冲动，人们只有平心静气地安守现实，戒除各种欲念，反省自身，才能期待现世和来世的解脱。南朝的帝王、后妃与诸王信奉佛教的很多，齐竟陵王萧子良、梁武帝萧衍、梁昭明太子萧统则是其中的典型。

按说，僧尼本为出世之人，四大皆空，六亲不认，但南北朝时期，寺院和上层僧尼不仅聚敛财富，而且淫乱无耻。寺院势力依附皇权，在统治者的扶植下发展迅速，由于寺院荫占的人口可以不对国家承担赋税、徭役的义务，寺院经济极度膨胀，而建造佛教寺庙耗费了大量的人力、财力，致使国库空虚。同时，佛寺却遍布全国，不少佛寺为帝王出资营建，这些御立寺庵皆穷极奢丽，“殚土木之功，穷造形之巧”。如北魏都城洛阳的永宁寺，仅九层浮图一座便高百丈。刹顶的金宝瓶，容积为二十五石。瓶下承露的金盘有一十一重，周围垂满金铎，再加上逐层的悬挂，共有金铎一百三十个、金铃五千四百枚。全寺的僧房楼观一千余间，雕梁粉壁，青琐绮疏，有如仙境。当时，北魏专政的胡太后到永宁寺拜佛，随从的僧尼士女达万人，她每次出游拜佛都给人民带来了无穷的灾难，“为天下所恶”。胡太后的荒淫奢靡，肆意胡为，造成国势日衰，上下离心，最后尔朱荣起兵，她只好落发为尼，到寺庙这一方外之地乞望“佛法不杀”。①

佛教的兴起，佛寺的建立，连年的战乱，朝廷的搜刮，使百姓的生活更加艰难，而出家为僧尼则可逃避沉重的徭役，对那些厌倦人世烦恼、在婚姻上失意的人倒是一个很好的归宿。世事无常成了出家的原因之一。竺僧度年少时与同郡杨德慎的女儿订婚，还没有等到成亲，未婚妻的母亲就去世了。不久，未婚妻的父亲、竺僧度的母亲相继辞世。于是，他“睹世代无常，忽然感悟，乃舍俗出家，改名僧度，迹抗尘表，避地游学”②。

一般，被废黜的后妃要么被打入冷宫，要么入庵为尼。故在北朝，被废黜的

① 《洛阳伽蓝记·卷一》。
② 《高僧传·卷四·竺僧度传》。

后妃多被收容在瑶光寺，寺院还有大量供后妃役使的掖庭宫女。据《南史·后妃列传》、《魏书·皇后传》载，因被废、被迫，改朝换代等原因出家的皇后即有15人之多，如北魏孝文帝废皇后冯氏、西魏文帝废皇后乙弗氏、北魏孝明帝皇后胡氏、魏孝庄皇后尔朱氏、齐文宣皇后李氏、北周孝闵皇后元氏、西魏恭帝后若干氏、周武帝后李氏等。这里名为寺院，实是帝后优游享乐的另一处别宫，被废黜的后妃只是失去了内主之尊，而在物质生活上与宫内差异不大。如果从这个角度看，北朝后妃为尼，比之他朝被贬入冷宫，实是一种优待。

此时的僧尼总数已达10万人，佛教兴盛达到顶点，但从另一侧面反映了世人对于人世繁华也冷落到最低点。

第五章

礼制、习俗及其反映的道德生活

“礼俗”一词最早出现于《周礼·大宰》,“礼俗以驭其民”。段玉裁注云:“礼俗,昏姻丧纪。旧所行也。”《裴注三国志·魏书二十一》载:“瑀子籍,才藻艳逸,而倜傥放荡,行己寡欲,以庄周为模则。”裴松之引孙盛《魏氏春秋》为之注:“籍,旷远不羁,不拘礼俗。”明朝时期写就的《救荒滃记》:“嗟乎!使有力者皆如君,其所以兴起礼俗而有禆于国家休息生养之效岂小也哉”。《辞海》则解之为:泛称婚丧、祭祀、交往等的礼节。将“礼俗”作为专有名词进行解释,揭示了它大致包纳的主体与内容,即民众由生到死过程中的行为规范,统治者在治理国家的过程中所遵循的典章制度。这些规范与制度有成文与不成文的差异,但大都是对延续性的社会生活的总结,即“旧所行”。其作用主要在于规制民众生活,使“国家休息生养”趋于合理、统一。“礼俗”的延续与统一表达的是普遍性,而非绝对性,它与个体独特性之间其实是统一而兼容的。但这些解释更多的是停留于对“礼俗”表象的陈述,未能深入“礼俗”的本质,即未能揭示其形成的最终根基,其对人之为人的价值。对它的进一步追问,必然要通过逐字的剖析实现。

“礼俗”包含“礼”与“俗”两个部分。“礼”在传统,尤其是儒家文化中占据着重要地位:周公的“制礼作乐”开创了中古文明。孔子言“不学礼,无以立”;《诗经·鄘风·相鼠》载:“相鼠有体,人而无礼;人而无礼,胡不遄死?”《礼记·礼运》言:“礼之于人也,犹酒之有蘖也。”上述论述无不把“礼”视作人之所以为人的标志。“礼”何以能在人生与社会中扮演如此重要的角色?关键就在“礼”是对物事之根本的把握与表达:“礼,体也。言得事之体也。”①正因“礼”能顺应万事万物之条理,是“理之粉泽”,才能达到治理社会,调理人心,且源远流长的效果。具体而言,“礼”作为“理”,是与“天道”及“人情”相符的,《礼记·礼运》曰:“夫礼,先王以承天之道,以治人之情,故失之者死,得之者生……是故夫礼必本于天,殽于地,列于鬼神,达于丧祭射御,冠昏朝聘。故圣人以礼示之,故天下国家可得而正也。”又,《春秋说题辞》曰:“礼者,体也。人情有哀乐,五行有兴灭,故立乡饮之礼,终始之哀,婚姻之宜,朝聘之表,尊卑有序,上下有体。王者行礼得天中和,礼得,则天下咸得厥宜。阴阳滋液万物,调四时,和动静,常用,不可须臾惰也。”上合“天道”,下通“人情”之“礼”,可以为个体安宁、社会和谐、天下

① 《释名·言语》。

善治，甚至于自然平衡提供无尽动力，故连崇尚“逍遥”与“齐物”的庄子也对其加以肯定，“三王、五帝之礼义法度，其犹楂梨橘柚，虽其味相反，而皆可于口也”[①]。基于“礼”之根源及本真而形成的制度和规范，则体现于具体的器物、仪式、等级、尊卑等，《礼记・乐记》曰：“簠簋俎豆，制度文章，礼之器也。升降上下，周旋裼袭，礼之文也。”这种外在化的“礼”，是“用”的层面，它必须依托于“体”，合乎“礼”之本真指向。故《乐记》云：“乐者，非谓黄钟、大吕、弦歌、干杨也，乐之末节也，故童者舞之。铺筵席，陈樽俎，列笾豆，以升降为礼者，礼之末节也，故有司掌之。”这就要求衡量或践行“礼”，既不能把意义停留在“器用”标准上，造成本末倒置，又不能只追求“礼”之内在本真，忽视其外在表达形式。《礼记・礼器》载：“君子之行礼也，不可不慎也，众之纪也，纪散而众乱”，又云：“先王之立礼也，有本。忠信，礼之本也；义理，礼之文也。无本不立，无文不行”，表达的正是君子与先王之礼所形成的“文质彬彬”的“中和”之境，达到个体良知自觉与社会关系融洽的合体。

“俗”即习俗、风俗之谓。《说文解字》：“俗，习也。”段玉裁注：“习者，数飞也。引申之凡相效谓之习。”这表示唯有一种契约或行为得到大部分人的认同并执行才能称为“俗”。《周礼・大司徒》曰：“以俗教安”，段注：“俗谓土地所生习也。”它说明“俗”之形成是与一定的自然或人文生存环境所关联。《礼记・曲礼》载“入国而问俗”，段注：“俗谓常所行与所恶也。”即既定之“俗”预示着人心向背，可作为特定的是非善恶的衡量标准。《汉书・地理志》曰：“凡民函五常之性，其刚柔缓急，音声不同，系水土之风气，故谓之风。好恶取舍，动静无常，随君上之情欲。谓之俗。”这其中同样指明了“俗”之形成受地理条件所影响，不同水土环境下生长的百姓存在性格之不同，此即俗语所云的“一方水土养一方人”。然而，它却也夸大了风俗、好恶的差异性，并把这种差异归之于“君上之情欲”，从而遮蔽了风俗的稳定性与普遍性，否弃其客观性与自觉性的一面。其实，“俗”与“礼”一般，其最深层次的根源都在于对“天道”、“人情”的摹写和遵循，绝非凭一人、一时之情欲或强力便可形成的。质言之，风俗展示的是一定区域内，经过长时期而形成的，为大多数人所信仰和遵从的风尚、习惯。其本身具

① 《庄子・天运》。

备了合法性，且作为衡量行为是否合乎规范的指标，为民众所自觉或不自觉地践行。

综上所述，“礼俗”的本真特性在于对人、事、物中蕴藏的“理”的把握，外在表现为一系列的等级安顿、亲疏之别以及特定场合的言行标准。借助它，个体可以寻求自身的定位，社会可以生成合理的契约，国家可以获取长足的安宁。当然，这些都是“礼俗”原始、理想的状态，现实态的“礼俗”因着独特的时代及文化背景往往不能尽善尽美，其效用也未必能到达“修、齐、治、平”的高度。此外，作为上层建筑的“礼俗”，取决于经济基础的同时，还受到政治、学术等因素的影响，这决定了它需要不断的“损益”，但这种“损益”容易出现滞后和偏差。而就整个人类文明发展史来看，由于时空不可复制的特质，后代审视前代“礼俗”中蕴含的是非、成败时，难免出现先入为主、价值错位等问题，导致判定的片面。以上种种因素的作用，使得人们在“礼俗”的考究和衡量上容易出现模棱两可的回答，要么以特殊性取代普遍性，否定对其进行道德判断的价值；要么以现世的价值对过往的历史进行判定，主观地对其加以褒贬。然而，这二者都有损于研究的客观性、公正性原则，一方面，对历史评断不可能实现完全的“价值中立”，难免存在审视者的潜在理解，适当的“前理解”不但无损于历史的真相，还能把原本杂乱无章的历史材料统合在一起。另一方面，应该尽可能地从历史留下的痕迹出发，充分挖掘当时生活的方方面面，从而实现历史自我的证明。

鉴于上文对“礼俗”一词，以及研究“礼俗”可能存在的误区所作的考辨与分析，笔者在探究魏晋南北朝时期“礼俗”所蕴含的道德指向中确立了以下几个原则：其一，以该时期关于“礼俗”的历史文献作为论述和分析的根本依据；其二，尽可能利用社会生活多个角度的相互印证来确定正误，包括自然、政治、学术、文化等；其三，避免对该阶段所存的与秦汉同性质的“礼俗”过度着墨，而尽可能突出那些具备独特色彩的层面。其四，在分析“礼俗”道德指向的同时，指明其成因，即其现实性的根基所在，以便使解释得以系统和圆融。

魏晋南北朝作为中古时代的子部分，其礼俗文化首先表现为对三代，尤其是秦汉礼俗传统的继承，这是由整个中古文明同质性的经济基础、政治统系和社会归属所必然决定的。当然，华夏文明的早熟和绵延，并不完全遮蔽魏晋南北朝时期特有的社会生活和文化脉络，这也预示着其“礼俗”具有开创性的一面，蕴含着与前朝不同的道德价值。为此，笔者将主要从丧葬、婚嫁两个维度展开论述，分析其中的具体表现与生成原因，揭示其道德生活的指向。

第一节　丧葬礼俗及其反映的道德生活

一、薄葬礼俗

秦汉盛行厚葬，魏晋时期，则兴起了一股薄葬风潮，开创出丧葬礼俗的新气象。这一风气直到东晋末年才渐渐消退，不再成为治丧礼俗中的主流。追述薄葬之俗的先行者，当数曹操。据《晋书·志第十》所载："魏武以礼送终之制，袭称之数，繁而无益，俗又过之，豫自制送终衣服四箧，题识其上，春秋冬夏，日有不讳，随时以敛。金珥珠玉铜铁之物，一不得送。"其实，早在建安十年(205)，曹操破袁谭，平冀州之后，便"令民不得复私仇，禁厚葬，皆一之于法"①。建安二十三年(218)，曹操在选自身葬所时有言："古之葬者，必居瘠薄之地。其规西门豹祠西原上为寿陵，因高为基，不封不树。"②等到建安二十五年(220)，又在"遗令"中言："天下尚未安定，未得遵古也。葬毕，皆除服。其将兵屯戍者，皆不得离屯部。有司各率乃职。敛以时服，无藏金玉珍宝。"③待其下葬邺城，其子曹植作"诔文"云："既以约终，令节不衰，既即梓宫，躬御缀衣。玺不存身，唯绋是荷。明器无饰，陶素是嘉"。由此可见曹操对薄葬之俗从态度到行为上的一以贯之，其主张去繁从俭的送终之制并非是虚有其表。魏文帝曹丕称帝时，尊奉其父曹操对薄葬之俗的态度，对其父之墓依旧按俭约的规格安排："文帝遵奉，无所增加。及受禅，刻金玺，追加尊号，不敢开埏，乃为石室，藏玺埏首，以示陵中无金银诸物也。汉礼明器甚多，自是皆省矣。"④文帝对于自身丧葬，同样执行薄葬标

① 《裴注三国志·魏书一》。
② 同上。
③ 同上。
④ 《晋书·志第十》。

准，认为人死则藏，墓穴并非灵魂的安顿处，只需满足“朽骨”和“朽肉”的要求即可，无须“封树”。其在黄初三年(222)所作之终制言：“封树之制，非上古也，吾无取焉。寿陵因山为体，无为封树，无立寝殿，造园邑，通神道。夫葬也者，藏也，欲人之不得见也。骨无痛痒之知，冢非栖神之宅，礼不墓祭，欲存亡之不黩也，为棺椁足以朽骨，衣衾足以朽肉而已。故吾营此丘墟不食之地，欲使易代之后不知其处。无施苇炭，无藏金银铜铁，一以瓦器，合古涂车、刍灵之义。棺但漆际会三过，饭含无以珠玉，无施珠襦玉匣，诸愚俗所为也。”①曹丕出于对身后事不得如愿的顾虑，在终制的最后规定，“若违今诏，妄有所变改造施，吾为戮尸地下，戮而重戮，死而重死。臣子为蔑死君父，不忠不孝，使死者有知，将不福汝”②，希望由此保证自身丧葬从约、从俭。

除了曹魏执行薄葬，“三国”中蜀、吴也同样如此。刘备在其“遗诏”中云：“百寮发哀，满三日除服，到葬期复如礼；其郡国太守、相、都尉、县令长，三日便除服。”③从儒家传统的“三年之丧”到“三日除服”，足可见得其丧葬礼仪之简单。据考古发现，刘备惠陵，封土高 12 米，墓穴所加石条保坎周长只有 155 米。而汉高祖刘邦的长陵，封土高 32 米，东西长 165 米、南北宽 145 米；汉光武帝原陵，封土高 20 米、周长 500 米，由此可见刘备墓穴之薄。史书中缺乏有关孙权对丧葬的明确态度，但却能从其对“忠孝”先后的论述中得知一二。嘉禾六年春，孙权下诏曰：“夫三年之丧，天下之达制，人情之极痛也；贤者割哀以从礼，不肖者勉而致之。世治道泰，上下无事，君子不夺人情，故三年不逮孝子之门。至于有事，则杀礼以从宜，要绖而处事。古圣人制法，有礼无时则不行。遭丧不奔非古也，盖随时之宜，以义断恩也。前故设科，长吏在官，当须交代，而故犯之，虽随纠坐，犹已废旷。方事之殷，国家多难，凡在官司，宜各尽节，先公后私，而不恭承，甚非谓也。”④此诏表明孙权推崇先公后私，“以义断恩”的原则，认为无事之时，可严格按照“三年之丧”的标准执行，若有事，尤其是国家多难时，官员则应该放弃既定礼俗，一切从急、从宜。

---

① 《裴注三国志·魏书二》。
② 同上。
③ 《裴注三国志·蜀书二》。
④ 《裴注三国志·吴书二》。

薄葬在曹魏时期不仅体现于最高统治者，也适用于广大贵族和官员。曹魏中，中山恭王曹衮，临终属托言："吾既好俭，而圣朝着终诰之制，为天下法。吾气绝之日，自殡及葬，务奉诏书。"①兖州刺史司马朗临终言："遗命布衣幅巾，敛以时服。"②太中大夫韩暨临终言："夫俗奢者，示之以俭，俭则节之以礼。历见前代送终过制，失之甚矣。若尔曹敬听吾言，殓以时服，葬以土藏，穿毕便葬，送以瓦器，慎勿有增益。"司空王观死于家，"遗令藏足容棺，不设明器，不封不树"；侍中高堂隆死，"遗令薄葬，殓以时服"③。此外，据魏晋史书载，豫州刺史贾逵、右将军徐晃、光禄大夫徐宣、议郎沐并对自身丧葬都有"敛以时服"的遗令。蜀汉官吏同样推崇薄葬，丞相诸葛亮遗命"因山为坟，冢足容棺，敛以时服，不须器物"④。光禄大夫谯周临终嘱托儿子谯熙曰："久抱疾，未曾朝见，若国恩赐朝服衣物者，勿以加身。当还旧墓，道险行难，豫作轻棺。殡敛已毕，上还所赐。"⑤东吴官员实行薄葬者亦不少，辅吴将军张昭遗令"幅巾素棺，敛以时服"；大将军诸葛瑾遗命"令素棺敛以时服，事从省约"⑥。另外，大司马吕岱、尚书仆射是仪、南郡太守吕蒙等都主张身后事从省。

"三国"之后的两晋时代，薄葬依旧在治丧中占主流地位。嘉平三年(251)，司马懿"预作终制"时就表明自身"于首阳山为土藏，不坟不树；作《顾命》三篇，殓以时服，不设明器，后终者不得合葬"⑦的治丧宗旨。其子司马师则"丧事制度又依晋宣帝故事"⑧。晋惠帝时，尚书裴颜将西晋帝室陵制描述为，"大晋垂制，深惟经远，山陵不封，园邑不饰，墓而不坟，同乎山壤，是以丘阪存其陈草，使齐乎中原矣"⑨。由此知西晋帝室之墓，严格尊奉"不坟不树"的薄葬标准。不仅帝室，一些官僚、名士也奉行薄葬。司徒石苞作《终制》云："自今死亡者，皆殓以时服，不得兼重。又不得饭含，为愚俗所为。又不得设床帐明器也。定窆之后，复

---

① 《裴注三国志·魏书二十》。
② 《裴注三国志·魏书十五》。
③ 参阅《裴注三国志·魏书二十四》。
④ 《裴注三国志·蜀书五》。
⑤ 《裴注三国志·蜀书十二》。
⑥ 《裴注三国志·吴书七》。
⑦ 《晋书·帝纪第一》。
⑧ 《宋书·志第五》。
⑨ 《晋书·志第二十》。

土满坎，一不得起坟种树。”[1]司隶校尉杜预遗令，其下葬“皆用洛水圆石，开隧道南向，仪制取法于郑大夫，欲以俭自完耳。棺器小敛之事，皆当称此”[2]。名士皇甫谧在《笃终论》中云：“吾欲朝死夕葬，夕死朝葬，不设棺椁，不加缠殓，不修沐浴，不造新服，殡含之物，一皆绝之。吾本欲露形入坑，以身亲土，或恐人情染俗来久，顿革理难，今故揃为之制。奢不石椁，俭不露形。气绝之后，便即时服，幅巾故衣，以籧篨裹尸，麻约二头，置尸床上。择不毛之地，穿坑深十尺，长一丈五尺，广六尺。坑讫，举床就坑，去床下尸。平生之物，皆无自随，唯赍《孝经》一卷，示不忘孝道。籧篨之外，便以亲土。土与地平，还其故草，使生其上，无种树木，削除，使生迹无处，自求不知。不见可欲，则奸不生心，终始无怵惕，千载不虑患。”

东晋初期，皇室中行薄葬者依旧不少，“江左初，元、明崇俭，且百度草创，山陵奉终，省约备矣”[3]。明帝司马绍遗令薄葬，“一遵先度，务从简约，劳众崇饰，皆勿为也”[4]。成帝为杜皇后之死颁诏：“吉凶典仪，诚宜备设，然丰约之度，亦当随时，况重壤之下，而崇饰无用邪！今山陵之事，一从节俭，陵中唯洁扫而已，不得施涂车刍灵。”[5]东晋官僚中亦有力行薄葬者，司徒右长史庾冰遗言道：“吾将逝矣，恨报国之志不展，命也如何！死之日，殓以时服，无以官物也。”[6]

三国、两晋时期何以出现一股薄葬的新风？就其客观原因大致有以下三点，它们作为现实性条件，并不需衡量其道德倾向：

第一，整个社会长期的战乱导致生产力遭受严重损害，生民十难存一，难以满足厚葬人力要求。如：初平三年(192)，“时三辅民尚数十万户，傕等放兵劫略，攻剽城邑，人民饥困，二年间相啖食略尽”[7]。又，“初平四年(193)，曹操击谦，破彭城傅阳。谦退保郯，操攻之不能克，乃还。过拔取虑、睢陵、夏丘，皆屠之。凡杀男女数十万人，鸡犬无余，泗水为之不流，自是五县城保，无复行迹。

① 《晋书·列传第三》。
② 《晋书·列传第四》。
③ 《晋书·志第十》。
④ 《晋书·帝纪第六》。
⑤ 《晋书·列传第二》。
⑥ 《晋书·列传第四十三》。
⑦ 《裴注三国志·魏书六》。

初三辅遭李傕乱，百姓流移依谦者皆歼”[①]。建安五年(200)曹操与袁绍战于官渡，袁绍兵败，“余众伪降，曹操尽坑之，前后所杀八万人”[②]。终致使人口集中的黄河流域，“名都空而不居，百里绝而无民者，不可胜数”[③]，“野战死亡，或门殚亡尽”[④]，“百姓死亡，暴骨如莽”[⑤]，造成了“千里无人烟”与“白骨蔽平原”的悲惨景象。不只北方，南方的益州亦有刘璋父子对所在诸郡大规模反叛的镇压活动，后又有刘备平定益州。荆州的刘表则镇压了长沙、零陵、桂阳三郡的叛乱，且与袁术争夺南阳；孙策则通过以武力为中心的手段不断降服东吴诸郡，此后更有著称于世的“赤壁之战”。相比之下，南方确实显得安宁些了，但依旧难以掩饰其纷繁残酷的战乱背景，以及因此而导致的人口流失。

第二，自然灾害、瘟疫等的频发，造成了国家及百姓的经济困境，难以承担厚葬财力、物力条件。自汉桓帝、汉灵帝以来，各种天灾人祸不断，致使汉末人口呈现直线下降。如，汉桓帝“建和元年(147)春二月，荆、扬二州人多饿死”；“永兴元年(153)秋七月，郡国三十二蝗。河水溢。百姓饥穷，流冗道路，至有数十万户，冀州尤甚”；“延熹九年(166)春三月，司隶、豫州饥死者什四五，至有灭户者”。[⑥] 又，汉灵帝“建宁三年(170)春正月，河内人妇食夫，河南人夫食妇”[⑦]。兴平元年(194)曹操与吕布争兖州，“蝗虫起，百姓大饿”，“谷一斛五十余万钱，人相食”[⑧]。以致明帝太和(227～233)中，时任散骑黄门侍郎杜恕曾上疏言“今大魏奄有十州之地，而承丧乱之弊，计其户口不如往昔一州之民”[⑨]。又，“青龙(233～237)中，营治宫室，百姓失农时。群上疏曰：‘禹承唐、虞之盛，犹卑宫室而恶衣服，况今丧乱之后，人民至少，比汉文、景之时，不过一大郡’。”裴松之虽对此段文字案曰：“汉书地理志云：元始二年(2)，天下户口最盛，汝南郡为大郡，有三十余万户。则文、景之时不能如是多也。案晋太康三年地记，晋户有三百

---

① 《后汉书·列传第六十三》。
② 《后汉书·列传第六十四上》。
③ 《昌言·理乱篇》。
④ 《裴注三国志·魏书三》。
⑤ 同上。
⑥ 参阅《后汉书·纪第七》。
⑦ 《后汉书·纪第八》。
⑧ 参阅《裴注三国志·魏书一》。
⑨ 《裴注三国志·魏书十六》。

七十七万，吴、蜀户不能居半。以此言之，魏虽始承丧乱，方晋亦当无乃大殊。长文之言，于是为过。”[①]然而，这中间却也足以见得魏晋之际民众数目之稀薄，物质生活之艰辛。

第三，由于缺乏统一的政府、规范的礼制，致使盗墓行为猖獗，不敢实行厚葬。盗墓本应是个人行为，属社会失范的特殊表现，不具备普遍性。然在魏晋时期由于战乱、灾害等因素既引发生存危机，又导致政府的无能和社会的失控，故曹操有感：“丧乱已来，十有五年，后生者不见仁义礼让之风”。在道德与生存危机的双重压迫下，盗墓出现泛滥的趋势。《裴注三国志・魏书六》载，卓于“初平元年二月，乃徙天子都长安。焚烧洛阳宫室，悉发掘陵墓，取宝物”，又“使吕布发诸帝陵，及公卿已下冢墓，收其珍宝”。而袁绍讨伐曹操的檄州郡文指出：“又梁孝王，先帝母弟，坟陵尊显，松柏桑梓，犹宜恭肃，而操率将校吏士亲临发掘，破棺裸尸，掠取金宝，至令圣朝流涕，士民伤怀。又署发丘中郎将、摸金校尉，所过毁突，无骸不露。”[②]当然，袁绍一方面指责董卓及曹操的盗墓恶行，另一方面自身却也放纵士卒“横暴，发掘丘陇”，以致“道路暴骨”。[③] 由此可见盗墓绝非个人性的偶然现象，它成了各方霸主攫取财力，扩充自身势力的重要途径之一，其对社会及民众心理造成巨大创伤。另，据《抱朴子》记载：“吴景帝时，于江陵掘冢取板治城”；又，《世说新语》载：“黄初末，吴人发长沙王吴芮冢，以其砖于临湘，为孙坚立庙”，可知墓穴材质及陪葬品竟成各种社会建设的素材供应点。社会如此的不堪，自然逼迫厚葬者有所顾忌。《裴注三国志・魏书五》载，德郭皇后丧葬之事，“孟武母卒，欲厚葬，起祠堂，太后止之曰：‘自丧乱以来，坟墓无不发掘，皆由厚葬也；首阳陵可以为法。’青龙三年(235)春，后崩于许昌，以终制营陵，三月庚寅，葬首阳陵西”，盗墓的猖獗，及其对厚葬的冲击由此可见一斑。反观之，盗墓之风则是促成社会形成薄葬之风的一大动力，此点可证于西晋司隶校尉杜预所作“遗令”中对郑国大夫祭仲自然、简朴之墓的赞叹：“君子尚其有情，小人无利可动。历千载无毁，俭之致也。”[④]

---

① 参阅《裴注三国志・魏书二十二》。
② 《裴注三国志・魏书六》。
③ 《裴注三国志・魏书十二》。
④ 《晋书・传第四》。

三国、两晋形成薄葬礼俗的主观因素主要可分三个维度展开，这三个维度同时也预示出其所代表的思想及道德指向。

第一，薄葬符合“天下为公”的执政理念，利于国家治理的常规化，此点尤其体现于最高统治者对待薄葬的态度上。当然，薄葬作为执政原则之一，难免也使其充满了实用主义及功利化色彩，即注重人的世界，强调生活于当下。如前文所提到，建安二十五年(220)曹操颁诏，“天下尚未安定，未得遵古也。葬毕，皆除服。其将兵屯戍者，皆不得离屯部。有司各率乃职。敛以时服，无藏金玉珍宝”①；据《裴注三国志・蜀书二》记载，刘备在遗命中曾要求百官遇丧“三日除服”；孙权对恩义之别的判定，“遭丧不奔非古也，盖随时之宜，以义断恩也。前故设科，长吏在官，当须交代，而故犯之，虽随纠坐，犹已废旷。方事之殷，国家多难，凡在官司，宜各尽节，先公后私，而不恭承，甚非谓也”②。薄葬之风一方面可以通过减少陪葬品，实现财政上的“节流”；另一方面则能通过缩减丧葬礼仪与服丧时间，以最大程度保证政治和经济生活的正常运作。

第二，薄葬符合魏晋玄学所推崇的任性、纵情的原则，这一点尤其体现于两晋时期。西晋作为魏晋玄学发展的成熟期，整个社会弥漫着对老庄“自然”、“逍遥”境界的崇拜。这种崇拜反映到丧葬上，则要求人们放下对生死、人物的执着，纯任自身实现与万物的一体，肉体对自然的回归，达致“与道合一”之广阔、豁达之境。曹丕言“吾营此丘墟不食之地，欲使易代之后不知其处”③；西晋丧葬中“山陵不封，园邑不饰，墓而不坟，同乎山壤，是以丘阪存其陈草，使齐乎中原矣”④；皇甫谧主墓地之“土与地平，还其故草，使生其上，无种树木、削除，使生迹无处，自求不知”⑤，都属道家“任自然”、“齐万物”理念的表现形态。

第三，薄葬与时人对死后世界的理解相关，即认为人的精神在死后勿须借助坟墓加以寄托，进而实现“孝义”与“墓葬”的二分，防止以“厚葬”捆绑“孝义”。如魏文帝曹丕于黄初三年(222)所作之终制言，“骨无痛痒之知，冢非栖神之宅，礼不

---

① 《裴注三国志・魏书一》。
② 《裴注三国志・吴书二》。
③ 《裴注三国志・魏书二》。
④ 《晋书・志第二十》。
⑤ 《晋书・列传第二十一》。

墓祭，欲存亡之不黩也，为棺椁足以朽骨，衣衾足以朽肉而已”[①]，表现的便是墓葬只用以埋葬肉体，而祭奠之礼则归于宗庙或家祭。薄葬之风还涉及人们对“墓祭”是否合“礼”的论辩，此一点在汉末则主要偏向于否定的回答。除上述文帝外，另据《后汉纪》记载，东汉名士蔡邕也执此意：“建宁五年（172）正月，车驾上原陵，蔡邕为司徒掾，从公行，到陵，见其仪，忾然谓同坐者曰：‘闻古不墓祭。朝廷有上陵之礼，始谓可损。今见威其仪，察其本意，乃知孝明皇帝至孝恻隐，不可易夺。’”而且，纵观魏晋时期，虽礼制不一，但大都不行墓祭。司马懿遗令后人不得谒陵，东晋元帝崩虽曾有短暂的谒陵之礼，然至成帝，又为议者以为非礼，遂止。信奉“礼不墓祭”，如此则必然削减人们在丧葬上耗费的人力、财力，使之趋于简便。

二、厚葬礼俗

厚葬的历史由来已久，我们熟知的秦始皇陵，及前文所涉的汉高祖长陵、汉武帝的茂陵、汉光武帝原陵都是厚葬传统的典型，汉文帝刘恒因此在遗诏中感慨：“盖天下万物之萌生，靡不有死。死者天地之理，物之自然，奚可甚哀！当今之世，咸嘉生而恶死，厚葬以破业，重服以伤生，吾甚不取。”[②]不仅帝王厚葬，诸多皇室、官员及富裕人家同样如此。它表现在仪式的庞大与繁杂；棺椁的华丽，如《后汉书·刘盆子传》中记载的“玉匣殓者”；陪葬物品的贵重，如《抱朴子·对俗》中记载的汉中山靖王墓中的金缕玉衣及“金玉在九窍”，及屡禁难止的活人陪葬。更有甚者，为了厚葬亡亲，甘愿违背自身原则：汉高帝时，平原君朱建“为人辩有口，刻廉刚直，行不苟合，义不取容。辟阳侯行不正，得幸吕太后，欲知建，建不肯见。及建母死，贫未有以发丧，方假贷服具。陆贾素与建善，乃见辟阳侯，贺曰：‘平原君母死。’辟阳侯曰：‘平原君母死，何乃贺我？’陆生曰：‘前日君侯欲知平原君，平原君义不知君，以其母故。今其母死，君诚厚送丧，则彼为君死矣。’辟阳侯乃奉百金祱，列侯贵人以辟阳侯故，往赙凡五百金”[③]，其后待辟阳侯有难之日，朱建果然竭尽所能保他周全。

纵观魏晋南北朝时期整个历史，薄葬之俗呈现由强到弱的趋势，而厚葬之

---

① 《裴注三国志·魏书二》。
② 《汉书·卷四》。
③ 《汉书·卷四十三》。

风则正好相反。即使在薄葬最盛的魏晋阶段，社会中依旧存在不少厚葬的现象。孙吴时期，孙权对其属下，尤其是立下汗马功劳的战将的丧葬极其重视。威越校尉董袭死，孙权“改服临殡，供给甚厚”[①]；偏将军吕蒙死，“蒙子霸袭爵，与守冢三百家，复田五十抨”[②]。孙权甚至不惜以活人殉葬的野蛮习俗来示其爱才及痛惜之情，偏将军陈武死后，“权命以其爱妾殉葬，复客二百家”[③]。另，据《裴注三国志·吴书五》记载，孙权之孙孙晧“会夫人死，皓哀愍思念，葬于苑中，大作冢，使工匠刻柏作木人，内冢中以为兵卫，以金银珍玩之物送葬，不可称计。已葬之后，皓治丧于内，半年不出”。由此上例可知，孙吴地区厚葬现象绝非偶然，至少相较“三国”中的曹魏及蜀汉政权统治下的丧葬习俗，其厚葬之风更为浓厚和普遍。

对皇室及僚属执行厚葬规格的不仅有孙吴政权，两晋帝王也同样如此。据史料记载，晋武帝司马炎的舅父王睿殡葬时，“假亲姻义旧，衰绖缟冠送丧者千余人”[④]，“葬柏谷山，大营茔域，葬垣周四十五里，面别开一门，松柏茂盛”[⑤]。西晋太傅郑冲死，武帝则“于朝堂发哀，追赠太傅，赐秘器、朝服、衣一袭、钱三十万、布百匹”[⑥]。太保兼司徒何曾死，武帝“于朝堂素服举哀，赐东园秘器、朝服一具、衣一袭、钱三十万、布百匹”[⑦]。尚书令贾充死，武帝“为之恸，使使持节、太常奉策追赠太宰，加衮冕之服，绿綟绶、御剑，赐东园秘器、朝服一具、衣一袭，大鸿胪护丧事，假节钺、前后部羽葆、鼓吹、缇麾、大路、銮路、辒辌车、帐下司马大车，椎斧文衣武贲、轻车介士。葬礼依霍光及安平献王故事，给茔田一顷”[⑧]。整个西晋，帝王在其下属死后赐予丰厚物资，以表爱惜的事例不在少数，形成与帝王自身躬行薄葬相悖的习气，导致薄葬对世风影响的削减。

直至东晋初期，帝王自身行薄葬，对周遭人则行厚葬的悖逆情形依旧存在。晋元帝之子琅邪王司马焕夭亡，“（元帝）悼念无已，将葬，以焕既封列国，加以成

---

① 《裴注三国志·吴书十》。
② 《裴注三国志·吴书九》。
③ 《裴注三国志·吴书十》。
④ 《北史·列传第八十》。
⑤ 《晋书·列传第十二》。
⑥ 《晋书·列传第三》。
⑦ 同上。
⑧ 《晋书·列传第十》。

人之礼，诏立凶门柏历，备吉凶仪服，营起陵园，功役甚重”①。其间即便有琅邪国右常侍会稽孙霄的上疏谏言，“棺椁舆服旒翣之属，礼典旧制，不可废阙。凶门柏历，礼典所无，天晴可不用，遇雨则无益，此至宜节省者也。若琅邪一国一时所用，不为大费，臣在机近，义所不言。今天台所居，王公百僚聚在都辇，凡有丧事，皆当供给材木百数，竹薄千计，凶门两表，衣以细竹及材，价值既贵，又非表凶哀之宜。如此过饰，宜从粗简”②，也未能改变元帝对司马焕进行厚葬的态度。成帝时，宰辅王导丧，“帝举哀于朝堂三日，遣大鸿胪持节监护丧事，赗襚之礼，一依汉博陆侯及安平献王故事。及葬，给九游辒辌车、黄屋左纛、前后羽葆鼓吹、武贲班剑百人，中兴名臣莫与为比”③。太尉郗鉴死，“帝朝晡哭于朝堂，遣御史持节护丧事，赠一依温峤故事(赐钱百万，布千匹)”④。至东晋后期，厚葬则全面压倒了薄葬，成为丧葬的惯常礼俗。

南北朝阶段，厚葬的风气比之前更胜。就南朝而言，宋冀州刺史刘歊在其《革终论》言：“是以子羽沉川，汉伯方圹，文楚黄壤，士安麻索。此四子者，得理也，忘教也。若从四子而游，则平生之志得矣。然积习生常，难卒改革，一朝肆志，傥不见从。今欲剪截烦厚，务存俭易，进不裸尸，退异常俗，不伤存者之念，有合至人之道。”⑤这说明了厚葬作为主流，已然成为人们评价丧葬是非的标准，对试图薄葬者则造成严重干扰，即便处于社会政治及思想领域上层的文人、官僚也不得不综合厚葬规格安顿身后事。正是由此，刘宋孔琳之在任尚书左丞之时，上陈谏言云：“凶门柏装，不出礼典，起自末代，积习生常，遂成旧俗。爰自天子，达于庶人，诚行之有由，卒革必骇。然苟无关于情，而有愆礼度，存之未有所明，去之未有所失，固当式遵先典，厘革后谬，况复兼以游费，实为民患者乎！凡人士丧仪，多出闾里，每有此须，动十数万，损民财力，而义无所取。至于寒庶，则人思自竭，虽复室如悬磬，莫不倾产殚财，所谓葬之以礼，其若此乎？谓宜谨遵先典，一罢凶门之式，表以素扇，足以示凶。”⑥这段文字说明当时厚葬之风已

① 《晋书·列传第三十四》。
② 同上。
③ 《晋书·列传第三十五》。
④ 《晋书·列传第三十七》。
⑤ 《南史·列传第三十九》。
⑥ 《宋书·列传第十六》。

经席卷整个社会，不仅是贵族、富庶人家，连普通百姓，贫苦人家，都为之付出巨大的财力、物力。另，从《宋书·志第五》对丧葬立碑规范的变换过程的描述上，亦可推知厚葬之风的重新兴起："汉以后，天下送死奢靡，多作石室石兽碑铭等物。建安十年，魏武帝以天下雕弊，下令不得厚葬，又禁立碑……此后复弛替。晋武帝咸宁四年，又诏曰：'……一禁断之。其犯者虽会赦令，皆当毁坏。'至元帝大兴元年……禁又渐颓。大臣长吏，人皆私立。"

南齐丧葬，同样奢靡："三季浇浮，旧章陵替，吉凶奢靡，动违矩则。或裂锦曳绣，以竞车服之饰；涂金镂石，以穷茔域之丽。至斑白不婚，露棺累叶，苟相姱衒，罔顾大典。"[①]其中典型事例有河南辛普明葬兄之举，"兄将葬，邻人嘉其义，赙助甚多，普明初受，后皆反之。赠者甚怪，普明曰：'本以兄墓不周，故不逆来意，今何忍亡者余物以为家财"[②]，以孝义著称的辛普明违背自我立身原则而接受邻人资助，只恐其兄墓葬不周。厚葬之风的盛行，甚至逼迫在世者不得遵循逝者预作之终制，违背其薄葬之志，否则将遭受世人的种种非议。如《南史·列传第三十九》载梁武帝时太中大夫琅邪王敬胤之遗命："不得设复魄旌旐，一芦第藉下，一枚覆上。吾气绝便沐浴，篮舆载尸，还忠侯大夫隧中。若不行此，则戮吾尸于九泉"；"然子于父命，亦有所从有所不从。今崇素若信遗意，土周浅薄，属辟不施，一朝见侵狐鼠，戮尸已甚。父可以训子，子亦不可行之。外内易棺，此自奉亲之情，藉土而葬，亦通人之意。宜两舍两取，以达父子之志。棺周于身，土周于椁，去其牲奠，敛以时服。一可以申情，二可以称家。礼教无违，生死无辱，此故当为安也"。其子违逆父亲遗命，实行更高规格的葬礼，不仅没有背上不孝的罪名，甚至还得到朝廷的肯定，可知薄葬之俗是如何的不被当世人所接受。厚葬风气发展到后期，甚至成了鉴定生者做人成败的标尺，若不能为死者举行体面的葬礼，也就失去了肯定自身的凭据。《梁书·列传第二十八》载："（张）缅母刘氏，以父没家贫，葬礼有阙，遂终身不居正室，不随子入官府。"

在北方，西晋过后，各少数民族政权因受自身政治、经济、文化传统的影响，并未承接魏晋薄葬之俗。其中，后赵主石勒遗令，"三日而葬，内外百僚，既葬除

---

① 《南齐书·本纪第三》。
② 《南齐书·列传第五十五》。

服,无禁婚娶、祭祀、饮酒、食肉,征镇牧守不得辄离所司以奔丧,敛以时服,载以常车,无藏金宝,无内器玩"①,当属薄葬之特例,然非其丧葬风气之典型。作为主流的厚葬氛围仍充斥着整个北朝历程。据《晋书·载记第三》记载,前赵主刘曜"将葬其父及妻,亲如粟邑以规度之。负土为坟,其下周回二里,作者继以脂烛,怨呼之声盈于道路",大司徒游子远谏言:"今二陵之费至以亿计,计六万夫百日作,所用六百万功。二陵皆下锢三泉,上崇百尺,积石为山,增土为阜,发掘古冢以千百数,役夫呼嗟,气塞天地,暴骸原野,哭声盈衢,臣窃谓无益于先皇先后,而徒丧国之储力。"但刘曜却不为之动容,"使其将刘岳等帅骑一万,迎父及弟晖丧于太原"。北燕主慕容熙妃苻氏丧,"制公卿已下至于百姓,率户营墓,费殚府藏。下锢三泉,周输数里,内则图画尚书八坐之象"②。北魏时,朝廷对臣僚葬事大肆赏赐的记载亦频现于当世史料之中,足可见北魏厚葬风气之浓。如:赵郡王元幹死,孝文帝赐"东园秘器、敛服十五称","赠帛三千匹"③。宗室元勰死,宣武帝"举哀于东堂,给东园第一秘器、朝服一袭,赙钱八十万、布二千匹"④。

魏晋南北朝,尤其是东晋末期厚葬风俗得以重新兴起,并不意味国家政权于此时摆脱了三国时的战乱及自然灾害等不利环境的破坏,恰恰相反,整个社会的混乱状态较前甚至有过之而无不及,西晋时期的八王之乱,东晋与前秦的淝水之战,"五胡十六国"的"乱华现象"无不预示着两晋及南北朝社会的动荡及不安。然而,何以在三国、两晋与南北朝几乎处于同样战乱的背景,却并存有两类截然相反之丧葬礼俗?何以在如此不安的时代环境下各政权及民众依旧奉行,甚至在后期张扬厚葬之礼俗?其中缘由大致可以归结为以下四点:

第一,对于送葬者而言。在传统的思维形态中,丧葬之俗便与孝悌之义、感念之情相伴随,子女对父母、丈夫对妻子的服生伺死乃是一个整体的统系,因此死后之葬礼必然成为生者表达自身感激、敬爱、思念情绪的载体,由此葬礼仪式之隆重与否、随葬财物之厚薄自然成为生者表达对死者的爱敬的最为直接的体现。概而言之,厚葬可以让生者完成对死者的情感延续,也可使自身获得内在

---

① 《晋书·载记第五》。
② 《晋书·载记第二十四》。
③ 参阅《魏书·列传第九上》。
④ 《魏书·列传第九下》。

的安宁。

第二，对于死者而言。在传统的意识形态中，死后之人往往是有灵的，因此彼时盛行祖宗神及鬼神信仰。加之，佛教在魏晋之际的兴盛，使得灵魂轮回的思想在大众中得到更为广泛的传播与接受。而连年的战乱使得人们在生时难以获取足够的安宁与幸福，自然更是将希望寄托于死后的世界，希望能够以灵魂的安歇与快活来弥补生时的愿景。这也就意味着，在魏晋之际大多数人的脑海中，死后的世界并非是一片死寂的，死者的灵魂其实可以进入到另外一个世界，这个世界与生者的世界既互相区别又紧密相连，生者通过厚葬之仪式所表达的情感其实是可以为死者所感知的，而随葬之丰厚财物则亦可以在死后世界启用的，因此厚葬乃是与死者沟通，为死后人生服务的表现。

第三，对于国家治理而言。统治者与辅佐者之间是以忠义为根基的，而将此一忠义的信念外在化则自然表现为官员对于君主的大力拥护与切实的政治治理效应以及君主对于官员的赏罚分明，爱护有加。君对臣的义不仅体现其生时的派遣、提拔及赏赐，也展示在其死时的不舍、高规格的丧葬礼节及丰盛的随葬物品。正是由此，君主或是一方诸侯往往对自家忠臣、爱将的葬礼给予极大的重视。通过对臣子的厚葬不仅可以表达君主对他们的不舍与追思，更可树立和强化自身的明君形象，以示意那些在世的臣民积极报效君主之恩，激励他们勇于为君主之利、国家之利尽职尽责。

第四，对于民族文化差异而言。北朝少数民族多以家族为单位来建立和维系自身的王国统治，如此自然容易使得在世的统治者对至爱至亲之亡故施行厚葬之礼，以此来表现家族的繁盛及统治力。加之，少数民族原先大多居于贫瘠之地，而后依靠武力在中原一带建立自身政权，由此便接收了大帝国更为丰饶的土地、百姓及财物，如此便难免使其在物欲和享受层面上有所滋长，形成大肆铺张和奢靡之风，厚葬之风自然也就成为其中的代表。

三、合葬礼俗

合葬，在古时也称祔葬，专指夫妻同葬一墓穴。《礼记·檀弓》载，“（季）武子曰：‘合葬非古也。自周公以来，未之有改也”，又“舜葬于苍梧之野，盖三妃未之从也……季武子曰：‘周公盖祔。’注云：‘祔为合葬’”。又有《后汉书·邓晨传》载,“合葬自周公以来,是则周公初制此礼也。故周恒王之诗曰:‘死则同穴’”。这表明合葬之礼并非自古即有,是在文明发展进程中出现的产物。合葬“非古”与“周公初制”的双重特性,使其既带有“非法性”色彩,又具备正统性地位。魏晋南北朝时期的世人,至少社会上层的统治者及思想家已明确认识到此点,固可从史料中发现支持与反对合葬的两种声音。

魏晋南北朝之际合葬的反对者,如曹魏时期的五官将长史邴原,“原女早亡,时太祖爱子仓舒亦没,太祖欲求合葬,原辞曰:‘合葬,非礼也。原之所以自容于明公,公之所以待原者,以能守训典而不易也。若听明公之命,则是凡庸也,明公焉以为哉?’太祖乃止”①。晋宣帝司马懿作终制,规定“后终者不得合葬”②。西晋名士皇甫谧在其所著论的《笃终论》中言:“形骸与后土同体,魂爽与元气合灵,真笃爱之至也。若亡有前后,不得移祔。祔葬自周公来,非古制也。”③北魏骠骑大将军魏子建临终遗言:“吾平生契阔,前后三娶,合葬之事,抑又非古。且汝二母,先在旧茔,坟地久固,已有定别。唯汝次母墓在外耳,可迁入兆域,依班而定行于吾墓之后,如此足矣,不须附合。当顺吾心,勿令吾有遗恨。”④

对于合葬持支持态度的人,则根据周公“制礼作乐”的开创性地位,以及“合葬”之礼合于人情之需,视之为合宜。如前文所述曹操便“欲求合葬”;魏明帝曹叡亦为爱女举行合葬,“太和六年,明帝爱女淑薨,追封谥淑为平原懿公主,为之立庙。取后亡从孙黄与合葬”⑤。蜀汉丞相诸葛亮亦为其主刘备及夫人进行合葬,“章武二年,追谥皇思夫人,迁葬于蜀,未至而先主殂陨。丞相亮上言:‘皇思夫人履行脩仁,淑慎其身。大行皇帝昔在上将,嫔妃作合,载育圣躬,大命不融。大行皇帝存时,笃义垂恩,念皇思夫人神柩在远飘飖,特遣使者奉迎。会大行皇帝崩,今皇思夫人神柩以到,又梓宫在道,园陵将成,安厝有期……诗曰:‘谷则异室,死则同穴。’……故昭烈皇后宜与大行皇帝合葬,臣请太尉告宗庙,布露天下,具礼仪别奏”⑥。此一论述表明诸葛亮既知

① 《裴注三国志・魏书十一》。
② 《晋书・帝纪第一》。
③ 《晋书・列传第二十一》。
④ 《北史・列传第四十四》。
⑤ 《裴注三国志・魏书五》。
⑥ 《裴注三国志・蜀书四》。

“上古无合葬，中古后因时方有”之传统，又明“合葬”是对夫妻情感的肯认，并非禁地，可“礼仪别奏”。正是因着“合葬”本身和顺人情，加之魏晋南北朝时期社会政治及文化环境等的作用，使之突破“非上古制”的约束，成为这一时期丧葬礼俗中的重要内容之一。

三国时期，史书关于“合葬”记载颇丰。除了前文所及，主要还有曹操爱子邓哀王曹冲，“年十三，建安十三年疾病，太祖亲为请命。及亡，哀甚……言则流涕，为聘甄氏亡女与合葬”①。太和四年(230)七月，魏文帝曹丕，将其母武宣卞皇后死后与父曹操“合葬高陵”②。《裴注三国志·蜀书四》中记载，蜀汉穆皇后于延熙八年(245)薨，与刘备合葬惠陵。又有建安七年(202)，孙坚吴夫人“临薨，引见张昭等，嘱以后事，合葬高陵”③。另，吴主孙权的潘夫人与之“合葬蒋陵”；吴景帝孙休之朱夫人，于“甘露元年七月，见逼薨，合葬定陵”④。不仅帝王，其臣子亦行“合葬”礼，魏明帝时，征南将军王基“母卒，诏祕其凶问，迎基父豹丧合葬洛阳”⑤。

西晋时期，司马懿“后终者不得合葬”的终制并未获得后世帝王及百姓的遵从。《晋书·帝纪第三》载，泰始四年(268)，司马昭夫人文明王皇后崩，“祔葬文明皇后王氏于崇阳陵”。咸宁四年(278)，司马师夫人景献羊皇后羊氏崩，“祔葬峻平陵”⑥。尚书令贾充前夫人“李氏淑美有才行”，后因“父丰诛，李氏坐流徙”，待到“充薨后，李氏二女乃欲令其母祔葬，贾后弗之许也。及后废，李氏乃得合葬”。⑦

东晋的“合葬”之风同样盛行，如：太元十一年(386)，海西公司马奕薨于吴，与孝庾皇后“合葬于吴陵”⑧。咸安二年(372)，孝武帝即位，追尊其母，即简文帝司马昱之妻王氏为顺皇后，“合葬高平陵”⑨。宋元嘉十三年(436)，琅邪孝王司马裒之褚皇后崩，“祔葬冲平陵”⑩。

南朝时期，宋武帝刘裕夫人臧氏，死于义熙四年(408)，帝“临崩，遗诏留葬京

---

① 《裴注三国志·魏书二十》。
② 《裴注三国志·魏书五》。
③ 《裴注三国志·吴书五》。
④ 参阅同上。
⑤ 《裴注三国志·魏书二十七》。
⑥ 《晋书·列传第一》。
⑦ 参阅《晋书·列传第十》。
⑧ 《晋书·列传第二》。
⑨ 同上。
⑩ 同上。

师。于是备法驾迎梓宫,祔葬初宁陵”[①]。孝武帝刘骏夫人王氏,崩于大明四年(460),“祔葬景宁陵”[②]。孝武帝于大明六年(462)诏曰:“上林苑内民庶丘墓欲还合葬者,勿禁”[③],足见民间“合葬”之风的盛行。南齐,明敬刘皇后卒于永明七年(489),“葬于江乘县张山”,待明帝“崩,改葬,祔于兴安陵”[④]。陈国,武帝陈霸先之皇后章氏,崩于太建二年(570),“其年四月,群臣上谥曰宣太后,祔葬万安陵”[⑤]。

北朝时期。北魏,太武帝拓跋焘与其皇后赫连氏、贺氏,皆祔葬于金陵;文成帝,追尊父为景穆皇帝,母为恭皇后,让二人合葬于金陵。[⑥] 北齐,神武明皇后娄氏,崩于太宁二年(562),与神武帝高欢“合葬义平陵”;文襄敬皇后元氏,于武平中崩,与文襄皇帝高澄“祔葬义平陵”[⑦]。北周,周文帝宇文泰之元皇后,于恭帝三年(556),“合葬成陵”;武成二年(560),“明帝崩,与后(明敬皇后独孤氏)合葬焉”;武帝之后阿史那氏,于隋开皇二年(582)殂,“祔葬后于孝陵”;宣帝之后杨氏死于大业五年(609),“祔葬后于定陵”。[⑧]

夫妻合葬在中国虽不是起源于上古,但依旧有其久远的历史,特别是在汉代,夫妻合葬已成为一种比较普遍的现象,“凡夫妇以合葬为常”[⑨]。合葬礼俗属于中国古礼中重要的一种礼俗,属于丧礼的一种。魏晋时期的合葬礼俗无疑受到了中国古礼、历史文化传统及当时社会环境的影响,在一定程度上反映了魏晋时期人们的生活状态及其价值观念和理想。夫妻合葬体现了当时社会所存在的一定的伦理道德观念和价值理想。魏晋时代流行的虽是道家思想,人们尚自由,越名教而任自然,但是儒家的思想观念依然影响着人们生活的方方面面。首先,合葬本身就体现了儒家的礼制,“周公初制”,表明合葬在周代就已经成为一项早期儒家的礼制,符合儒家的伦理道德要求。孔子的母亲死后,孔子有言曰:“古者不祔葬(即合葬),为不忍先死者之复见也。诗云:‘死则同穴。’自周公

---

① 《宋书·列传第一》。
② 同上。
③ 《宋书·本纪第六》。
④ 《南齐书·列传第一》。
⑤ 《陈书·列传第一》。
⑥ 参阅《魏书·列传第一》。
⑦ 参阅《北齐书·列传第一》。
⑧ 参阅《北史·列传第二》。
⑨ 杨树达:《汉代婚丧礼俗考》,上海古籍出版社2007年版,第171页。

已来祔葬矣。故卫人之祔也，离之，有以闻焉；鲁人之祔也，合之，美夫，吾从鲁。”①可见孔子也认为合葬是合乎礼制的日常伦理。其次，夫妻合葬体现了儒家的伦理纲常中夫妇关系的和谐。夫义妇贤是儒家伦理道德的要求，是人们在日常生活中需要遵守和达到的。夫妻合葬在一定程度上表明了夫妻在生前的相爱与和睦的关系，也表达了人们对和睦的夫妻关系的向往和追求，表明了人们希望死后也能与心爱的人生活在一起的美好愿望。在此，“孝道”作为中国古代道德伦理的重要内容，将父母合葬一定程度上体现了子女对父母的尊敬和孝顺。“孝道”自汉代独尊儒术后就得到了社会的普遍认同和接受，而魏晋时代实行的“九品中正制”其中有很重要的一条就是“举孝廉”，对长辈父母的孝顺是每一位子女都需要做到的，而在父母死后如何使父母还能幸福地生活在一起，在当时的观念下，合葬便成了最好的一种方式和方法。“合葬缘于子女对去世父母的孝道，而当时统治者对社会孝道的尊崇，则反过来有力地支持了合葬之俗。”②所以，合葬习俗在一定程度上体现了子女对父母的孝道。以上讨论的是支持合葬习俗的情况。在魏晋时代，当时的隐逸之士有反对合葬的，当时的士人多崇尚老庄的自由思想，对于死亡看得也淡，更不重视丧葬之礼，而且在一夫多妻制的社会里，“妻子越多，合葬的难度越大。若行合葬，势必引起各种家庭纠纷”③，进而影响到家庭的和睦关系，破坏伦理道德纲常，影响日常的伦理道德生活。

第二节　婚姻礼俗及其蕴含的道德指向

一、早婚现象

魏晋南北朝之前，已存有大量有关婚嫁年限的记录。如，《礼记·内则》云：“（男子）三十而有室”，“（女子）十有五年而笄，二十而嫁；有故，二十三年而嫁”。

① 《孔子家语》卷第十《曲礼公西赤问第四十四》。
② 谭燕：《汉代夫妻合葬习俗的思想史解读》，《重庆师范大学学报》2009年第3期。
③ 张承宗：《魏晋南北朝夫妇合葬习俗考》，《扬州大学学报》2010年第1期。

《周礼·地官司徒》载:“媒氏掌万民之判……令男三十而娶,女二十而嫁……中春之月,令会男女。于是时也,奔者不禁。”由此可知,婚娶年限不仅是单纯的习俗,也是政府教化的重要形式,政府设有专门的职位并发布了专门的诏令对其进行规范及导引。何以中古时代定婚娶年限为男三十,女二十,且利用社会公权力加以规范?对此,既有现实性的解读路径,如《礼记·内则》认为男子三十,“始理男事,博学无方,孙友视志”。又,《孔丛子·嘉言》载:“缋组紃织纴者,女子之所有事也,黼黻文章之义,妇人之所有大功也。必十五以往,渐乎二十,然后可以通乎此事。通乎此事,然后乃能上以孝于舅姑,下以事夫养子也。”《白虎通义·嫁娶》则结合阴阳学认为,“男三十而娶,女二十而嫁,阳数奇,阴数偶。男长女幼者,阳舒,阴促。男三十,筋骨坚强,任为人父;女二十,肌肤充盛,任为人母。合为五十,应大衍之数,生万物也”。《论衡·齐世》则指出这一礼俗得以贯彻的形上根源:“万物之生,俱得一气。气之薄渥,万世若一。帝王治世,百代同道。人民嫁娶,同时共礼,虽言‘男三十而娶,女二十而嫁’,法制张设,未必奉行。何以效之?以今不奉行也。礼乐之制,存见于今,今之人民,肯行之乎?今人不肯行,古人亦不肯举。以今之人民,知古之人民也。”

然而,就一般情态言,“男三十而娶,女二十而嫁”乃是对于理想的婚娶时期而定的,秦汉之际的男女现实嫁娶年限往往较之提前。此点可于汉时著书《孔子家语·本命解》所设计的鲁哀公与孔子对话中得知。公曰:“男子十六精通,女子十四而化,是则可以生民矣。而礼,男必三十而有室,女必二十而有夫也。岂不晚哉?”孔子曰:“夫礼言其极,不是过也。男子二十而冠,有为人父之端;女子十五许嫁,有適人之道。于此而往,则自婚矣。”男子二十而冠,女子十五及笄,预示各自的成年,其后便可行嫁娶之礼。另,据《后汉书·循吏列传第六十六》载,建武初,任延被诏征为九真太守,彼时,“九真俗以射猎为业,不知牛耕……又骆越之民无嫁娶礼法,各因淫好,无适对匹,不识父子之性,夫妇之道。延乃移书属县,各使男年二十至五十,女年十五至四十,皆以年齿相配”。此更明确表明了汉光武时期的男女婚配年龄。史料中也记载了汉代人婚配的具体年龄,如《后汉书·列女传第七十四》载:南阳阴瑜妻荀采,年十七适阴。记录公元4世纪中叶之前西南地界的地理、人物及历史的《华阳国志》载:“张惟妻程贞玦,十九适惟”;“巴郡虞显妻杜兹,十八适显”等;以及《太平御览》中“袁福年二十适王上；曹敬姬年十七适周缮纪；王和年十七适便敬；殷纪年十六适廖伯”，由此可推出汉代女子婚嫁的平均年龄为年十七。隋唐时期，男女娶嫁时机同样适用成年则许的原则，贞观元年（627）二月诏：“男年二十女年十五以上，及妻丧达制之后，孀居服纪已除，并须申以婚媾，令其好合。若守志贞洁，并任其情，无劳抑以嫁娶。”①

魏晋南北朝时期的婚嫁年龄较之汉唐则有明显提前，与礼书中所描述的理想婚嫁年龄则差之更远，即整个社会存在大量早婚现象。这一现象首先体现于该期间各政权关于婚嫁年龄的诏令：西晋武帝司马炎，于泰始九年（273）诏曰，“女年十七，父母不嫁者，使长吏配之”②；南朝刘宋则专设早嫁之令，规定“女子十五不嫁，家人坐之”③。相仿的情形也发生于北齐之际，北齐后主高纬，于武平七年（576）下诏令言：“女年二十已下，十四已上未嫁悉集省，隐匿者家长处死刑。”④北周武帝宇文邕，于建德三年（574）诏云，“自今已后，男年十五，女年十三已上，爰及鳏寡，所在军民，以时嫁娶”⑤。由此可知，这一时期的婚配年龄规定已从前代“年十五”为底线，转变为“年十五”为上限，且依靠政府权力强制执行。而西魏文帝，于大统十二年（546）颁诏“女年不满十三以上，勿得以嫁”⑥，则从反面印证了当时女子婚嫁年龄低于“十三”的不在少数。

除了政府诏令，从史书中存有的对人物具体婚嫁年龄的记载可知，这一时期上至帝王，中及群臣，下到百姓，都普遍存在早婚的现象。首先，就王室婚龄状况言。鉴于史籍中存在大量并未明确记载帝王婚配年龄的问题，现任中国社会科学院历史研究所研究员的梁满仓先生于其撰写的《魏晋南北朝五礼制度考论》中依照该帝王生长子之年减去一岁的推算原则，计算出其婚龄的最高年限。依此统计法，他最终得出帝王婚娶年龄如下：“有 39 个帝王婚龄可以得知，其中 20 岁以下结婚者 22 人，占总数的 56%。22 人中 8 岁结婚者 1 人，12 岁结婚者 4 人，13 岁结婚者 4 人，14 岁结婚者 1 人，15 岁结婚者 2 人，16 岁结婚者 2 人，

① 《通典·男女婚嫁年几议》。
② 《晋书·帝纪第三》。
③ 《宋书·列传第四十二》。
④ 《北齐书·帝纪第八》。
⑤ 《周书·帝纪第五》。
⑥ 《北史·魏本纪第五》。

17岁结婚者2人,18岁结婚者4人,19岁结婚者2人,平均年龄为15岁。”

另,后宫妃嫔嫁入皇室的年龄,也普遍较早。如:《晋书·列传第一》载,西晋,文帝王皇后,“既笄,归于文帝”;惠帝贾后年十五,归于惠帝。东晋,安禧王皇后及后凉吕绍妻、刘聪左皇后,均于年十四出嫁。《南史·列传第二》载,梁武帝丁贵嫔“帝赠以金环,纳之,时年十四”;陈文帝沈皇后“年十岁余,以梁大同中归于文帝”。《梁书·列传第一》载,梁简文帝皇后王氏“太清三年(549)薨,时年四十五”,“天监十一年(512),拜晋安王妃”,故其为八岁出嫁。《陈书·列传第一》载,陈后主张贵妃“年十岁,为之给使”。《北史·列传第一》载,北魏,文成文明皇后冯氏,“年十四……以选为贵人”;献文思皇后李氏“姿德婉淑,年十八。以选入东宫”;孝文幽皇后“入掖庭,时年十四”;孝文文昭皇后高氏“入掖庭,时年十三”。西魏,文帝悼皇后郁久闾氏,“立为皇后,时年十四”。北周,宣武帝尉迟皇后年十五出嫁。这些人婚龄最大的为献文思皇后李氏18岁,最小则是梁简文帝皇后王氏八岁,平均年龄则不足14岁。

除了皇室,朝中臣子及上层社会中也普遍存在早婚现象。如:三国时,“建安五年(200),时霸从妹年十三四,在本郡,出行樵采,为张飞所得。飞知其良家女,遂以为妻,产息女,为刘禅皇后”①。孙吴郁林太守陆绩之女,“年始十三,适同郡张白”②。徐州太守陶谦,“年十四……故苍梧太守同县甘公出,遇之途,见其容貌,异而呼之,住车与语,甚悦,因许妻以女”③。西晋,并州豪族张宣子,其“女年始十四……以妻刘殷”④;御史中丞傅咸,“年六岁,尝随其继母省宪,谓咸曰:‘汝千里驹也,必当远至。’以其妹之女妻之”⑤。东晋,北中郎将荀羡“年十五,将尚寻阳公主”⑥。南朝,宋侍中王僧绰,“年十三,袭封豫章县侯,尚太祖长女东阳献公主”⑦;齐吏部尚书谢瀹年七岁便已闻名朝野,后“仆射褚渊闻瀹年少,清正不恶,以女结婚,厚为资送”⑧;梁鄱阳太守柳偃,年十二尚梁武帝女长城

① 《裴注三国志·魏书九》。
② 《裴注三国志·吴书十二》。
③ 《裴注三国志·魏书八》。
④ 《晋书·列传第五十八》。
⑤ 《晋书·列传第六十六》。
⑥ 《晋书·列传第四十五》。
⑦ 《宋书·列传第三十一》。
⑧ 《南齐书·列传第二十四》。

公主；梁平北将军张缵，"年十一，尚武帝第四女富阳公主"[①]；陈左民尚书周弘正，"年十岁……河东裴子野深相赏纳，请以女妻之"[②]。北朝，北魏刘昞，"年十四，就博士郭瑀学……瑀遂以女妻之"[③]；夏侯道迁，年十七，娶韦氏之女。北周大将军长孙澄，"年十岁，司徒李琰之见而奇之，遂以女妻焉"[④]；太尉于翼，"年十一，尚太祖女平原公主"[⑤]。

由于史料中对庶民婚嫁年龄的记载不多，不能直观地了解到其中状况。但从数量极微的相关文献中，如《晋书・列传第六十六》载：皮京妻龙氏，"年十三适京，未踰年而京卒"，依旧可见其早婚的痕迹。而前文提及的该时期各政权就嫁娶年龄所颁之诏令，则普遍表现出其整个社会，包括下层百姓存有大量早婚的现象。

由"男子三十而娶，女子二十而嫁"到"男年十五，女年十三已上，爰及鳏寡，所在军民，以时嫁娶"这中间的年龄差距不能说不大，也正说明了魏晋时期的早婚现象。首先，早婚现象表现的是人们对婚姻，对男女成家、传宗接代的重视。同时，政府这种以诏令和法令的形式规定男女婚嫁年龄的现象，表现了政府对婚姻的干预，与当时崇尚自由的士风有些矛盾。通过政府干预婚嫁，甚至适龄男女到了年龄还未婚嫁，其父母就有罪的现象，我们可以发现，当时社会的混乱状况对人口的增长造成了巨大的破坏，也带来了不小的压力，以至需要通过政府干预婚嫁来加快人口的增长。户口和人口是政府税收的主要来源，政府干预婚姻的目的正是为了增加国家的户口、人口，从而增加国家的税收。此点与越王勾践为复国所作之令不谋而合："周末，越王勾践蕃育庶人，欲速报吴"[⑥]，故"令壮者无取老妇，令老者无取壮妻。女子十七不嫁，其父母有罪；丈夫二十不娶，其父母有罪"[⑦]。同时，它又是通过政府来加强家庭道德完善、加强伦理完善的一项措施。在人口锐减、人的寿命较短的时代，"各封建政权为了恢复和拥有

---

① 《南史・列传第四十六》。
② 《陈书・列传第十八》。
③ 《魏书・列传第四十》。
④ 《周书・列传第十八》。
⑤ 《周书・列传第二十二》。
⑥ 《通典・男女婚嫁年几议》。
⑦ 《国语・越语上》。

一定数量的人口,采取了早育多育的各种办法增加户口,而要使民早育多育,一个有效的办法就是实行早婚。于是早婚便成为统治阶级增殖人口,增强国力的首选政策。"[①]另一方面,它反映的是当时人们的孝悌观念。魏晋时代重孝廉,中国古代就有"不孝有三,无后为大"之说,老人膝下儿女子孙成群,多世同堂被认为是幸福和理想的家庭。受这种家庭宗法观念的影响,早婚早育就成了当时人们的普遍选择,不仅是上层社会,平民百姓中亦是如此。在这一层面上,早婚是人们对家庭伦理道德的完善,更表现了当时人们的一种家庭伦理道德理想。

二、财婚

魏晋南北朝时期的婚嫁特点除早婚外,也体现于其财婚的普遍性上,这其中又以东晋后期至南北朝阶段尤为明显。东晋葛洪于《抱朴子・弭讼》载其姑子刘君士言:"末世轻慢,伤化败俗,举不修义,许而弗与,讼阋秽辱,烦塞官曹。今可使诸争婚者,未及同牢,皆听义绝,而倍还酒礼,归其币帛。其尝已再离者,一倍裨娉。其三绝者,再倍裨娉。如此,离者不生讼心,贪吝者无利重受,乃王治要术,不易之永法也"。葛洪自身则以为:"夫婚媾之结,义无逼迫,彼则简择而求,此则可意乃许,轻诺后悔,罪在女氏,食言弃信,与夺任情,严防峻制,未之能弭。今猥恣之,唯责裨娉倍贫者所惮也,丰于财者,则适其愿矣。后所许者,或能富殖,助其裨娉,必所甘心。然则先家拱默,不得有言,原情论之,能无怨叹乎?"从中可知彼时财婚现象的盛行,及其对社会造成的巨大损害:婚姻成为在市场中交易的物品,只重财礼丰厚与否,毫无信义可言;婚嫁违约之讼充斥官府,即便颁布典章制度依旧不能消除婚姻中背信弃义的问题。此外,北齐颜之推于其《颜氏家训・治家篇》云:"婚姻素对,靖侯成规。近世嫁娶,遂有卖女纳财,买妇输绢,比量父祖,计较锱铢,责多还少,市井无异。或猥婿在门,或傲妇擅室,贪荣求利,反招羞耻,可不慎欤!"此番言论同样说明彼时财婚之流行,及其给家庭及社会造成的不良习气。婚姻嫁娶本为"合二姓之好,上以事宗庙,而下以继后世"[②],讲求"素对"之道。然财婚之俗却致使婚嫁之人成了"客体",而

---

① 石小英:《由敦煌籍帐文书引发的对魏晋南北朝时期婚龄问题的探讨》,《商丘师范学院学报》2005年第1期。

② 《礼记・昏义》。

财礼等物成了"主体",由此引发"猥婿"或"傲妇"等婚姻不幸、家庭不和的问题,更造成整个社会风气的"贪荣求利"的势利心态。

魏晋南北朝财婚的盛行可以从正反两个维度得以证明。

首先,从反面看,这一时期各政权频繁颁布禁止"婚娶而论财"之诏令,可知财婚现象已然对国家社稷形成巨大冲击。南朝,齐武帝于永明七年(489)诏曰:"婚礼下达,人伦攸始,《周官》设媒氏之职,《国风》兴及时之咏。四爵内陈,义不期侈,三鼎外列,事岂存奢!晚俗浮丽,历兹永久,每思惩革,而民未知禁。乃闻同牢之费,华泰尤甚;膳羞方丈,有过王侯。富者扇其骄风,贫者耻躬不逮。或以供帐未具,动致推迁,年不再来,盛时忽往。宜为节文,颁之士庶。并可拟则公朝,方樏供设,合卺之礼无亏,宁俭之义斯在。如故有违,绳之以法。"①另,南齐海陵王于延兴元年(494)诏曰:"督劝婚嫁,宜严更申明,必使禽币以时,摽梅息怨"②。

不仅南朝,北朝时期的帝王同样多次为解决财婚问题而发布诏令。北魏,太平真君九年(448),太武帝"以婚姻奢靡,丧葬过度,诏有司更为科限"③。文成帝于和平四年(463)十二月诏云:"名位不同,礼亦异数,所以殊等级,示轨仪。今丧葬嫁娶,大礼未备,贵势富豪,越度奢靡,非所谓式昭典宪者也。有司可为之条格,使贵贱有章,上下咸序,着之于令。"④同月,他又诏言:"然中代以来,贵族之门多不率法,或贪利财贿,或因缘私好。在于苟合,无所选择,令贵贱不分,巨细同贯,尘秽清化,亏损人伦,将何以宣示典谟,垂之来裔。今制皇族、师傅、王公侯伯及士民之家,不得与百工、伎巧、卑姓为婚,犯者加罪。"⑤虽说文成帝本意在于维护门阀等级制度,张扬贵贱之别,但正是财婚的盛行在贵族与庶民之间架起了桥梁,影响其统治方针的达成。孝文帝则于太和二年(478)诏云:"婚聘过礼,则嫁娶有失时之弊;厚葬送终,则生者有糜费之苦。圣王知其如此,故申之以礼数,约之以法禁。乃者,民渐奢尚,婚葬越轨,致贫富相高,贵贱无别,又皇族贵戚及士民之家,不惟氏族高下与非类婚偶。先帝亲发明诏,为之科禁,

① 《南齐书·本纪第三》。
② 《南齐书·本纪第五》。
③ 《魏书·帝纪第四》。
④ 《魏书·帝纪第五》。
⑤ 同上。

而百姓习常，仍不肃改。朕今宪章旧典，祇案先制，著之律令，永为定律。犯者以违制论。”[①]北齐，文宣帝于天保元年(550)诏曰：“顷者风俗流宕，浮竞日滋，家有吉凶，务求胜异。婚姻丧葬之费，车服饮食之华，动竭岁资，以营日富……今运属惟新，思蠲往弊，反朴还淳，纳民轨物。可量事具立条式，使俭而获中。”[②]北周，武帝宇文邕于建德三年(574)九月诏曰：“政在节财，礼唯宁俭。而顷者婚嫁竞为奢靡，牢羞之费，罄竭资财，甚乖典训之理。有司宜加宣勒，使咸尊礼制”。至次年正月，又诏云：“自今已后，男年十五，女年十三已上，爰及鳏寡，所在军民，以时嫁娶，务从节俭，勿为财币稽留。”[③]

魏晋时期财婚现象的普遍存在及其对社会形成的严重冲击，不仅可从诸帝王诏令中得以印证，在其婚嫁的切实行为，及其麾下臣子对此的进言与政令同样可以发现。其一，从帝王言行论：魏武帝曹操“愍嫁取之奢僭，公女适人，皆以皁帐，从婢不过十人”[④]。南朝，宋武帝时，“诸主出适，遣送不过二十万，无锦绣金玉”，以成“内外奉禁，莫不节俭”的良好风气。[⑤] 虽不能直观地认定他们的行为就是针对财婚而起的，但至少可以肯定其中存有一定关系，且这类做法将对皇室、朝臣，以至整个国家的婚嫁习俗形成或多或少的影响。其二，从朝臣进言及政令上看：据《晋书·列传四十五》记载，时任豫章太守的范宁于孝武帝诏公卿牧守普议得失，陈时政曰：“夫人性无涯，奢俭由势。今并兼之士亦多不赡，非力不足以厚身，非禄不足以富家，是得之有由，而用之无节。蒱酒永日，驰骛卒年，一宴之馔，费过十金，丽服之美，不可赀算，盛狗马之饰，营郑卫之音，南亩废而不垦，讲诵阙而无闻，凡庸竞驰，傲诞成俗。”且“帝善之……所启多合旨”。东魏，临淮王元孝友明于政理，尝奏表言：“夫妇之始，王化所先，共食合瓢，足以成礼。而今之富者弥奢，同牢之设，甚于祭槃。累鱼成山，山有林木，林木之上，鸾凤斯存。徒有烦劳，终成委弃，仰惟天意，其或不然。请自兹以后，若婚葬过礼者，以违旨论。”[⑥]又，武定五年(547)九月，时任大丞相的高澄谏言孝静帝：“豪贵

① 《魏书·帝纪第七》。
② 《北齐书·帝纪第四》。
③ 《周书·帝纪第五》。
④ 《裴注三国志·魏书一》。
⑤ 参阅《宋书·本纪第三》。
⑥ 《北史·列传第四》。

之家，不得占护山泽。其第宇车服婚姻送葬奢僭无限者，并令禁断。”[1]北齐，苏琼在南清河太守任上，“禁断淫祠，婚姻丧葬，皆教令俭而衷礼”[2]。

其次，从正面看，史料中有关这一时期人物婚嫁财货状况的众多记载，则更为直观地反映出其财婚之流行。三国时期，孙吴前将军吕范“少为县吏，有容观姿貌。邑人刘氏，家富女美，范求之。女母嫌，欲勿与，刘氏曰：‘观吕子衡宁当久贫者邪?’遂与之婚”[3]，说明其时贫富成了衡量婚姻的重要指标。蜀汉地区同样弥漫着财婚现象，《裴注三国志・蜀书九》载：“蜀土富实，时俗奢侈，货殖之家，侯服玉食，婚姻葬送，倾家竭产。”

东晋中期，卫将军主簿吴隐之“将嫁女，石知其贫素，遣女必当率薄，乃令移厨帐助其经营。使者至，方见婢牵犬卖之，此外萧然无办”[4]。可知婚嫁所需之财已然妨碍了民众的正常生活，甚至于“倾家竭产”、“萧然无办”。

南朝，《宋书・列传第八》载，“刘敬宣女嫁，高祖赐钱三百万，杂彩千匹，时人并以为厚赐”。又，刘宋名士沈道虔“常无食，无以立学徒。武康令孔欣之厚相资给，受业者咸得有成。太祖闻之，遣使存问，赐钱三万，米二百斛，悉以嫁娶孤兄子”[5]。南齐，度支尚书王思远早年为宋建平王景素“深见礼遇”，及景素被诛，其女被废为庶人，“思远分衣食以相资赡，年长，为备笄总，访求素对，倾家送遣”。[6]

北朝时期。北魏，卢统“以父任，侍东宫。太武以元舅阳平王杜超女南安长公主所生妻之。车驾亲自临送，太官设供具，赏赉千计”[7]；南齐明帝六子萧宝夤“尚南阳长公主”，北魏宣武帝“赐帛一千匹，并给礼具”。[8] 北齐，时任司徒左长史的毕义云“成婚之夕，众储备设，克日拜合，鸣驺清路，盛列羽仪，兼差台吏二十人，责其鲜服侍从车后”[9]。

---

① 《北史・齐本纪上第六》。
② 《北史・列传第七十四》。
③ 《裴注三国志・吴书十一》。
④ 《晋书・列传第六十》。
⑤ 《宋书・列传第五十三》。
⑥ 参阅《南齐书・列传第二十四》。
⑦ 《北史・列传第十三》。
⑧ 参阅《魏书・列传第四十七》。
⑨ 《北齐书・列传第三十九》。

更有甚者，因财婚习俗作祟，官员不惜违背为官之责，利用职务之便谋取嫁资。刘宋，尚书仆射何尚之向宋文帝揭露吏部尚书庾炳之向属下官吏索取"嫁女具"云："刘道锡云是炳之所举，就道锡索嫁女具及祠器，乃当百万数"。选令史章龙亦叹其受纳之过，"实得嫁女具，铜炉四人举乃胜，细葛斗帐等物，不可称数"，最终"太祖乃可有司之奏，免炳之官"。[①] 另，《宋书·列传第四十七》载："惠开妹当适桂阳王休范，女又当适世祖子，发遣之资，应须二千万。（孝武帝）乃以为豫章内史，听其肆意聚纳，由是在郡著贪暴之声。"这段文字不仅说明财婚之公开与普遍，甚至竟成了帝王容许臣子"正当"受贿的理由。北齐，尚书左丞宋游道"重交游，存然诺之分。历官严整，而时大纳贿，分及亲故之艰匮者，其男女孤弱，为嫁娶之"[②]。由此可证，财婚之流行成了官员坚持自身原则的障碍，令其不惜抛弃声名，也要求全嫁娶之场面。又《北齐书·列传第三十五》载：孝昭帝皇建二年(561)，"司徒录事参军卢思道私贷库钱三十万娉太原王乂女为妻，而王氏已先纳陆孔文礼娉为定，（袁）聿修为首僚，又是国之司宪，知而不劾，免中丞"。

何以社会在两晋后期兴起财婚之俗，归其缘由大致有二：

第一，财婚之习气与战乱的时代背景相关，战乱一方面导致了人民生计受到冲击，生命受到威胁；另一方面则导致了社会伦理结构的失序，及个人道德观念的沦丧。前者的存在促使人们急切地寻求物质生命的新寄托，后者则引发世人的精神生命进入到虚无和麻木的境地。此二者的合集则进一步推动世人将眼光聚焦到眼前的生存及自我充实的问题上，而解决这一问题的最快捷、最有效的方案则又必然是金钱。金钱既能使人摆脱物质生命的不安全感，又能通过消费来麻痹自我的灵魂，还能使人在赚取及守护钱财过程中感到自我实现的"假象"。由此，财婚现象的兴起及泛滥也就显得自然了，少数对之施行抨击的群体则要么属于自我修养极高之辈，要么属于玩弄权术之徒，这也正是孟子"无恒产而有恒心者，惟士为能。若民，则无恒产，因无恒心。苟无恒心，放辟邪侈，无不为已"[③]所蕴含的真意所在。

---

① 参阅《宋书·列传第十三》。
② 《北史·列传第二十二》。
③ 《孟子·梁惠王章句上》。

第二，魏晋时代十分重视门第等级观念，这种门第等级观念在婚嫁中的表现就是家族出身、门第等级成为家族通婚的唯一标准，婚姻关涉的不仅是个人，更关系到一个家族的前途和名声。这种重门第等级的婚姻所造成的后果就是"婚嫁论财之风盛行"①。两个家族在联姻过程中，为了标榜自己的家族势力，在嫁娶中都极尽奢侈与铺张。清人赵翼说："魏、齐之时，婚嫁多以财币相尚，盖其始高门与卑族为婚，利其所有财贿纷遗，其后遂成风俗，凡婚嫁无不以财币为事，争多竞少，恬不为怪也。"②门第等级与重视财货实际是互为表里的关系，这种奢侈之风先由上层社会开始，到最后下层社会的一般民众也开始极尽铺张之事，致使"一般家庭无力筹措聘财资妆，出现了婚嫁失时的现象，所谓内多怨女，外多旷夫……对于没有财产可以变卖的一般黎民百姓，则往往很难适时嫁娶，致使婚姻失时"③。这种婚嫁不平衡现象，导致了很多的晚婚，甚至抢婚现象。婚嫁重视财货，实质上就是一种买卖婚姻，对此有许多人作了批判。北周武帝宇文邕，于建德三年(574)诏云："自今已后，男年十五，女年十三已上，爰及鳏寡，所在军民，以时嫁娶，务从节俭，勿为财币稽留。"表明婚嫁应该以时从俭，不可奢侈。

此外，财婚虽意味着奢靡，然这种奢靡却也给社会带来了正面的效应，打击了既有的僵化的门阀氏族，一定程度上冲破等级制度的限制，使整个社会板结化状态开始融化。南朝刘宋时，周朗上书言："凡厥庶民，制度日侈，商贩之室，饰等王侯，佣卖之身，制均妃后。凡一袖之大，足断为两，一裾之长，可分为二，见车马不辨贵贱，视冠服不知尊卑。尚方今造一物，小民明已睥睨。宫中朝制一衣，庶家晚已裁学。侈丽之原，实先宫阃。"④此段文字本意在指谪社会服装风气的混乱，丝毫没有按照"正名"之礼来执行，然这也从反面印证着奢靡风气对固有等级秩序的巨大冲击。另外，梁武帝也斥责贵族官僚"并甲第康衢，渐台广室。长袖低昂，等和戎之赐；珍羞百品，同伐冰之家。愚民因之，浸以成俗。骄艳竞爽，夸丽相高。至乃市井之家，貂狐在御；工商之子，缇绣是袭"⑤，此番态度

① 赵丽恒：《就〈世说新语〉看魏晋南北朝的婚姻文化》，《许昌学院学报》2007 年第 1 期。
② 《廿二史札记》。
③ 庄华峰：《两晋南北朝等级婚姻初探》，《史学月刊》2000 年第 5 期。
④ 《宋书·列传第四十二》。
⑤ 《梁书·本纪第一》。

同样说明以财婚为代表的"歪风邪气"给统治阶层以等级划分天下带去的困扰。财婚除了单纯的拜金之外,还直接在庶族与门阀之间架起了血缘的桥梁,由此推进整个社会阶层从"死水"转向为"活水",重新赋予民众生活以生命力及未知的可能性。

第三节　鬼神崇拜及其预示的道德法则

一、天地崇拜

"天地"在传统文化中素来占有重要地位,它是宇宙生成的根源,"天地之大德曰生"①,生成后的万物又无不被包纳在"天覆地载"之中。由此,"天地"尤其是"天"必然被视为"超越性的存在",以其永恒的特性为世界提供运作的动力:"天何言哉? 四时行焉,百物生焉"②,以其超越的地位主宰万物的运作法则:"巍巍乎! 唯天为大,唯尧则之。"③即便人世最高的统治者也不过是"天之子",其同样需要根据"天"的意志治理百姓:"《春秋》之法,以人随君,以君随天……故屈民而伸君,屈君而伸天。"④故"天子"的职责就是感应天意,体会天道,并顺应其中的吉凶,以实现对万民的教化:"天令之谓命,命非圣人不行;质朴之谓性,性非教化不成;人欲之谓情,情非度制不节。是故王者上谨于承天意,以顺命也;下务明教化民,以成性也;正法度之宜,别上下之序,以防欲也;修此三者,而大本举矣"。如若不然,则将遭到天的惩罚:"国家将有失道之败,而天乃先出灾害以谴告之,不知自省,又出怪异警惧之,尚不知变,而伤败乃至"⑤。

"天"的无所不在,及其对世间的主宰与奖惩,使其成了各统治政权标榜自身合法性的依据,社会祈求休福健泰的对象,故各种祭"天"、祭"地"习俗不断涌

---

① 《易经》。
② 《论语·阳货》。
③ 《论语·泰伯》。
④ 《春秋繁露·玉杯》。
⑤ 参阅《天人三策·第三策》。

现，并在历史延续中得以巩固及强化。魏晋南北朝时期同样保留有这一传统，各政权除了常规祭天外，每到新君继位、朝代更替、帝王狩猎，及为国家祈福、求雨等时，也都要行祭天之礼。由于汉末战乱的原因，三国伊始对“天地”的郊祭曾一度中断，直至魏明帝时期才得以重现：“太和元年(227)正月丁未，郊祀武帝以配天，宗祀文帝于明堂以配上帝。”①又，“景初元年(237)十月乙卯，始营洛阳南委粟山为圜丘。诏曰：‘昔汉氏之初，承秦灭学之后，采摭残缺，以备郊祀。自甘泉后土，雍宫五畤，神祇兆位，多不经见，并以兴废无常，一彼一此，四百余年，废无禘礼，古代之所更立者，遂有阙焉。曹氏世系，出自有虞氏。今祀圜丘以始祖帝舜配，号圜丘曰皇皇帝天。方丘所祭曰皇皇后地，以舜妃伊氏配。天郊所祭曰皇天之神，以太祖武皇帝配。地郊所祭曰皇地之祇，以武宣皇后配。宗祀皇考高祖文皇帝于明堂，以配上帝。’十二月壬子冬至，始祀皇皇帝天于圜丘，以始祖有虞帝舜配”，然，“自正始以后，终魏世不复郊祀”②。此段材料除了说明郊祀之礼由来已久，及对此礼的再次承继外，也可见得战乱对国家正常运作的巨大损害，这也正是蜀汉及孙吴政权中不复见此礼的根源所在。

咸熙二年(265)十二月甲子，魏元帝禅位于晋，郊祀之礼才慢慢回归正常：“丙寅，武皇帝设坛场于南郊，柴燎告类于上帝，是时尚未有祖配。”③西晋武帝于泰始二年(266)正月下诏：“‘有司前奏郊祀权用魏礼，朕不虑改作之难，令便为永制，众议纷互，遂不时定，不得以时供飨神祇，配以祖考。日夕难企，贬食忘安，其便郊祀。’时群臣又议，五帝即天也，王气时异，故殊其号，虽名有五，其实一神。明堂南郊，宜除五帝之坐，五郊改五精之号，皆同称昊天上帝，各设一坐而已。地郊又除先后配祀。帝悉从之。二月丁丑，郊礼宣皇帝以配天，宗祀文皇帝于明堂以配上帝。是年十一月，有司又议奏，古者丘郊不异，宜并圆丘方丘于南北郊，更修立坛兆，其二至之祀合于二郊。帝又从之，一如宣帝所用王肃议也。是月庚寅冬至，帝亲祠圆丘于南郊。自是后，圆丘方泽不别立。”④从此，于隔年正月的上辛，即第一个辛日，在国都南郊圜丘祭天皇上帝及五帝(东方青

---

① 《晋书・志第九》。
② 同上。
③ 同上。
④ 同上。

帝、南方赤帝、中央黄帝、西方白帝、北方黑帝），行燔燎告天的郊祭仪式才真正得以重新确定下来，并被其后的各大政权所遵循和参照。

待到南朝之际，郊祀制度出现了些许细微变化。南齐，武帝永明二年(484)，在圜丘坛外造屋宇替代此前帷帐，以为更衣、憩息之便。[①] 南梁，天监十一年(512)始，则以“素俎”代牺牲[②]，祭祀天地社稷、宗庙，究其缘由则在于梁武帝提倡茹素事佛及佛教本身的社会影响不断扩大。

北朝的天地祭祀中，则加入了诸多少数民族的文化因素，使之变得更具有地域色彩。《魏书·志第十》：“太祖初，有两彗星见，刘后使占者占之，曰：‘祈之则当扫定天下。’后从之，故立其祀。又立（阙二字）神十二，岁一祭，常以十一月，各用牛一、鸡三。又立王神四，岁二祭，常以八月、十月。各用羊一。又置献明以上所立天神四十所，岁二祭，亦以八月、十月。神尊者以马，次以牛，小以羊，皆女巫行事。”另，嘎仙洞鲜卑石室北魏石刻祝文载：“用骏足、一元大武、柔毛之牲，敢昭告于皇天之神。”祭品中马为“神尊者”，反映出游牧民族依赖骑乘的文化传统。此外，北魏早期的祭神仪式也与汉族不同，“城西有祠天坛，立四十九木人，长丈许，白帻、练裙、马尾被，立坛上，常以四月四日杀牛马祭祀，盛陈卤簿，边坛奔驰奏伎为乐”[③]。直到孝文帝太和十八年(494)罢除西郊祭天之俗，北魏政权才转而崇拜汉族的天神，执行汉族政权的祭祀仪式。

二、日月星辰及气象崇拜

“天地”不言，其意志该如何为人所把握？吉凶祸福当如何去预知？对此，人们只能依赖“天地”所创生之“物”来观察和感受，此一思路正同于《周易·系辞下》中所载八卦之由来：“古者包牺氏之王天下也，仰则观象于天，俯则观法于地，观鸟兽之文与地之宜，近取诸身，远取诸物，于是始作八卦，以通神明之德，以类万物之情。”又，天地万物中最高远的属日月星辰，最缥缈的属气象，其属性跟“天地”最为相近，都处于人力所难以企及和改变的位置。所以，伴随对“天地”的敬畏之心，人们也产生出对日月星辰及气象之崇拜习俗，视其为“天地”意

① 参阅《南齐书·志第一》。
② 参阅《隋书·志第一》。
③ 《南齐书·列传第三十八》。

志的传达路径，赋予其崇高地位而加以信仰并祭祀。

魏晋南北朝时期，崇祀的星象主要有日、月、五星、二十八宿等，其中，又以日、月地位最高。星象祭祀之礼，则遵照“春分祀朝日于东，秋分祀夕月于西”①的原则。此外，人们还把星象与世间等级贵贱、祸福吉凶等联系起来，以此来实现“天”、“人”之间的感应与沟通，并以之作为执政路线及指导方针之一。如《晋书·志第一》中所记：“北极五星，钩陈六星，皆在紫宫中。北极，北辰最尊者也，其纽星，天之枢也。天运无穷，三光迭耀，而极星不移，故曰‘居其所而众星共之’。第一星主月，太子也。第二星主日，帝王也；亦太乙之坐，谓最赤明者也。第三星主五星，庶子也。中星不明，主不用事；右星不明，太子忧。钩陈，后宫也，大帝之正妃也，大帝之常居也。北四星曰女御宫，八十一御妻之象也。钩陈口中一星曰天皇大帝，其神曰耀魄宝，主御群灵，执万神图。抱北极四星曰四辅，所以辅佐北极而出度授政也。大帝上九星曰华盖，所以覆蔽大帝之坐也。盖下九星曰杠，盖之柄也。华盖下五星曰五帝内坐，设叙顺帝所居也。客星犯紫宫中坐，大臣犯主。华盖杠旁六星曰六甲，可以分阴阳而配节候，故在帝旁，所以布政教而授农时也。极东一星曰柱下史，主记过；左右史，此之象也。柱史北一星曰女史，妇人之微者，主传漏，故汉有侍史。传舍九星在华盖上，近河，宾客之馆，主胡人入中国。客星守之，备奸使，亦曰胡兵起。传舍南河中五星曰造父，御官也，一曰司马，或曰伯乐。星亡，马大贵。其西河中九星如钩状，曰钩星，直则地动。天一星在紫宫门右星南，天帝之神也，主战斗，知人吉凶者也。太一星在天一南，相近，亦天帝神也，主使十六神，知风雨水旱、兵革饥谨、疾疫灾害所在之国也。”

除了静态地将星象与人世之位、事相关联外，人们还利用占星术去主动地揣知天意、预测未来，通过观察星象变换附会人事，决定自身行为的趋向：“昔在庖牺，观象察法，以通神明之德，以类天地之情，可以藏往知来，开物成务”②。处于战乱之中的魏晋南北朝时期，政权的更迭频繁使民众性命堪忧，统治者与庶民的生活都充满变数。在此情形下，如能提前预判未来，则可获取自身心理的

① 《晋书·志第九》。
② 《晋书·志第一》。

安宁，故占星术较之前代得到更广的流传，产生出更大的影响。《晋书·志第三》载晋武帝依占星结果决定出兵孙吴之事，“武帝咸宁四年(278)九月，太白当见不见。占曰：‘是谓失舍，不有破军，必有亡国。’是时羊祜表求伐吴，上许之。五年十一月，兵出，太白始夕见西方。太康元年(280)三月，大破吴军，孙皓面缚请罪，吴国遂亡”。又，东晋元帝大兴四年(321)，征西将军祖逖见妖星而自认将亡：“初有妖星见于豫州之分，历阳陈训又谓人曰：‘今年西北大将当死。’逖亦见星，曰：‘为我矣！方平河北，而天欲杀我，此乃不祐国也。’”①《晋书·列传第五十二》则载有大司马桓温意欲借助占星预判其谋反时机的事件：“时温有大志，追蜀人知天文者至，夜执手问国家祚运修短。答曰：‘世祀方永。’疑其难言，乃饰辞云：‘如君言，岂独吾福，乃苍生之幸。然今日之语自可令尽，必有小小厄运，亦宜说之。’星人曰：‘太微、紫微、文昌三宫气候如此，决无忧虞。至五十年外不论耳。’温不悦，乃止。”

南北朝时期占星之风依然盛行。刘宋宗室刘义庆，于元嘉六年(429)，“加尚书左仆射。八年(431)，太白星犯右执法，义庆惧有灾祸，乞求外镇”，文帝则诏譬之曰：“玄象茫昧，既难可了。且史家诸占，各有异同，兵星王时，有所干犯，乃主当诛。以此言之，益无惧也。郑仆射亡后，左执法尝有变，王光禄至今平安。日蚀三朝，天下之至忌，晋孝武初有此异，彼庸主耳，犹竟无他。天道辅仁福善，谓不足横生忧惧”，但最终“义庆固求解仆射，乃许之”，可见占星之事已为人所深信不疑。② 刘宋末年，萧道成杀掉后废帝刘昱，沈攸之欲起兵讨萧，“问其知星人葛珂之。珂之曰：‘自古起兵，皆候太白。太白见则成，伏则败。昔桂阳以太白伏时举兵，一战授首，此近世明验。今萧公废昏立明，政值太白伏时，此与天合也。且太白寻出东方，东方利用兵，西方不利。’故攸之止不反”③。齐人孔灵产，解天文，好术数。其预言沈攸之起兵反叛兵众虽强，却不合于天时冥数，故必败。高帝萧道成因其占灵之验，擢迁其为光禄大夫，并使其登上灵台占候天文。梁，武帝天监四年(505)六月壬戌日，岁星白天出现，占星者将此解读

---

① 《晋书·列传第三十二》。
② 参阅《宋书·列传第十一》。
③ 《宋书·列传第三十四》。

为星与日月争光，乃是武弱文强之象。而梁武帝果崇尚文儒，直至其死，不修武备。[①] 北魏，道武帝时，太史屡奏天文错乱，言其为改王易政之象，道武帝为此便多次改易百官之号，欲防塞凶狡，消灾应变。[②] 北齐，河清三年(564)五月，天上白虹围日两重，赤星出现。武成帝高湛认为此为不祥之兆，故用盆水接星影欲盖之，正巧盆破，故武成帝乃杀其侄高百年以图消灾减祸。[③]

除了日月星辰，气象也被人们视为"天地"之意的传达者，意志神之一类，故有风伯、雨师、雷神之谓。魏晋南北朝时期，人们同样信奉气象之变乃天意表现，认定其具有无穷的生命及能力，如干宝的《搜神记》卷一载："赤松子者，神农时雨师也……随风雨上下"，卷四又云："风伯、雨师，星也。风伯者，箕星也。雨师者，毕星也。"北齐时著的《太平御览》卷十三则引《神异经》曰："八方之荒有石鼓，其径千里，撞之，其音即雷也。天以此为喜怒之威。"为此，气象之神成了郊祀天地中的从祀，此外对于其中的部分神灵，还立有专门的祠庙以供世人拜祭和祈福，我们所熟知的龙王庙就是其中的典型代表。

如占星那般，人们同样也利用"望气"和"风角"之术来观察气象之变化，进而主动地感通天意，企图借之预卜人世的休咎祸福。所谓望气即根据"云气"变化以预测吉凶之术，此术于魏晋南北朝时期流传甚广，其应用范围也不断扩张。《裴注三国志·魏书二》载曹丕"生时，有云气青色而圜如车盖当其上，终日，望气者以为至贵之证，非人臣之气"。又，南朝梁武帝为布衣时，"所居室常若云气，人或过者，体辄肃然"[④]。可见望气之术可用于预判人之命运前途。孙吴末帝时，则运用此术定国都之归属："望气者云荆州有王气破扬州而建业宫不利，故皓徙武昌，遣使者发民掘荆州界大臣名家冢与山冈连者以厌之。"[⑤]此外，望气之术还被用来预测成败，决定进止。如，"赤乌中，魏司马宣王谋欲攻恪，权方发兵应之，望气者以为不利，于是徙恪屯于柴桑"[⑥]；西晋末期，晋永兴二年(305)，

① 参阅《文献通考·卷二百九十三上》。
② 参阅《魏书·帝纪第二》。
③ 参阅《北齐书·列传第四》。
④ 《梁书·本纪第一》。
⑤ 《裴注三国志·吴书三》。
⑥ 《裴注三国志·吴书十九》。

右将军陈敏作乱，望气者陈训言，“陈家无王气，不久当灭”[①]，此叛乱确实也只坚持了两年左右便被消灭。

东魏，武定四年(546)八月癸巳，神武帝高欢将伐西魏。殿中将军曹魏祖以为不可，因为他认为“今八月西方王，以死气逆生气，为客不利，主人则可。兵果行，伤大将军”，然神武不从，最终“城不拔，死者七万人，聚为一冢”。[②]

所谓“风角”即通过观察风的变化来占卜祸福，其操作思路与占星及“望气”可谓同出一门。三国时，曹魏的术数名士管辂与王宏对话中曾论及风角之术的表象及本真。“辂又曰：‘夫风以时动，爻以象应，时者神之驱使，象者时之形表，一时其道，不足为难。’王弘直亦大学问，有道术，皆不能精。问辂：‘风之推变，乃可尔乎？’辂言：‘此但风之毛发，何足为异？若夫列宿不守，众神乱行，八风横起，怒气电飞，山崩石飞，树木摧倾，扬尘万里，仰不见天，鸟兽藏窜，兆民骇惊，于是使梓慎之徒，登高台，望风气，分灾异，刻期日，然后知神思遐幽，灵风可惧。’”[③]这表明风角之术的本真乃在于感通神灵，预测天意。除此之外，魏晋南北朝时期的史料中还记载着诸多善风角之人物，如孙吴的吴范，两晋的陈训，北魏的王早，北齐的王春、许遵等，他们皆有通过观察风来预判吉凶的能力。

三、山水崇拜

魏晋以来，玄学勃兴，道教也日益流传。道教主张清修、静养，追求长生不老，期望得道成仙。要实现这些目标除了需要修道者自身的努力，也强调外在机遇的作用，即得到那些已然成神、成仙之人的指引。神仙何处寻觅，其居处何在？时人相信，神仙都处于灵山之中，因其环境优雅，利于清修，不为世俗世界所打扰。加之，山乃载物之地，有厚重、高伟之气。故唐刘禹锡于《陋室铭》中言：“山不在高，有仙则灵”。秦始皇信从齐人徐福“海中有三神山，名曰蓬莱、方丈、瀛洲，仙人居之”的言论，而使其出海寻觅[④]，一来是因其渴望及早得长生之术，二来则是为名山大川的神秘及厚重形象所迷惑。时至魏晋南北朝，这种对

---

① 《晋书・列传第六十五》。
② 参阅《北齐书・帝纪第二》。
③ 《裴注三国志・魏书二十九》。
④ 参阅《史记・秦始皇本纪》。

名山的信仰愈发狂热，故被视为具有神灵气质的山遍布各地，如泰山、昆仑山、华山、恒山、嵩山、会稽山、管涔山、敬亭山、石鹿山、雨母山等，为各地政权及百姓所信仰和崇祀。其中又以泰山的地位最高，被时人认为是统辖鬼神的山神。西晋张华《博物志》卷一载："泰山，一曰天孙，言为天帝孙也。主召人魂魄。东方万物始成，知人生命之长短。"又，《裴注三国志·魏书十四》载："济为领军，其妇梦见亡儿涕泣曰：'死生异路，我生时为卿相子孙，今在地下为泰山伍伯，憔悴困辱，不可复言。今太庙西讴士孙阿，今见召为泰山令，原母为白侯，属阿令转我得乐处。'言讫，母忽然惊寤，明日以白济。济曰：'梦为尔耳，不足怪也。'明日暮，复梦曰：'我来迎新君，止在庙下。未发之顷，暂得来归。新君明日日中当发，临发多事，不复得归，永辞于此。侯气强，难感悟，故自诉于母，原重启侯，何惜不一试验之？'遂道阿之形状，言甚备悉。天明，母重启侯：'虽云梦不足怪，此何太适？适亦何惜不一验之？'济乃遣人诣太庙下，推问孙阿，果得之，形状证验悉如儿言。济涕泣曰：'几负吾儿。'于是乃见孙阿，具语其事。阿不惧当死，而喜得为泰山令，惟恐济言不信也，曰：'若如节下言，阿之原也。不知贤子欲得何职？'济曰：'随地下乐者与之。'阿曰：'辄当奉教。'乃厚赏之，言讫遣还。济欲速知其验，从领军门至庙下，十步安一人，以传阿消息。辰时传阿心痛，巳时传阿剧，日中传阿亡。济泣曰：'虽哀吾儿之不幸，且喜亡者有知。'后月余，儿复来语母曰：'已得转为录事矣。'"

张华于《博物志》论昆仑山言："昆仑纵广万一千里，神物之所生，圣人神仙之所集。"西晋傅玄于《华岳碑序》云："易称法象莫大乎天地，天以高明崇显，而岳配焉，地以广厚为基，而岳体焉，若夫太华之为镇也，五岳列位而存其首，三条分方而处其中，故能参两仪以比德，协和气之絪缊，故云行与雨施，兴雷风以动物，是以古先历代圣帝明王，莫不燔柴加牲，尊而祀焉，于虞书，则西巡狩至于西岳，而亲祭焉，于礼，则大司马掌其分域，而大宗伯典其礼祀也。"东晋郭璞则于《太华赞》中言："华岳灵峻，削成四方。爰有神女，是挹玉浆。其谁游之，龙驾云裳。"

与对山的崇拜一样，人们对奔流不息、高深莫测的江河湖泊，也怀有同样的敬畏之意。且认为其中必有为俗人所不易察觉的神灵存在，即"水不在深，有龙则灵"。魏晋南北朝时期，水神种类诸多，如：黄河的河神，长江的江神，渭水神，江州豫章郡内的宫亭湖神，永嘉郡怀化县的蒋公湖神，荆州来阳县的雨濑等，而河伯则又为众水神的总管。这些神灵代表天意，可以对世间的善恶作出相应的奖惩，故《搜神记》卷四载："文王以太公望为灌坛令，期年，风不鸣条。文王梦一妇人，甚丽，当道而哭，问其故。曰：'吾泰山之女，嫁为东海妇。欲归，今为灌坛令当道，有德，废我行；我行必有大风疾雨，大风疾雨是毁其德也。'"

其中，黄河一直被世人认作能预兆吉凶，上古时便有"河图洛书"的传说。《太平御览》卷六十一引王嘉《拾遗记》言："黄河千年一清，圣王之大瑞也。"刘宋鲍照在《河清颂》中云："鸣鸟跃鱼，涤秽河渠，至祥也。大宝鸿德，文教武功，其崇如此；幽明同赞，神祇与能，厥应如彼。唯天为大，尧实则之。皇哉唐哉，畴与为让？抑又闻之：势之所覃者浅，则美之所传者近；道之所感者深，则庆之所流者远……圣命谁堪？皇历攸归，谋从筮协，神与民推。"由此可见，黄河之清浊在当时而言，即是天下能否安宁的重要指标之一。

此外，少数民族中也存在祭祀山水之礼俗。《魏书・帝纪第七》载太和四年(480)二月癸巳诏，"今东作方兴，庶类萌动，品物资生，膏雨不降，岁一不登，百姓饥乏，朕甚惧焉。其敕天下，祀山川群神及能兴云雨者，修饰祠堂，荐以牲璧"。《魏书・志第十》载太和十五年(491)八月戊午诏曰，"国家自先朝以来，飨祀诸神，凡有一千二百余处。今欲减省群祀，务从简约"；又，诏曰："先恒有水火之神四十余名，及城北星神。今圆丘之下，既祭风伯、雨师、司中、司命，明堂祭门、户、井、灶、中霤，每神皆有。此四十神计不须立，悉可罢之。"可见，少数民族同样信奉为数众多的山河之神，并建造相应祠堂以便祭拜，以求其风调雨顺、保境安民。

四、动植物崇拜

魏晋南北朝时期，由于生产力的限制，人们除了对自然现象不能加以科学地解读外，对诸多的动植物形态及其属性同样存在盲区，这种未知则使它们变得神秘，进而被民众赋予神圣的色彩加以敬畏和推崇。就对植物的崇拜言，以对"树"的信仰最为典型。裴松之于《裴注三国志・魏书一》中注解曹操之死时，引《世说新语》：建安二十五年(220)，"太祖自汉中至洛阳，起建始殿，伐濯龙祠而树血出"。其后又注引《曹瞒传》曰："王使工苏越徙美梨，掘之，根伤尽出血。

越白状，王躬自视而恶之，以为不祥，还遂寝疾。”从此一注释可以看出裴氏在一定程度上把曹操死因归于对“灵树”的冒犯，树在此扮演了一个对曹魏篡汉行为予以制裁的正义角色，而这也反映出时人对树的敬畏之心。《搜神记》卷十八载：“庐江龙舒县陆亭流水边，有一大树，高数十丈，常有黄鸟数千枚巢其上，时久旱，长老共相谓曰：‘彼树常有黄气，或有神灵，可以祈雨。’因以酒脯往亭中。有寡妇李宪者，夜起，室中忽见一妇人，着绣衣，自称曰：‘我，树神黄祖也。能兴云雨，以汝性洁，佐汝为生。朝来父老皆欲祈雨，吾已求之于帝，明日日中大雨。’至期，果雨，遂为立祠。”可见，有灵之树能与天地万物相通——聚黄鸟数千，且能感应世人之需，圆其祈雨之愿。

北魏杨衒之所撰的《洛阳伽蓝记》载愿会寺“佛堂前生桑树一株，直上五尺，枝条横绕，柯叶傍布，形如羽盖。复高五尺，又然凡为五重，每重叶椹各异。京师道俗谓之神桑，观者成市，施者甚众。帝闻而恶之，以为惑众，命给事黄门侍郎元纪伐杀之。其日云雾晦冥，下斧之处，血流至地，见者莫不悲泣”。此段文字借“神桑”之“血流至地”及百姓“见者莫不悲泣”，预示出“神桑”与百姓之间的共同意志，即对北魏末代皇帝元脩的厌恶。

此外，“灵树”还有预示未来吉凶及避邪驱鬼的作用，如嘉禾生、木连理，常被世人们视作吉祥之兆；树上结冰挂，则被视作“木不曲直”，或树无故自折，皆为不祥之兆。如：晋元帝大兴三年(320)二月，下雨，树结冰，便被世人看作与两年后刘隗、周顗、刁协、戴渊等人被杀现象相关。① 又如蜀汉景耀五年(262)，“宫中大树无故自折，周(缘琼)深忧之，无所与言，乃书柱曰：‘众而大，期之会，具而授，若何复？’言曹者众也，魏者大也，众而大，天下其当会也。具而授，如何复有立者乎？蜀既亡，咸以周言为验”②。而用桃树制成的桃符、桃剑则被认为能驱邪避凶，南朝梁宗懔《荆楚岁时记》云：“正月一日……帖画鸡户上，悬苇索于其上，插桃符其旁，百鬼畏之。”栌木同样可以用来驱鬼辟邪，晋崔豹《古今注·问答释义》载：“程雅问拾栌木一名无患者。昔有神巫，名曰宝眊。能符劾百鬼，得鬼则以此为捧，杀之。世人相传以此木为众鬼所畏，竞取为器用，以却厌邪鬼，

① 参阅《宋书·志第二十》。
② 《裴注三国志·蜀书十二》。

故号曰无患也。”

就动物崇拜看，魏晋南北朝时期，众多动物都能预示吉祥，其中主要代表有：龙，《南史·宋本纪第二》载宋太祖刘义隆入奉皇统的征兆：“景平初，有黑龙见西方，五色云随之。二年，江陵城上有紫云。望气者皆以为帝王之符，当在西方。”其后又于文中言：“（宋武帝刘裕）车驾在道，有黑龙跃负上所乘舟，左右莫不失色，上谓王昙首曰：‘此乃夏禹所以受天命，我何德以堪之。’及至都，群臣迎拜于新亭。先谒初宁陵，还次中堂，百官奉玺绂，冲让未受，劝请数四，乃从之。”曹植《贺瑞表》则曰：“臣闻凤凰复见邺南，黄龙双出于清泉，圣德至理，以致嘉瑞。”

凤凰，孙吴人薛综作《凤颂》曰：“猗欤石磬，金声玉振。先王搏拊，以正五音。百兽翔感，仪凤舞麟。在昔尧舜，斯磬乃臻。宗庙致敬，乃胥来顾，赞扬圣德，上下受祚。”

鸾，《艺文类聚·卷九十九》引葛洪《抱朴子》云：“《昆仑图》曰：鸾鸟似凤而白缨，闻乐则蹈节而舞，至则国安宁。”

乌，乌有多种，如白乌、黑乌、赤乌、苍乌、三足乌等，《裴注三国志·吴书二》载孙权嘉禾七年（238）八月诏曰：“间者赤乌集于殿前，朕所亲见，若神灵以为嘉祥者，改年宜从赤乌为元。”遂改年号嘉禾为赤乌。

麒麟，《艺文类聚·卷九十八》引薛综《麟颂》言，“懿哉麒麟，惟兽之伯，世平睹景，否则戢足”。

白虎，《艺文类聚·卷九十九》下引《瑞应图》称，“白虎者，仁而不害，王者不暴虐，恩及行苇则见”。

白雀，孙吴末帝时，华覈于《谏盛夏兴工疏》中云，“征祥符瑞，前后屡臻，明珠既觌，白雀继见”。

九尾狐，曹魏曹植于《上九尾狐表》中语：“黄初元年十一月二十三日，于甄城县北见众狐数十，首在后，大狐在中央，长七八尺，赤紫色，举头树尾，尾甚长大，林列有枝甚多，然后知九尾狐。斯诚圣王德政和气所应也。”除上述诸动物外，白鹿、白雉、白鸽、白兔等也被世人视作祥瑞之物，太平盛世之兆。

动物不但能够兆祥，也可预祸，史料中载录有众多动物预示灾难的事件，如鸡祸，“晋惠帝元康六年（296），陈国有鸡生雄鸡无翅，既大，坠坑而死。王隐曰：

‘雄，胤嗣象，坑地事为母象，贾后诬杀愍怀，殆其应也’”①。

犬祸，“公孙渊家有犬冠帻绛衣上屋，此犬祸也。屋上亢阳高危之地。天戒若曰，渊亢阳无上，偷自尊高，狗而冠者也。及自立为燕王，果为魏所灭”②。

羽虫之孽，“景初元年(237)，又有生钜彀于卫国涓桃里李盖家，形若鹰，吻似燕。案刘向说，此羽虫之孽，又赤眚也。高堂隆曰：“此魏室之大异，宜防鹰扬之臣于萧墙之内。”其后晋宣王起，遂有魏室”③。

马祸，“晋武帝太熙元年(290)，辽东有马生角，在两耳下，长三寸。按刘向说，此兵象也。及帝晏驾之后，王室毒于兵祸，是其应也。京房《易传》曰：‘臣易上，政(阙一字)不顺(阙一字)，厥妖马生角。’又有‘天子亲伐，马生角’。《吕氏春秋》曰：‘人君失道，马有生角’”④。

牛祸，“晋惠帝太安中，江夏张骋所乘牛言曰：‘天下方乱，乘我何之！’骋惧而还，犬又言曰：‘归何蚤也。’寻后牛又人立而行。骋使善卜者卦之。谓曰：‘天下将有兵乱，为祸非止一家。’其年张昌反，先略江夏，骋为将帅。于是五州残乱，骋亦族灭。京房《易妖》曰：‘牛能言，如其言占吉凶。’《易萌气枢》曰：‘人君不好士，走马被文绣，犬狼食人食，则有六畜妖言。’时天子诸侯不以惠下为务，又其应也”⑤。

羊祸，“晋成帝咸和二年(327)五月，司徒王导厩，羊生无后足。此羊祸也。京房《易传》曰：‘足少者，下不胜任也。’明年，苏峻入京都，导与成帝俱幽石头，仅乃免身。是其应也”⑥。此外，《宋书·五行志》中还载有龟孽、毛虫之孽、豕祸等动物预示灾祸的故事，皆是表现动物之通灵特性，进而引发人们对于它们的崇拜、敬畏，甚至是恐惧之情。

---

① 《宋书·志第二十》。
② 《宋书·志第二十一》。
③ 《宋书·志第二十二》。
④ 《宋书·志第二十四》。
⑤ 同上。
⑥ 《宋书·志第二十二》。

第六章

职业分工所分别展现的道德生活

个体生命生于世间，必然居于一定的社会阶层之内，从事与其阶层相适应的社会工作，如此才能换取其生存于世所需的物质条件，构建其作为社会人的话语体系。个体社会性角色的分化、定位与协作，正是促成生活得以完善、生产得以发展、社会得以整合的前提所在。个体的社会性角色的分化与定位，形成了社会不同的职业分工，从而较好地整合不同的职业群体，促成生活的完善、生产的发展。社会的有序则需要各个行业、不同职业的个体遵守一定的行业和职业规则，即人们常说的职业道德。所谓职业道德，"就是同人的职业活动紧密联系的，符合职业特点所要求的道德准则、道德情操与道德品质的总和"。每个从业人员，不论从事哪种职业，在职业活动中都必须要遵守本行业、本职业在不断的发展过程中建立起来的道德规范。如教师要遵守教书育人、为人师表的职业道德；医生要遵守救死扶伤的职业道德等。

生产力的发展和社会分工是职业道德产生和发展的根本原因与客观基础，受经济、政治和社会伦理文化等的制约。社会发展历程表明，职业作为一种社会现象，与社会分工和生产内部的劳动分工紧密联系，对人们的道德意识、道德行为以及整个社会的道德习俗和道德传统，都有着重大的影响。人们在一定的职业生活中能动地表现自己，就形成了一定的职业道德。职业道德的产生以社会分工为基础。第一次社会大分工（即畜牧业和农业的分离）和第二次社会大分工（即手工业和农业的分离），形成了不同的职业集团，随之慢慢地萌发了调节、指导、约束人们职业行为的职业道德。随着生产力和社会的发展，职业道德经历了一个不断完善和精细化的过程。原始社会是职业道德的萌芽阶段。原始社会的生产不发达，分工也比较简单，还没有出现十分明确的职业分工，调整人们之间职业分工的职业道德也较少。随着生产力的发展，铁器工具的使用，生产效率的提高，产品有了剩余。人们用多余的剩余产品进行交换，商人应运而生，第三次社会大分工出现，商业与农业、畜牧业、手工业分离，脑力劳动和体力劳动分离。调整行业和职业关系的职业道德也随之产生。

随着社会分工进一步明确，行业和职业划分进一步精细化，职业道德的发展也越来越完善。据战国时期成书的《周礼·考工记》中记载，当时大的职业分工就有六种，即王公、士大夫、百工、商旅、农夫、妇功。王公（高级统治集团）之职是"审曲面执，以饬五材，以辨民器"；商旅（坐商行贩）之职是"通四方之珍异”；农夫之职是饬力以长地财；妇功（家庭妇女）之职是“织丝麻以成之”；其中的“百工”就有攻木之工七种，攻金之工六种，攻皮之工五种，设色之工五种，等等，共计30余种，各工之下又有更加细致的工种划分。各种不同的职业分工有不同的职责，承担相应的道德责任，形成了不同的职业道德。可以说，在先秦，中国已经基本形成了以官德（或政德）、民德、武德、师德、医德、商德以及从艺人员道德等为主要内容的职业道德。两汉至魏晋南北朝，这些职业道德得到初步的发展，内容也逐渐丰富起来。以“民德”为例①，因为农民在封建社会占多数，农民成为最主要的社会职业，故农民的职业道德也是封建社会职业道德的主体。在封建社会中，农民既是劳动者、受剥削者，又是私有者，使得农民的职业道德具有双重性的特点：一方面，他们在长期艰难的劳动生活中，养成了勤俭节约、团结互助、富有人道和憎恶剥削、压迫等优良的道德品质；另一方面，受其所处经济地位和当时社会生产条件的限制，他们还具有自私狭隘、保守散漫、只顾眼前、贪图小利等职业道德的特点。除此之外，其他各行业也有了进一步发展，如手工业、商业、教师行业等都形成了一些协调相互关系的职业道德准则。魏晋南北朝时期，是中国历史上又一个政治动乱和民族分裂的时期。一方面，民族的分裂、政权的更替与连绵的战争，给社会、政治、经济造成了巨大破坏；另一方面，也造成了封建专制集权的削弱，政治环境的相对宽松，各种职业活动不仅没有因为战乱而停滞不前，反而职业道德在战火中体现出它的道德价值和道德力量，并因此得到进一步的发展。如：三国吴孙权敞开国门，利用舟楫之便，积极向海外开拓，促进了国内外的商业交流活动，商人在从事商品贸易时体现出了一种襟怀开阔、悲天悯人、乐善好施的精神品格。民族交流和民族融合在这一时期进一步发展，各民族表现出来的酷爱自由、拼搏进取、团结奉献的精神也格外明显。在不断变动的社会环境中，人们的思想更加活跃，视野更加开阔，他们勇于探索，富于创新，各种科学技术、文学艺术、书法绘画等均有空前发展，从艺人员表现出来的勤奋创新、标新立异、敢于打破权威的精神也十分明显。总的来说，魏晋南北朝时期的主要职业门类和前期相比，仍然得到了进一步的发展，各种职业道德也有进一步的丰富和完善。下面分而述之。

---

① 这里所讲的“民德”主要是指封建社会的社会分工中占据主体地位的农民所具有的德性。

第一节 官 德

官德或政德，就是统治阶层（包括君王、官吏等）在从政、施政过程中所应该遵循的道德规范和伦理原则，是他们在治理国家、治理人民时的道德。可以说，“官德”是最早出现的职业道德，也是最重要的道德。官德的最初萌芽可以追溯到原始社会末期。尧舜时代就已经认识到官德（政德）在为政、治民时的重要性，他们在选择王位继承者时，就以德性为最重要的标准，将王位禅让给贤德之人。发展到先秦，儒家就明确提出了“为政以德”，从理论的角度对“官德”（政德）作了论说。孔子说：“为政以德，譬如北辰，居其所而众星共之”①，意思是说，统治者如能行德政，天下就能归服。提出了国家政治治理中的“德治主义”思想，向为政者提出了一个基本的伦理道德规范。孟子继承和发展了孔子的德治主义思想，主张“施仁政于民，省刑罚”②。在孔孟儒家的大力倡导下，“德治”在秦汉之后成为治国的指导思想。勤王事、忠职守是历代开明君王和正直官吏所遵守的共同准则。作为封建社会的统治者，历史上的明君贤吏都把政治的稳定、经济的发展、社会的繁荣作为自己的重要职责，把治理国家、安定天下看成是人生最大的追求。古代中国讲究“以吏为师”，官员的道德直接影响一个社会的道德，而一个社会道德的好坏直接关系到国家和民众的祸福，特别是在以君王为最高主宰的封建等级制的“人治”国家中，这种影响关系更为明显，因此，从某种意义上说，“官德”（政德）是整个社会职业道德的核心内容。传统“官德”体现出“治国，平天下”的特点，为历代的政治家和思想家所重视。传统官德的内容比较广泛，包括君德、臣德、君民之间与臣民之间道德、君臣之间与臣臣之间道德等诸多方面。其以“仁爱”和“民本”为核心对为政者提出了基本的道德品行要求，不仅包括一般官吏的道德要求，也包括帝王的道德品行要求。这些要

① 《论语·为政》。
② 《孟子·梁惠王上》。

求的根本是针对各级官和吏的，通过他们的言传身教和示范性影响，引导社会整体道德风气，以维护和治理国家，巩固统治基础。魏晋南北朝时期官德的价值目标和根本取向，也在于此。魏晋南北朝时期，“官德”（政德）的内容十分丰富，主要有：

一、以民为本

以民为本，既是中国古代政治思想的一个重要组成部分，又是中华民族传统政治理论文化的精华，是治国安邦的前提和基础。自儒家提出“以民为本”的思想之后，历代统治者都会强调此项行政要求，而在具体的行动中又往往出现偏差，背离“以民为本”的行政宗旨。汉代末期的政治纷争、诸侯割据、不断混战，很大一部分原因便是统治者的荒淫无度，贪图自身的享乐，不顾百姓死活，最终引来民众的反抗，失去统治的根基而国祚衰亡。“水能载舟，亦能覆舟”，坚持“以民为本”的施政宗旨，多为百姓的利益着想，民众自然会拥护；相反，则只能招来民众的反抗。“得民心者得天下”，众多明智清醒的统治者，都曾意识到，只有以民为本，才能稳固自己的统治，保住自己的天下。魏晋南北朝政权更迭频繁，最重要的原因就是统治者只顾自己利益，不顾百姓死活，失去了“民”这个“本”。但也有一些开明统治者对此有着清醒的认识，坚持“以人为本”的为政之德。曹操追袭刘备，有人劝刘备弃民丢辎重，刘备说：“济大事必以人为本。”①“大事”，是指治国平天下。如何治国平天下，根本就在百姓，坚持“以人为本”。这里“人”就是“民”，不以民众为本，失去了百姓的支持，什么事都做不了。刘备便是靠着这个坚持，建立“蜀国”政权，赢得贤德之君的赞誉。曹操和袁绍争北方统一权，用的是“任天下之智力，以道御之”，故“无所不可”。② 此“道”便是“民为邦本”之道。孙权也说：“盖君非民不立。”③君主要想立身、立国、立政，必须要获得民众的支持，以民为本。可见，三国时期的最高位统治者都充分认识到了“以民为本”这一为政之德。此外，三国时的一些有远见卓识的大臣对“以民为

---

① 《裴注三国志・蜀书二》。
② 参阅《裴注三国志・魏书一》。
③ 《裴注三国志・吴书二》。

本"的为政之德有较为深刻的认识。王肃认为"夫信之于民,国家大宝也"[1],说明取信于民,民为邦本的特殊重要性。吴国重要谋臣陆凯也说:"夫民者,国之根也。诚宜重其食,爱其命,民安则君安,民乐则君乐。"[2]这就深刻地指出了民、君、国家三者之间的必然联系。人民是国家的根本,统治者应使民众有所养,保全他们的生命安全,以达到国泰民安、君民同乐的和谐社会。北齐刘昼在《贵农》篇中指出:"国之恃民,如人之倚足","人失足必不可以步,国失民亦不可以治"。人民是国家的双足,人失双足不能行走,国失人民则不能安定。这种深刻的体会确实让人深有感触。道德的问题最重要的不在于认识,而在于行动,关于"以民为本"的为政之德,仅有认识还远远不够,必须将之落于切实的施政过程中。而魏晋南北朝的许多有远见的明君圣王也是有其言必有其行的。刘备、孙权、曹叡、刘裕、拓跋宏等都是身体力行,颇有建树。受其影响,有良知的官吏也能有善政,做到以民为本。《晋书·列传第十六》记刘颂,说其"在官严整,甚有政绩。旧修芍陂,年用数万人,豪强兼并,孤贫失业,颂使大小戮力,计功受分,百姓歌其平惠"。

二、重视教化

统治者不仅要保护人民的生命安全、保证其基本的物质生活,还要通过各种方法教化百姓。使之明礼尚法,拥有一个健康的精神气质,形成良好的社会风气与风尚。统治者施政之"政",有一个很重要的内涵就是使百姓"正"。统治者是百姓行为、活动的楷模,为天下百姓树立榜样。所谓"上之所好,下必甚焉"说的就是这个意思。"上行下效",统治者的一言一行直接影响社会风气的形成,对百姓的言行形成直接的影响。曹操曾下诏令曰:"丧乱已来,十有五年,后生者不见仁义礼让之风,吾甚伤之。其令郡国各脩文学,县满五百户置校官,选其乡之俊造而教学之,庶几先王之道不废,而有以益于天下。"[3]以文治教化百姓,恢复社会的仁义礼让之风。他自己则"文武并施,御军三十余年,手不舍书,

---

① 《裴注三国志·魏书十三》。
② 《裴注三国志·卷六十一》。
③ 《裴注三国志·魏书一》。

昼则讲武策，夜则思经传”①，带头学诗书礼仪。在他的努力下，“建安风骨”式的文学风格得以形成，社会也形成了一番仁义礼让的新风，对后世产生了重要影响。南朝刘宋王朝也十分重视教育，倡导儒学，首重礼学。《南史·齐本纪上第四》记载萧道成“以身率下，移风易俗”。梁武帝继位后“置五经博士各一人”，后又诏“建国君民，立教为首，砥身砺行，由乎经术”，造成“十数年间，怀经负笈者云会京师”的盛况。② 苻坚治理国家时，“广修学宫……于是人思劝励，号称多士，盗贼止息，请托路绝，田畴修辟，帑藏充盈，典章法物靡不悉备”③。由此可以看出各个政权在重视教化的国君的治理下，都曾展现出一片欣欣向荣，社会和谐安定的局面，教化的作用，由此可见。三国曹魏政权的大臣杜畿任河东太守时，悉心治理，治下“家家丰实”，“乃曰：‘民富矣，不可不教也。’于是冬月修戎讲武，又开学宫，亲自执经教授，郡中化之”，遵循“仓廪实而知礼节”的规律，在百姓物质生活得到满足后，便开始以仁义礼智等文治措施教化百姓，以“郡中化之”。④ 循吏梁彦光任相州刺史时，“用秩俸之物，招致山东大儒，每乡立学，非圣哲之书不得教授。常以季月召集之，亲临策试。有勤学异等，聪令有闻者，升堂设馔，其余并坐廊下。有好诤讼惰业无成者，坐之庭中，设以草具。及大成当举，行宾贡之礼；又于郊外祖道，并以财物资之。于是人皆克励，风俗大改”⑤。设立官学教化百姓，在社会上形成克制私欲、力求上进的良好风气。

三、秉公执法

秉公执法既是我国古代对为政者的基本要求，又是一个重要的道德规范。在以宗法等级制度和君主专制制度为特征的魏晋南北朝时期，统治阶级享有一定的特权，而且是具有法律意义上的事实性特权。特权往往都是法律最大的障碍，阻碍法律的顺利实施。在特权阶层，贪赃枉法、以权抗法的情形层出不穷，严重破坏了法律的权威性。为了维护法律的严肃与权威性，限制特权阶层的行为和活动，魏晋南北朝时期一些政治家和思想家都曾提出了不同程度的秉公执

① 《裴注三国志·魏书一》。
② 参阅《梁书》卷四十八。
③ 《晋书·苻坚载记》。
④ 参阅《裴注三国志·魏书十六》。
⑤ 《北史·列传第七十四》。

法的思想。如割发代首的曹操，挥泪斩马谡并“自贬三等”的诸葛亮等人，都是秉公执法、以身作则的楷模。《资治通鉴·文帝黄初元年春正月》载，武王曹操“用法峻急，有犯必戮，或对之流涕，然终无所赦”。曹操对待违犯法令的人必严惩不贷，虽在情感上有所不忍，但终究没有徇私枉法，坚决执行法令，维护法律的权威性。蜀国丞相诸葛亮，依法办事，不徇私情，“尽忠益时者虽仇必赏，犯法怠慢者虽亲必罚，服罪输情者虽重必释，游辞巧饰者虽轻必戮，善无微而不赏，恶无纤而不贬”，故能“抚百姓，示仪轨”。[①] 卧龙先生，坚持法外无私情，不以关系亲疏而选择性执法，始终坚持赏罚分明，以此安抚百姓，建立治理国家的仪礼规范。在他死后，蜀汉百姓“遂因时节私祭于道陌上”，“百姓巷祭，戎夷野祀”，以纪念诸葛先生在以仪规法律治理国家方面的功绩。[②] 北魏初期贪污现象严重，明元帝拓跋嗣曾“诏使者巡行诸州，校阅守宰资财，非自家所赍，悉簿为赃。诏守宰不如法，听民诣阙告言之”[③]。献文帝拓跋弘“诏诸监临之官，所监治受羊一口、酒一斛者，罪至大辟，与者以从坐论。纠告得尚书已下罪状者，各随所纠官轻重而授之”[④]。以严格的法律和严厉的执法，解决贪腐问题，保证国家的长治久安。

四、廉洁奉公

廉洁奉公是国家治理中对官员的又一重要的职业道德要求。为官一任，造福一方，最重要的一个要求就是要廉洁奉公，不能中饱私囊。官员的行为是社会风尚形成风向标，各级官员能否恪尽职守、廉洁奉公，与国家政治、经济、文化、社会的兴衰成败直接相关。魏晋南北朝时期，战火纷争、诸侯割据，封建大一统的局面被破坏，其中一个很重要的原因就是统治者的荒淫无度，奢侈无节制，导致国力空虚，民不聊生，经过这些经验教训的总结，各国的有识之士皆把俭朴作为治国的重大方针。各代也纷纷以帝王名义颁布崇俭诏令，号召在全社会形成崇尚节俭的风尚。如宋明帝诏中提到“刻意从俭”，“大官供膳，可详所减撤，尚方御府雕文篆刻无益之物，一皆蠲省，务存简约”。[⑤] 从自己开始节俭，能

---

① 参阅《三国志·诸葛亮传》。
② 参阅《裴注三国志·蜀书五》。
③ 《魏书·帝纪第三》。
④ 《魏书·列传第十二》。
⑤ 《宋书·本纪第八》。

省则省，形成简约的行政作风。此外，还有宋后废帝的《禁奢费诏》《敦素约诏》，宋顺帝的《约损诏》，齐明帝的《崇俭诏》，梁代任昉的《为梁武帝断华侈令》，陈文帝的《禁奢丽诏》等，都以统治阶层的意志，倡导社会节俭之风，杜绝奢靡之境。所谓“蝎盛则木折，欲炽则身亡”①，贪欲过大，若没有节制，必然导致自身的灭亡。曹操很提倡节俭，其“雅性节俭，不好华丽，后宫衣不锦绣，侍御履不二采，帷帐屏风，坏则补纳，茵蓐取温，无有缘饰”②。曹操从自身做起，以身作则，一度在社会上形成了一种俭朴的风气，“天下之士莫不以廉节自励，虽贵宠之臣，舆服不敢过度”③。官员以廉洁、当官节气自勉自励，即使是极受宠爱的大臣也不敢行奢靡之事。诸葛亮常曾对刘后主自表言：“若臣死之日，不使内有余帛，外有赢财，以负陛下。”④。不以钱财、贵物为做官的追求，严格要求自己成为一个廉洁自律的官员。晋武帝司马炎“绝缣纶之贡，去雕琢之饰，制奢俗以变俭约，止浇风而反淳朴”⑤。南朝宋主刘裕常告诫群臣，安清简寡欲，克己去私，反对贪赃枉法。齐太祖高皇帝萧道成曾立志，“使我临天下十年，当使黄金与土同价”，其在位期间，“身不御精细之物，主衣中有玉介导，以长侈奢之源，命打破之。凡异物皆令随例毁弃。后宫器物栏槛，以铜为饰者，皆改用铁。内殿施黄纱帐，宫人着紫皮履。华盖除金华爪，用铁回钉”⑥。厉行节约、崇俭尚朴，发现奢侈的苗头，坚决破之。这些举措无一不是从根源上杜绝了奢侈之风，严格地限制了官员之间的奢靡之风。这种厉行节俭、廉洁奉公的行为，在今天，也有极其强烈的现实意义。

五、推贤让能

选贤让能是考察一个官员职业道德最直接有效的标准。人皆有私心，难免有嫉妒之心。在国家治理中，为了政治的良好运行，必须要不断地选贤让能，如此才能保证贤德的人才不被埋没，发挥其最大的功用。各级官吏，必须抛却私

---

① 刘昼：《刘子·防欲》。
② 《裴注三国志·魏书一》。
③ 《裴注三国志·魏书十二》。
④ 《裴注三国志·蜀书五》。
⑤ 《晋书·武帝纪三》。
⑥ 参阅《南史·齐本纪上第四》。

心，摒弃成见，及时发现贤能之人，以大度宽容之心，推荐贤能之人，不拘一格，让有能之人居其该居之位。忌讳妒贤嫉能，提倡同僚之间坦诚相待、真诚合作。曹操在建安十五年至二十二年曾先后三次不拘一格录用人才，他主张“若必廉士而后可用，则齐桓其何以霸世！……二三子其佐我明扬仄陋，唯才是举，吾得而用之。”①“唯才是举”，“只要是有才之人，定能为我所用”的思想，成就了曹操的一代霸业。刘备也是推贤让能的楷模，其三顾茅庐得贤臣诸葛亮，用之而不疑，刘备倚诸葛亮为股肱，两人精诚合作，遂成霸业，建立蜀国政权。刘备言“孤之有孔明，犹鱼之有水也”②，由此足以证明诸葛亮此般贤德的人才对江山治理的重要性。而诸葛亮也是不负所望，尽展其贤德和才华报答刘备，为蜀汉政权鞠躬尽瘁。晋葛洪也在评述选贤任能的作用时说：“夫劲弩难彀，而可以摧坚逮远；大舟难乘，而可以致重济深；猛将难御，而可以折冲拓境；高贤难临，而可以攸叙彝伦。”③有能之物与有能之人，虽难以获得、难以使用、难以相处，却是于人于世都有难以估量的益处的。北齐颜之推在《颜氏家训·慕贤》中也提到了与贤者相处的好处：“是以与善人居，如入芝兰之室，久而自芳也；与恶人居，如入鲍鱼之肆，久而自臭也。”可见，选拔的官员贤能，不仅使贤能者有用武之地、帮助理顺政事，而且可以使自己得到提高，变成一个贤能的人；反之则会变成一个小人、佞臣。

六、勤政忠职

勤政忠职是每一个官员的本分，是“以民为本”的根本宗旨的要求与体现，勤政忠职要求官员忠于职守、勤政为民，为人民谋取更多的福祉。勤政忠职是现代敬业奉献的来源。刘穆之是南朝刘宋政权的重要官员，在辅佐刘裕创建刘宋政权时，刘穆之事无巨细，必亲身躬行，后积劳成疾而亡，刘裕叹曰：“穆之不死，当助我理天下，可谓‘人之云亡，邦国殄瘁’。”④刘穆之为以后的官员勤政忠职树立了一个良好的榜样。徐勉是萧梁政权前期的主要辅助大臣，任职期间勤

① 《裴注三国志·魏书一》。
② 《裴注三国志·蜀书五》。
③ 《抱朴子·外篇·任能》。
④ 《南史·列传第五》。

政忠职，以致“时王师北伐，候驿填委。勉参掌军书，劬劳夙夜，动经数旬，乃一还宅。每还，群犬惊吠。勉叹曰：‘吾忧国忘家，乃至于此。若吾亡后，亦是传中一事。’”[①]为了忧国忘家，夙兴夜寐，几个月不回家，以致家犬都不识其人，其勤于政事，忠于职守的操守可见一斑。

第二节　农　　德

在中国传统社会中，历来重视民众的道德教化，把自强、勤劳、俭朴等道德规范列为百姓基本道德规范的重要内容，而具有这些道德品质和要求的又以处于社会最底层的劳动群众——农民为主体。在封建社会，农民作为生活在最底层的普通劳动群众，接受教育、读书的机会比较少，对社会一般的伦理道德规范的高深道理及其根源不甚了解。他们虽不读圣贤之书，不懂十分高深的人生道理，但是他们在日常的生产劳动和社会生活中，形成了最朴素、最实在的伦理道德规范。这些伦理道德规范有：团结友爱、互帮互助、尊老爱幼、惩恶扬善、助人为乐、解人危难、邻里和谐等。他们不会长篇大论地说教，却在日常生活中做到了实实在在的践行，他们勤于农事、慎守农时、自强不息，对人生有着最朴素却又最高尚的追求。魏晋南北朝时期，割据分裂、战乱频仍、兵役不休，诸割据力量，为了扩充军事力量，搜刮民丁，乃至“放兵捕索，如猎鸟兽”[②]，加速了自耕的农民破产。长期动荡的局势导致社会秩序遭到严重破坏，国家安定与休养生息成为这一时期诸多农民内心最大、最现实的期望。农民也没有因为战争而放弃他们的追求与坚守，农民的道德规范也没有因为频繁的战争而毁灭；相反，人们更珍惜土地，更珍惜那一段来之不易、安定却短暂的稼穑时间，他们继续坚守着自己内心深处的道德原则和道德规范，并代代相传。我们从那个时代流传下来的一些文献中的只言片语，可以探求到魏晋南北朝时期广大农民的道德规范和

① 《梁书·列传第十九》。
② 《裴注三国志·魏书六》。

道德品质。

一、勤劳俭朴

从传说中的三代圣王开始，中国历朝历代的人民群众、封建统治阶级的有识之士与明君圣王，都曾大力倡导和推行勤劳俭朴，并以之作为修身之利器、齐家之要诀、治国之法宝。魏晋南北朝时期的民众身处动乱之中，辛勤劳作的成果大部分都被征收，留给自己的已是所剩无几，甚至不够养家糊口。为了生存，他们只能更加辛勤地劳作，更加重视自己的劳作成果，艰苦朴素。一方面，他们开发自然，改造环境，不断地创造社会财富；另一方面，他们还需要节衣缩食，省吃俭用，以丰补歉。在这样的自然环境和社会环境中，勤劳俭朴的伦理道德更凸显出其重要性，而奢侈浪费也将是人们所唾弃的一种行为。颜之推说："生民之本，要当稼穑而食，桑麻以衣"①。人之生存发展最根本的要求就是辛勤劳动、勤俭节约，要通过自己的勤劳获得自己生活发展的需要。又说："孔子曰：'奢则不孙，俭则固。与其不孙也，宁固。'又云：'如有周公之才之美，使骄且吝，其余不足观也已。'然则可俭而不可吝已。俭者，省约为礼之谓也；吝者，穷急不恤之谓也。今有施则奢，俭则吝；如能施而不奢，俭而不吝，可矣。"②颜之推以勤俭教育子孙后代，魏晋南北朝时期民众的勤俭生活可见一斑。贾思勰在《齐民要术・耕田》中说："人之情不能无衣食，衣食之道必始于耕织……，万民之所公见也。物之若耕织者，始初甚劳，终必利也。"在人的情感欲望中穿衣吃饭是不能缺少的，要满足这一需求必须要勤于耕织；通过自己的辛勤劳作而得到的满足，这道理平民百姓看得清清楚楚。他们还知道，耕田织布像其他事件一样，开始时辛苦麻烦，但最终是会获利的。"不能耕而欲黍粱，不能织而喜采裳，无其事而求其功，难矣。"不劳肯定难获，强调指出了个人辛勤劳作的重要性。他还告诫人们："青春至焉，时雨降焉，始之耕田，终之簠簋，惰者釜之，勤者钟之，矧夫不为，而尚乎食也哉！"一分耕耘一分收获，不辛勤耕作就不能得到吃食。帝王将相为了巩固自身的统治倡导勤劳俭朴，普通民众为了自己及家人的生存也需

---

① 《颜氏家训・治家》。
② 同上。

要勤俭节约，于是整个社会就容易形成以勤劳俭朴为荣，以懒惰奢侈为耻的风尚，从而推动整个社会及其良好的道德规范的发展。

二、崇尚自由

自由，在漫长的封建社会似乎是一种奢谈。人们往往会认为在封建专制体制下哪有自由可言。诚然，在封建专制体制下，人们所享有的自由确实较少，但这不妨碍它成为千百年来人们为之不懈追求的信念与理想。人们为了自己的生存与发展，为了得到平等、幸福的权利，为了反抗统治阶层的压迫，无时无刻不进行着不屈不挠的斗争，尤其是处在社会最底层的农民。魏晋南北朝时期，频繁的战乱导致对农民的压迫更为严重。一方面，他们通过此起彼伏的起义反抗暴政、追求自由，成为推动历史前进、使自身获得解放的最主要力量；另一方面，社会的频繁动乱，客观上也为他们追求自由提供一个较为宽松的政治环境。《魏书·帝纪第十》载："[建义元年(528)]六月……幽州平北府主簿河间邢杲，率河北流民十余万户，反于青州之北海，自署汉王，号年天统。"农民，特别是失去土地的农民，为自身的生存与发展，为争取自由的生活而斗争，虽然他们的反抗仍难摆脱封建专制的窠臼，却向我们展现了一种不畏艰难，不甘奴役，为自由不懈努力与斗争的崇高品德。为了自由而不断奋斗献身的例子，在动乱的魏晋南北朝时期可谓不胜枚举，各族人民所表现出来的反抗压迫、勇敢斗争精神，构成了中华民族不甘奴役，崇尚自由的崇高品德。

三、谦让宽厚

谦让宽厚历来是中华民族的优秀品质，是设身处地为人着想，与人为善的表现。谦让宽厚是处理人与人之间关系的重要原则。谦让表现为谦虚、礼让。谦虚礼让能使人正视自己的缺点，能够诚恳地接受他人的意见，自觉地迁善改过，在与人交往中不争名逐利，能够站在他人的立场思考，和善地与人交往，不断地提高自己的道德水平与修养。宽厚是指有一颗宽容的心，待人厚道，懂得体谅他人，不刻薄。《周易》言："地势坤，君子以厚德载物"，农民终生与土地为伴，自然承载了大地一样宽厚的道德品质。魏晋南北朝时期这一方面的表现，见于史料记载的事迹不多，《晋书·列传第六十四》载，"朱冲……少有至行，闲静寡欲，好学而贫，常以耕艺为事。邻人失犊，认冲犊以归，后得犊于林下，大惭。以犊还冲，冲竟不受。有牛犯其禾稼，冲屡持刍送牛而无恨色。主愧之，乃不复为暴”。被人误解丝毫没有半点怨言，还以德报怨，赠人以犊；他人家的牛伤害自己的庄稼，也不表现出任何的恨意，以一种宽厚的态度对待他人，终获得他人的尊重与爱戴。这种谦让的态度、宽厚的心胸，足以容纳万事万物，与身边的每一个人友好和平地相处，并通过自己的这种行为影响他人，像自己一样谦让宽厚。

四、开拓进取

不断地开拓进取，是人不断进步、社会不断发展的动力。开拓进取就是在生活中不断地创新、追求人生的真善美，不断地拓展生活和生命的广度与深度，敢于向陈旧的东西、既得利益集团与落后的、阻碍社会发展的规则提出挑战，并改变之，以此推动社会不断向前发展。在这个过程中要求人们坚定信念、不畏艰难、勇往直前。魏晋南北朝时期涌现了许多敢于批判陈腐观念、敢于标新立异，敢于向习惯势力、反动权威挑战，独抒己见、不断开拓进取的优秀人物。班固的《两都赋》名闻天下，左思欲写一篇京都大赋与之一较高下。名士陆机闻讯，以为不能超越前人，对其弟陆云曰：“此间有伧父，欲做《三都赋》，须其成，当以覆酒瓮耳”①。而左思勇于进取，构思十年终写成名动天下的《三都赋》，最终折服了认为其不能成功的陆机。葛洪说：“然古书者虽多，未必尽美，要当以为学者之山渊，使属笔者，得辨伐渔猎其中……”郦道元和祖冲之二人的行为，很好地表现了这句话的践行意义。郦道元深感前代的《水经》“粗缀津绪，又缺旁通”②，为了解决这一问题，他通过切实的实地考察为古《水经》作注，写成《水经注》这本地理学名著，使之成为中国地理学史上不可绕过的高峰。天文历法方面，祖冲之认为现行的历法虽然很完备、精密，但仍旧有疏漏。于是上书“乃更造新法”，“事奏，孝武令朝士善历者难之，不能屈”。③ 在权贵的诘难下，依旧不变自己完善历法的初心，这种不畏权威、敢于开拓进取的精神，可赞可叹。此

① 《晋书·列传第六十二》。
② 《水经注·序》。
③ 《南齐书·列传第三十三》。

外，还有以《神灭论》破除宗教迷信、佞佛陋俗的范缜，都是敢于打破传统，敢于质疑权威，不断开拓进取的典型。这种开拓进取，敢于打破陈规陋俗成为中国古人一笔宝贵的精神、道德财富。

第三节　士　　德

士族，是中国东汉后期至南朝末年在社会上有特殊地位的官僚士大夫结成的政治集团。东汉时期，士人主要通过察举，征辟出仕，被举、被辟的人成为大官僚的门生、故吏，结成集团，形成一些累世公卿，在经济、政治、意识形态上都有重要影响的门阀大族家族。汉末社会中的世家大族，魏晋时称为士族，在社会上影响巨大的名士多出于这个阶层，一个国家政局的稳定和社会的安定都曾与这个阶层紧密联系在一起。门阀士族成为国家治理人才最主要的来源，所谓“选士而论族性阀阅”①，“贡荐则必阀阅为前”②，“以族举德，以位为贤”③都表现了当时士族的影响力。从曹魏开始，国家采用九品中正制选拔人才，而这些品级的评定权基本都被士族门阀把持瓜分。带来的直接后果便是官品的升降，只论“世资”，不看才能。久之，便造成了“公门有公，卿门有卿”④，“高门华阀，有世及之荣；庶姓寒人，无寸进之路”⑤“上品无寒门，下品无士族”⑥的情况。西晋之后，终东晋一朝，门阀士族在政治上一直居于主导地位。到南北朝时期这种情况有所改变。一方面，南朝宋武帝刘裕努力加强皇权，把军政实权集中在王权，大大削弱了士族对社会、国家政治的影响。另一方面，一些发迹的寒士通过各种途径改变身份，在社会上形成了“昨日卑微，今日仕伍”⑦的现象，士族日益失

① 仲长统：《昌言》。
② 王符：《潜夫论·交际篇》。
③ 《潜夫论·论荣篇》。
④ 《晋书·列传第六十二》。
⑤ 赵翼：《廿二史札记》。
⑥ 《晋书·列传第十五》。
⑦ 《宋书·列传第二》。

去了对社会各个领域的独占权。西魏军队攻占江陵后，俘衣冠士族数万口，驱入长安为奴。此时，士族不仅失去了政治上的地位，社会声望和经济地位也都一落千丈，门阀制度宣告没落。“士族”的“士”，有两方面的含义，一是代表知识阶层儒士的“士”，二是与“仕”相通的官员，这两个含义之间又相互关联。因此，魏晋南北朝时期的“士”大致可以分为两类，一类是“士族”，即具有文化传统的官宦之家的“士”；一类是社会一般的文人士子，即我们通常所言之“寒门士子”。二者虽出身不同，但却具有相同的道德修持和追求，遵守相同的道德规范和要求。魏晋士人在报国无门的社会环境下，多数追求个体精神之独立，不将己才贷与帝王家，安贫乐道、持守心志、放荡不羁，形成了洒脱旷达、风流倜傥的“魏晋风度”。下面就对魏晋南北朝时期的“士德”作简要论述。

一、安贫乐道

传统中国的士人，多有追求个人独立之精神境界者。魏晋时期，受社会环境的影响，士子多为时政所迫，士人的独立精神境界就更显珍贵，一大批士人以此为人生价值之目标，斥封建礼教，而倡导顺应自然。以获得个人的精神之独立自由为荣，而对追求荣华富贵嗤之以鼻，不以个人的成败荣辱为意，以竹林七贤为代表的魏晋士人集团形成了安贫乐道，放荡不羁，洒脱旷达，清俊脱俗的道德风尚。阮籍对社会上只顾争名逐利、贪图荣华富贵的社会风气，发出了愤怒的斥责：“彼勾勾者自以为贵夫世矣，而恶知夫世之贱乎兹哉！故与世争贵，贵不足尊；与世争富，则富不足先。必超世而绝群，遗俗而独往。”①指出了富贵不足争，人不能保持一生的荣华富贵，要做一个独立自由之人。嵇康则认为：“富与贵是人之所欲者，盖为季世恶贫贱而好富贵也。未能外荣华而安贫贱，且抑使由其道而不争，不可令其力争，故许其心竞；中庸不可得，故与其狂狷。此俗之谈耳，不言至人当贪富贵也。”②陆机、陆云兄弟二人从江东到洛阳后过着非常清寒的生活，“蔡司徒在洛，见陆机兄弟住参佐廨中，三间瓦屋，士龙住东头，士衡住西头”③。两兄弟挤在这一明两暗的僚佐公用宿舍当中，从家道殷实转向生

① 阮籍：《大人先生传》。
② 嵇康：《答难养生论》。
③ 《世说新语・赏誉》。

活苦寒，亦不见其有丝毫哀怨，安贫乐道之志，可见一斑。“殷仲堪既为荆州，值水俭，食常五碗，盘外无余肴，饭粒脱落盘席间，辄拾以啖之。虽欲率物，亦缘其性真素”①。他还常告诫其子弟：“贫者，士之常，焉得登枝而捐其本！尔曹其存之。”②其安于清贫、追求自由、保持率真的本性，足以令世人所赞叹。刘勰“早孤，笃志好学”，因家境贫寒，便不再婚娶，与僧人同住，安于贫困之环境，潜心学术，在艰苦的环境中著成《文心雕龙》，成为一代文学理论批评家。

二、守志养气

守志养气是儒家修身养性之基本方法。孟子言：“夫志，气之帅也；气，体之充也。夫志至焉，气次焉。故曰：‘持其志，无暴其气’。”③立志为修养之本，养气是修养的具体内容。坚守人生之志向，养浩然之正气，做一个仁爱之人。诸葛亮在《诫子书》中说：“静以修身，俭以养德。非淡泊无以明志，非宁静无以致远。”教诲子弟要重视自身的修养，保持原有之心志，并以此作为自己终生遵守的道德规范。陶渊明任彭泽令“郡遣督邮至县，吏白应束带见之，潜叹曰：‘吾不能为五斗米折腰，拳拳事乡里小人邪！’……解印去县，乃赋《归去来》”④。“不为五斗米折腰”遂成坚守士子之气节典范。嵇康见好友醉心于官场，不屑道：“游山泽，观鱼鸟，心甚乐之。一行作吏，此事便废，安能舍其所乐，而从其所惧哉！”⑤从此与趋炎附势之好友绝交，坚守魏晋士人独立不羁之风度。谢安在东山时，“与孙兴公诸人泛海戏。风起浪涌，孙王诸人色并遽，便唱使还。太傅神情方王，吟啸不言。舟人以公貌闲意说，犹去不止。既风转急，浪猛，诸人皆喧动不坐。公徐云：‘如此，将无归！’众人即承响而回。于是审其量，足以镇安朝野”⑥。风流名士谢安在风浪、危机之前所表现出来的养气功夫不得不为人所赞叹。这也是后来谢安能够成为东晋士族文人领袖的根基之所在，持守心志，注重自身的修养，在大事、危机之前能够处变不惊，深得守志养气之精髓。

---

① 《世说新语·德行》。
② 同上。
③ 《孟子·公孙丑》。
④ 《晋书·列传第六十四》。
⑤ 《晋书·列传第十九》。
⑥ 《世说新语·雅量》。

三、忧国忧民

忧国忧民是爱国主义的重要内容。爱国主义在不同的时代表现为不同的形式与内容，也为历代文人志士所提倡、遵守。自古士人就以治国平天下为己任，忧心国家之安危、百姓之疾苦，为社会和谐、国家安定、人民幸福而奔走呼号。魏晋南北朝时期动乱不安，忧国忧民之士更是层出不穷。他们矢志为国捐躯，振复国家之倾覆，救百姓于水火之中，为国家社会的安定贡献自己的一份力量。曹植在《白马篇》中说："捐驱赴国难，视死忽如归。"葛洪说："烈士之爱国也如家。"[①]颜之推在《颜氏家训》中告诫家人及子弟"行诚孝而见贼，履仁义而得罪，丧身以全家，泯躯而济国，君子不咎也"[②]。东晋大将祖逖在"藩王争权，自相诛灭，遂使戎狄乘隙，毒流中原"[③]之时，"怀振复之志"[④]，希望能通过自身之努力恢复旧河山，曾中流击楫而誓曰："祖逖不能清中原而复济者，有如大江！"[⑤]表达了为恢复家国而矢志不渝、誓死不归的决心。国泰民安之时可以居安思危、未雨绸缪，有国家兴衰之忧患；国破家亡危难之际，可以奋起而争，放弃个人荣辱与利害得失，置生死于度外，以国家兴亡为己任，为国家、为人民而奉献自己的人生。这是魏晋南北朝时期良知未泯、充满正义的文人士子爱国精神及道德修养的体现，也是整个中华民族的传统美德。

四、知行并重

不同于一般民众对道德的行而不知与小人的知而不行，文人士子作为引领社会风尚的代表，不仅具有道德知识，对道德有清醒的认识和把握，还能够将之践行到我们的日用常行中，做到知行合一。知行合一是中国传统道德的基本要求，人们不仅要有道德知识，而且要在日常生活中践行道德，做一个道德的人，过道德的生活。人通过学习，获得道德知识，形成正确的道德认识(知)，把握自身"善"的德性，通过实践进一步认识和完善自身的道德，并影响他人也如自己

① 《抱朴子·外篇·广譬》。
② 《颜氏家训·养生》。
③ 《晋书·列传第三十二》。
④ 同上。
⑤ 同上。

一般成为一个道德人，这样才能真正实现道德个体的道德完善。中国传统道德对“士”的要求，不仅要具备良好的道德知识和素质，还要不断加强自身修养，躬身实践，实现自己的道德价值。葛洪说：“饰治之术，莫良乎学；学之广在于不倦，不倦在于固志”[①]，强调要树立坚定的志向与信念，并孜孜不倦地加强自身的学习，而且，“仁在于行”[②]，仁爱的德性不仅在于学，更在于切实的行动。道德认识是养成良好的道德品质的第一步，但是最重要的是将这种道德认识付诸行动，并在实际的道德践履中，进一步加强修养，完善自身的道德。道德实践要从自己做起，从身边做起，从小事做起，“勿以恶小而为之，勿以善小而不为”[③]，善恶不分大小，只在于为与不为，“小善虽无大益，而不可不为；细恶虽无近祸，而不可不去”[④]。为小善则能成大善，不去小恶则会成大祸。

第四节　武　德

武德是中国传统道德中较为特殊的部分。是人们在练习武术、行使武力过程中的行为规范及所应遵循的道德原则，主要表现于军事和战争中，是人们在军事、战争过程中所表现和应该遵守的道德品质与规范。它不仅体现着历代军事家和思想家的军事思想，也表现了中华民族爱好和平、匡扶正义、不畏强暴、反抗侵略，为国家和人民英勇奋战的爱国主义精神。本节主要从军事和战争的角度对武德进行论述。

在军事和战场上，军队中的人员大致可以分为两类，第一类是领导者，即我们通常所说的将帅；第二类就是普通的兵卒。将帅有将德，普通的兵卒也有一般的士卒道德。在一个军队中不论是将领还是普通士卒，都需要有仁、义、礼、智、信、忠、正诸德，要具备勇敢、刚毅、敢打敢拼等优良的品质。此外，作为军队

---

① 《抱朴子·外篇·崇教》。
② 《抱朴子·外篇·仁明》。
③ 《裴注三国志·蜀书二》。
④ 《抱朴子·外篇·君道》。

的统帅,将领除去必要的军事素质和技能外,还必须具有一些普通士兵所不具备的道德素质。如果敢、审慎、对战争形势判断的敏锐等。一军之统帅必须要智勇双全、德才兼备、能够平等地对待每一位士兵,懂得恩威并施,以此保证士兵的忠诚与军队的战斗力。"武"字本义"止戈",武力和武力的使用不是为了开展战争,而是为了消除战争,以达到世界和平、社会和谐。因此,从最根本的意义上来讲,武德以反对战争、主张和平和自由为其基本宗旨。即便是迫不得已进行战争,这场战争也必须是正义之战,中国自古反对非正义战争,发动战争要"师出有名",要名正言顺,反对侵略战争,主张自由与和平,追求社会的和谐。魏晋南北朝不断的纷乱与战火给各族人民带来了沉重的灾难和痛苦。但是,魏晋南北朝各场战争的背后都有一个共同的目的与理想——实现国家统一、促进民族团结、推动社会发展。三国时期是匡扶汉室,到南北朝时期就是实现南北统一,建立统一的多民族国家。从这一层意义上讲,魏晋南北朝的战争,在道德上具备一定的合理性。本着这个最根本的目的与理想,经过不断地争战,魏晋南北朝时期的武德思想也逐步丰富起来。主要表现在以下几个方面:

一、将帅道德

一个优秀的将领必须是德才兼备、智勇双全之人。诸葛亮按照不同将领的才能和道德要求,将将才分为九类:"夫将材有九:道之以德,齐之以礼,而知其饥寒,察其劳苦,此之谓仁将;事无苟免,不为利挠,有死之荣,无生之辱,此之谓义将;贵而不骄,胜而不恃,贤而能下,刚而能忍,此之谓礼将;奇变莫测,动应多端,转祸为福,临危制胜,此之谓智将;进有厚赏,退有严刑,赏不逾时,刑不择贵,此之谓信将;足轻戎马,气盖千夫,善固疆埸,长于剑戟,此之谓步将;登高履险,驰射如飞,进则先行,退则后殿,此之谓骑将;气凌三军,志轻强虏,怯于小战,勇于大敌,此之谓猛将;见贤若渴,从谏如流,宽而能刚,勇而多计,此之谓大将。"①按孔明先生的分类,将才有多种,但不管是什么样的将才,都必须具有一军统帅所应该具备的道德品质,遵守公共的道德原则与规范:

---

① 诸葛亮:《将苑·将才》。

1. 保家卫国

保家卫国既是将德，也是卒德，它是最基本也是最重要的武德。不论是高级将领还是普通士卒，其首要职责是保卫国家安全，保证国家领土完整，保护人民生命财产不受损害。具备为了国家和人民的安全，勇于战斗、不惜生命、赴汤蹈火的道德责任感。曹操曾评价自己的武将，“武力既弘，计略周备，质忠性一，守执节义。每临战攻，常为督率，奋强突固，无坚不陷，自援枹鼓，手不知倦。又遣别征，统御师旅，抚众则和，奉令无犯，当敌制决，靡有遗失。”①诸葛亮为蜀汉刘氏政权“鞠躬尽力(瘁)，死而后已”②，为保护蜀汉政权而奉献自己的一生。他认为“善将者，不恃强，不怙势，宠之而不喜，辱之而不惧，见利不贪，见美不淫，以身殉国，壹意而已。”③一个将领最重要的道德就是一心一意为了国家奉献自己的一生。谢玄是东晋名士谢安之后，其一生都为东晋的国家安定、人民幸福而战斗，多次率军打败前秦军队的侵犯。“东晋太元三年(378)，前秦派大军进攻东晋襄阳、彭城等城。次年，谢玄率军救援彭城，他设巧计调动秦军，救出晋将戴逯及其手下将士，然后主动南撤以避敌锋。随后，谢玄在秦军继续南进锐气渐衰时，率军大举反攻，阵斩秦大将都颜、邵保，接连大败秦军，将彭城以南的失地全部收复，稳定了江淮地区的局势。太元八年(383)，前秦主苻坚亲率大军南侵，谢玄被作为前锋都督，与征讨大都督谢石共率 8 万北府兵于淮水一线抵御秦军。当秦军逼近时，谢玄抓住战机，命北府勇将刘牢之率精兵主动出击，攻敌不备，全歼秦先锋梁成所部数万人，取得初战胜利。随后，谢玄与谢石率北府兵水陆并进，与秦军在淝水展开决战。时两军夹淝水而阵，谢玄利用己方士气高涨而苻坚求胜心切之机，行诱兵计大获成功，使前秦军一退不可复止，全线溃散，晋军因而取得大胜。”④淝水之战谢玄大败苻坚，保证了东晋此后数十年的安定。

2. 善抚士卒

善于安抚士兵，是一个优秀的将领必须具备的道德素质。一军之统帅必须

① 《曹操集・表称乐进于禁张辽》。
② 诸葛亮：《后出师表》。
③ 诸葛亮：《将苑・将志》。
④ 史仲文主编：《中国全史》。

要善待、爱护自己的士兵，在保证自己权威的情况下，对部下施以必要的恩惠，保证平等地对待每一个士兵，如此方能让士兵服从其领导，从而形成团结、共抗外敌的军心与士气。诸葛亮认为将帅爱护、善待士卒要做到"（卒）有难，（将）则以身先之；有功，则以身后之；伤者，泣而抚之；死者，哀而葬之；饥者，舍食而食之；寒者，解衣而衣之；智者，礼而禄之；勇者，赏而劝之。将能如此，所向必捷也。"①将领懂得安抚士兵，与士兵打成一片，士兵都愿意为其效命，方能形成一个以将领为核心的强大的战斗团体，不断地克敌制胜。东晋名将祖逖，在行军打仗的过程中，从来不搞特殊化，和士兵同甘共苦，家里没有余财。对待新来的士兵，不论贵贱，都能一视同仁。士兵们亲如兄弟，都愿意为他而死，这也成就了祖逖在北伐中的多次胜利。

3. 以身作则

一军之统帅要很好地领导部下，最重要的一个原则就是以身作则，在战斗中身先士卒，在军令和军法面前一视同仁，不徇私，不搞特殊化，与普通士兵同甘苦、共命运。曹操统领三军，手下人才济济、猛将如云，最重要的一个原因就是他能够以身作则、能够做到令行禁止。"常出军，行经麦中，令'士卒无败麦，犯者死'。骑士皆下马，付麦以相持，于是太祖马腾入麦中，敕主簿议罪；主簿对以春秋之义，罚不加于尊。太祖曰：'制法而自犯之，何以帅下？然孤为军帅，不可自杀，请自刑。'因援剑割发以置地。"②诸葛亮在《将苑·将情》中说："夫为将之道，军井未汲，将不言渴；军食未熟，将不言饥；军火未然，将不言寒；军幕未施，将不言困；夏不操扇，雨不张盖，与众同也。"优秀的将领率下必先对自己有严格的要求，不能因为自己身处高位就与士兵对立。诸葛亮在做蜀军统帅之时也严格要求自己，以身作则。诸葛亮在第一次北伐之后总结失败的原因，认为失败的原因是自己用人不当，应该对此次失败负主要责任，请求自贬三级，以示惩戒。"上疏曰：'臣以弱才，叨窃非据，亲秉旄钺以厉三军，不能训章明法，临事而惧，至有街亭违命之阙，箕谷不戒之失，咎皆在臣授任无方。臣明不知人，恤事多暗，春秋责帅，臣职是当。请自贬三等，以督厥咎。'于是以亮为右将军，行

① 诸葛亮：《将苑·哀死》。
② 《裴注三国志·魏书一》。

丞相事”[①]，诸葛亮此举，也赢得了众多蜀将与士兵的归心。

4. 谦虚谨慎

谦虚谨慎、胆大心细，是一个将领必须具备的道德素质，也是一军获得战争胜利的前提条件。所谓骄兵必败，作为军队的统帅，在战场上必须保持谦虚谨慎，切忌狂妄自大，要虚心接受部下的正确意见，重视每一个对手与敌人，做到知己知彼；取得战争的胜利后，也不能沾沾自喜、居功自傲，应时刻保持警惕，继续保持战争中的紧张戒备状态，打造一个战无不胜的军队。诸葛亮在《将苑·将骄吝》中指出，“将不可骄，骄则失礼，失礼则人离，人离则众叛”。谦虚谨慎是凝聚军队、团结士兵的重要方法。又说：“不恃众以轻敌，不傲才以骄人，不以宠而作威。”[②]南梁的将领冯道根，率军“每所征伐，终不言功，诸将讙哗争竞，道根默然而已”。认为“明主自鉴功之多少，吾将何事”。[③] 谦虚谨慎，从不与人争夺军功，体现了一个为将者应有的风范。三国的另一个名将关羽，则因为骄傲轻敌、粗心大意而被吕蒙率军夺下荆州，最终落下个身首异处的下场。

5. 宽宏大度

俗话说：“宰相肚里能撑船”，就是指将帅要有博大的胸襟和广阔的胸怀，能容下千军万马。以宽宏大度取得部下和士卒的信任，广纳良才，集思广益，率先获得战场上的主动权。将领的宽宏大度建立在军纪军法严谨、令行禁止、赏罚公正基础上。这也是将帅必备的道德素质。曹操以宽宏大度治军：其青州亲兵抢掠民财，大将于禁杀了几名带头的军官，严厉惩罚了这种破坏军纪的行为。曹操知道后，不仅不责怪于禁，反而提升了他的爵位。“甘宁粗暴好杀，既常失蒙意，又时违权令，权怒之，蒙辄陈请：‘天下未定，斗将如宁难得，宜容忍之。’权遂厚宁，卒得其用。”[④]作为东吴统帅，吕蒙的宽宏大度为吴国留下了一位能征善战的将领。

6. 廉洁奉公

廉洁奉公是将领维护自身良好形象、取信于众的必然要求。由于前文“官

---

① 《裴注三国志·蜀书五》。
② 《诸葛亮集·将诫》。
③ 《梁书·列传第十二》。
④ 《裴注三国志·吕蒙传》

德”已有详细论说,此处不再赘言。

二、士卒道德

士卒道德作为武德的另一重要面向,也是武德的主要载体,因为士卒群体即是践行武德群体的大多数,更是武德得以落实及实现的最直接力量。概而言之,士卒应遵循的道德规范主要有:

1. 骁勇杀敌

骁勇善战是士兵之所以为其自身的能力和责任要求,作为士兵所需要具备的最基本素质,它不仅影响着战争或者国家的成败,更是与士兵自身的生命安全直接相关。因此,若要获取胜利,保证自身安全就必须苦练自身的作战技能,并且在实际的行军作战之中,保有激昂的斗志及大无畏之精神。两军交战,除了要讲求实力上的培养,更应该有气势上的引导,所谓“狭路相逢勇者胜”,若能以破釜沉舟的决心一战到底,往往能够爆发出比自身实力更为强大的战斗力,帮助获得战争的最终胜利。陈兰、梅成占据氐六县反叛,曹操遣将前去讨伐,其后战争转入灊山,“灊中有天柱山,高峻二十余里,道险狭,步径裁通,兰等壁其上。辽欲进,诸将曰:‘兵少道险,难用深入。’辽曰:‘此所谓一与一,勇者得前耳。’遂进到山下安营,攻之,斩兰、成首,尽虏其众。”①张辽此番“勇者得前”的态度,正是要将士抱有大无畏的必胜决心,由此也终将占据地理优势的叛军一举消灭。

2. 秋毫无犯

秋毫无犯要求士兵在行军打仗的过程中做到不扰民、不害民、不掳掠百姓、不破坏百姓的日常生产。唯有广大士兵在行军作战中能做到对百姓生产、生活的秋毫无犯,才有机会使军队得到百姓的拥护与支持,以便更快地获得战争的胜利。曹操因坐骑踩踏百姓庄稼而自罚“割发代首”,为严肃军纪以身作则,为士卒在行军作战过程中做到秋毫无犯树立了一个很好的榜样。吕蒙受命攻占荆州,在兵不血刃攻下江陵后,吕蒙下令“厚待关羽麾下将士家属,同时封存江

---

① 《裴注三国志·魏书十七》。

陵府库，严明军纪，不许吴军士卒骚扰百姓，以求收到瓦解关羽军心的作用”。[①]吕蒙的计策也收到了实效，逼得关羽败走麦城，为吴国顺利地夺回了荆州之地。

3. 善待战俘

战争状态下的士卒往往只是命令的执行者，甚至可以说不论胜败他们自身也都是战争的受害者：且不论有失去身家性命的危险，更因此让自然经济条件下的家庭生产与生活秩序遭到直接的破坏，因此在战争中敌对双方都应该遵守善待战俘这一基本原则，如此才能尽可能避免让已然遭受侵害的弱势个体或群体进一步遭受不必要的杀戮和损伤。善待战俘即要求士卒在俘获敌军士卒后，不能虐待、杀害战俘，并且必须保障其作为人的基本需求。此一举动往往还能向对方释放出和平的信息，尽量化解双方的敌对气氛，甚至因此赢得敌心，达到不战而屈人之兵的上乘效应。诸葛亮在前去征讨南中之时，马谡便对其谏言曰：“南中恃其险远，不服久矣，虽今日破之，明日复反耳。今公方倾国北伐以事强贼。彼知官势内虚，其叛亦速。若殄尽遗类以除后患，既非仁者之情，且又不可仓卒也。夫用兵之道，攻心为上，攻城为下，心战为上，兵战为下，原公服其心而已。”[②]其后诸葛亮在平定南中的过程中也切实地采纳了此一建议，对其首领孟获七擒七纵，且不留兵驻守，认为这不仅可以减少不必要的杀戮，节省自身的驻兵及粮食消耗，还可以通过赢得当地民众的信任，实现蜀汉后方的稳定。[③] 也正是由此，“终亮之世，南方不敢复反”[④]。

第五节 师 德

师德，作为这一时期职业道德的重要组成部分，指的是教师在教学准备及实施过程中所应遵循的行为规范和道德原则。它包括四个部分：教师之所以为

① 史仲文主编：《中国全史·魏晋南北朝军事史》。
② 《裴注三国志·蜀书九》。
③ 参阅《裴注三国志·蜀书五》。
④ 《裴注三国志·蜀书九》。

教师所应具备的丰厚的学识素养;教师在培养弟子过程中因材施教、有的放矢的手段;教师在教学及生活过程中所应表现的为人师表的责任;教师对于社会所应起到的输送人才,平治天下的作用。鉴于教师在中国传统社会中的特殊地位与功效,师德往往不只代表教师个人的品德与才智,还应该包纳对政治及社会生活的直接参与,即上升到劝君臣、正民风、安邦国的层面对之加以考量。

综合而言,帝国时期的师德传统有以下几个特点:

第一,国家非常重视教师在社会的价值,其地位可与"天、地、君、亲"并举。之所以如此在于教师作为意识形态的传导者,对于政治统系及社会制度的稳定都有重大的影响。而且,这一阶段的统治阶层也主要是教育的产物,无论是通过世袭还是通过考取功名而入仕,都必然经由学校、教师的教育而成。因此,若想保证统治队伍在能力和道德上的优越性,就必须始终强化教师队伍本身的建设。

第二,就教师教学的内容而言,主要是集中在做人、为官等宏观层面上的教化,对于微观、技术层面上的教育则相对忽视。而且,教师所传授的为官、治国之道,也并非是事关体制建设或具体的政务处理,而是主张以伦理道义来安百姓、治天下。如此,为官之道便在不自觉间与做人之道相统一了,即都在于借由一己的意诚、心正、身修,通过上行下效或以德化人的媒介,最终实现家齐、国治、天下平的清明、和谐之境。

第三,就教师的选定标准而言,注重以德为高,强调严于律己,言传身教的作用。教师既然并不传授专业性的知识与技能,而是引导弟子发掘或树立内在的善心与善行,那其自身必定是要德业双修的,且在实际生活中知行合一,严格依照自身所教之伦理准则来为人处世。如此,才可能真正树立自身为人师表的地位,并通过模范效应,规范弟子的性情与言行,使其得以"变化气质",回复并呈现出一己的天地善性,自觉遵循内心的仁义指引与社会的礼乐法度。

第四,就教学方式来讲,中国传统师德提倡因人、因时、因事、因才制宜的差异教学方法,主张教、学相长的教学态度。教学的对象是活泼的生命个体,其才智、性格、气质都是不同的,加上时代价值信念的变更,社会环境的转化,无不意味着教授知识的路径需要灵活,不可千篇一律。如此,才能真正实现对学生人尽其才、物尽其用的启发与引导。而且教学不仅是教育、帮助学生成长,同时也是教师实现自我提高的过程，孔子“入太庙，每事问”及其所谓“三人行，必有我师焉”即是此中明证。

魏晋南北朝时期的教育作为帝国教育发展历程中的一个阶段，尽管存有社会变动等独特的时代语境，但就整体而言却依旧与帝国教育模式的大传统相契合。当然，在某些层面上也不乏一些全新的时代与社会印记。如辨析了名教和自然的关系，在一定程度上扩大了秦汉儒学的内涵，实现了儒道之间更多地交互与融通；因为少数民族政权的不断建立与强化，扩大了汉文化的区域传播与影响；因士族门阀的兴起与壮大使得等级教育现象泛滥，一定程度上阻碍了教育的公正及大众化的发展趋向。展开来讲，魏晋南北朝之际的师德规范及其表现主要集中反映在以下几个维度：

一、以君为师，立德化民；教书育人，为人师表

教师的首要职责便是传道、授业、解惑，凭借自身之才能帮助弟子成人、成德、成材，进而由小及大促成社会价值与风气纯化。正是由此，教育事业不仅关乎一人、一时、一地之事，更是与社会、国家的价值树立、秩序安定相关联。晋武帝即位之初，广纳谏言，傅玄作为谏官，上疏武帝言：“臣闻先王之临天下也，明其大教，长其义节。道化隆于上，清议行于下，上下相奉，人怀义心。”①傅玄之意即是将武帝视作天下人之师，要武帝注重自身之言行与政策对于百姓的引导作用，要其通过志道据德之行动来教化天下百姓，以使得人人怀抱仁义之心，共同促成天下的和乐风习。由此可见，教书育人的价值不只拘于师生群体之中，更可以上升到国家长治久安、社会风气净化、百姓各享其乐的高度。同时，他还主张教育要以道德为根本：“立德之本，莫尚乎正心”②。统治者必须“正心”、“必有正德，以正德临民，犹树表望影，不令而行”③。此外，颜之推也谈到统治阶层以德立身，以德化民的重要性：“上智不教而成，下愚虽教无益，中庸之人，不教不知也。”④

① 《晋书·列传第十七》。
② 《傅子·正心》。
③ 《傅子·补遗上》。
④ 《颜氏家训·教子篇》。

当然，教化民众的除了君主，更多还是应该依靠一般教师，他们才是构成整个国家德育、培养社会风习的直接奠基人，其能力或影响力或不及君主，但其教书育人的职责，与以德为先的教学内容是一致的。为此，就需要教师们做到为人师表，即不仅要有高深的学问、刻苦求知的精神，还应将此建基于高尚的品德之上，践行于现实的操守之中。如此，才能够有机会让弟子真正心悦诚服，自觉地遵从师教，升华自身求学、为人之水准。北魏儒者徐遵明，青年时代四处求学，却常不能终业。同为求学的平原田猛略便对其劝解说如此下去，恐怕终究无所成就，徐遵明则手指其心，认为真师乃在自家心上去求便可以得到。然后，“诣平原唐迁，居于蚕舍，读《孝经》、《论语》、《毛诗》、《尚书》、《三礼》。不出门院，凡经六年，时弹筝吹笛，以自娱慰。又知阳平馆陶赵世业家有《服氏春秋》，是晋世永嘉旧写。遵明乃往读之，复经数载。因手撰《春秋义章》，为三十卷”。[①] 正是由于徐遵明自身的刻苦和钻研，加上见得“明心见性”的指向，才使其得以大成：“学徒至今，浸以成俗。遵明讲学于外，二十余年，海内莫不宗仰”[②]。前秦担任过总明馆学士、国子助教及为太子讲学的何佟之，“少好三礼，师心独学，强力专精，手不辍卷。读礼论三百余篇，略皆上口”[③]。北朝时期的经学大师房晖远同样禀有此番刻苦求学、一心向教的品质，“幼有志行，明《三礼》、《春秋三传》、《诗》、《书》、《周易》，兼善图纬。恒以教授为务，远方负笈而从者，动以千计”[④]。此外，北齐颜之推虽不曾直接介入具体的教育活动，但他严谨治学的态度，学有专攻的智慧，依旧使其得以为人师表，成为6世纪末帝国一位杰出的教育家。

二、淡泊名利，兴学崇教；有教无类，教育共享

魏晋南北朝作为帝国门第最为兴盛的一个时期，等级分化与鸿沟也存在于教育之中。彼时的官方学校主要是为门阀地主设立的，一般寒门庶族难以进入，即使有幸入学，往往也难免受到各种歧视与排挤。然而，除却官学教育体

---

① 《北史·列传第六十九》。
② 同上。
③ 《南史·列传第六十一》。
④ 《北史·列传第七十》。

系，这一时期还兴起了私学教育的风尚，一些学人无意于仕途与名利，而志在继承孔门“有教无类”的传统，广授文教。由此，私学教育不再局限于门第之分，而将弟子招收范围扩大到一般人群，由此寒门求学之人不仅可以进入私学学校学习，而且能获取平等、公正的待遇。西晋刘兆，“武帝时五辟公府，三征博士，皆不就”。其生命的旨趣只在授教与著述二事：“博学洽闻，温笃善诱，从受业者数千人”；“安贫乐道，潜心著述，不出门庭数十年”①。与之相仿的还有前凉的宋纤，他“少有远操，沈靖不与世交，隐居于酒泉南山。明究经纬，弟子受业三千余人。不应州郡辟命，惟与阴颙、齐好友善”。② 南齐儒士沈麟士，早年因家贫以编制竹帘为生，因其好学不倦，往往在手里劳作之时而口中诵书，乡邻们于是称他为“织帘先生”。后来，隐居吴差山，讲经教业，门徒“数十百人”。因为贫寒，缺乏深屋广厦来作学习、住宿之用，学生便“各营屋宇，依止其侧”，以至时人有传：“吴差山中有贤士，开门教授居成市。”③此外，南齐著名私学家刘瓛“少笃学，博通《五经》，聚徒教授，常有数十人”。刘瓛生活虽然贫困，却有志于兴教，以至“儒学冠于当时，京师士子贵游莫不下席受业”。其性格又极其谦卑、直率，不为仕途所累，不以高名自居：“游诣故人，唯一门生持胡床随后，主人未通，便坐问答。住在檀桥，瓦屋数间，上皆穿漏。学徒敬慕，不敢指斥，呼为青溪焉。竟陵王子良亲往修谒。七年，表世祖为瓛立馆，以扬烈桥故主第给之，生徒皆贺。瓛曰：‘室美为人灾，此华宇岂吾宅邪？幸可诏作讲堂，犹恐见害也。’”④

正是由于有上述这般以教学为志业，又不分门第贵贱的学人，才为广大寒门学子提供了公平求学的平台。建安初年，长安“宿儒”栾文博开馆授学，有“门徒数千”，贫苦出身的石德林投身其门下学习，于是“始精《诗》、《书》”。⑤ 三国之时的邴原年幼丧父，家里贫微，“邻有书舍，原过其旁而泣。师问曰：‘童子何悲？’原曰：‘……一则羡其不孤，二则羡其得学，心中恻然而为涕零也。’”其后老师便对之言：“童子苟有志，我徒相教，不求资也。”“一冬之间，诵《孝经》、《论

① 《晋书·列传第六十一》。
② 《晋书·列传第六十四》。
③ 参阅《南史·列传第六十六》。
④ 参阅《南齐书·列传第二十》。
⑤ 参阅《裴注三国志·魏书十一》。

语》"，后又多番求学，学成后"讲述礼乐，吟咏诗书，门徒数百，服道数十"①。南梁范缜祖上为中书郎，但因为父亲早卒而家道贫苦，"年未弱冠，闻沛国刘瓛聚众讲说。始往从之，卓越不群而勤学，瓛甚奇之，亲为之冠。在瓛门下积年，去来归家，恒芒屩布衣，徒行于路。瓛门多车马贵游，缜在其门，聊无耻愧。既长，博通经术，尤精《三礼》"②。《梁书·列传第四十二》南梁的司马筠同样出身孤贫，后因其好学，"师事沛国刘瓛，强力专精，深为瓛所器异。既长，博通经术，尤明《三礼》"。南朝沈峻，"家世农夫，至峻好学。与舅太史叔明师事宗人沈麟士门下积年，昼夜自课，时或睡寐，辄以杖自击，其笃志如此。……遂博通五经，尤长三礼。……俄兼国子助教"③。正是因为有了这些不求名利，并坚持"有教无类"，努力推行教育公正的教学者，才让诸多好学、勤学的贫苦子弟有了学习及提升的机会，进而为社会之发展与进步提供了源源不竭的人才。

三、循循善诱，因材施教；予学于教，教学相长

如何成为一名优异的教学者，除了要具备深厚的学识、人文底蕴，热忱的育人态度，崇高的德性修养之外，还需要注重教学过程中的方式与方法，唯有找寻并掌握了优良的知识或德性培养路径、方法及态度，才能引导学生在求知和为人之路上获取最大化的启示与发展。这样的方法可综合概括为两个方面：因材施教及循循善诱，前者偏重教学之整体理念，后者则重在强调教学过程中的具体实施。具体来说，因材施教即教学者应当依照弟子不同志向、能力等的区别而采取差异化的教育方式及内容。循循善诱则是指教学者不可以一己之学识及德性强加到弟子身上，而应根据其所处之阶段与情境耐心地加以启发、引导，以使之得以在既有的基础上不断获取新的养分，并最终实现自身最大的善化。前秦何佟之任国子助教之时，"为诸生讲丧服，结草为绖，屈手巾为冠，诸生有未晓者，委曲诱诲"④，即通过采取举例、迂回等方法让学生更为真切地领会所讲之

① 参阅《裴注三国志·魏书十一》。
② 《梁书·儒林传·范缜》。
③ 《南史·列传第六十一》。
④ 同上。

内容，也正是由此他被学生称作“醇儒”。南梁的严植在任五经博士开馆教授之时，“生徒常百数。讲说有区段次第，析理分明。每当登讲，五馆生毕至，听者千余人”。所谓“区段次第，析理分明”，其实讲的就是循序而进的教学方式。① 北魏的张伟，“学通诸经。乡里受业者，常数百人。儒谨泛纳。虽有顽固，问至数十，伟告喻殷勤，曾无愠色。常依附经典，教以孝悌，门人感其仁化，事之如父。性清雅，非法不言”②。此番温和、耐心的教学态度其实也正是教学者自身德性的表现，作用在学生身上则体现为对教学内容及成果更加深度地学习及吸纳，真正让所教、所学深入内心。

所谓金无足赤，人无完人，又“闻道有先后，术业有专攻”，因此身为教师并不代表事事、时时都强过学生，有鉴于此，教学者就应该努力提升自己的学识修养，而达到此一目的的路径除了加强自我的学习之外，还可以借助教学过程中与学生的相互补益来达成，通过予学于教的方式与态度来推进整个教学过程的良性循环，并实现教与受的双向提升。教、学相长即倡导师生之间应该取长补短，互相补益，共同成长。它不仅有助于师生之间在学识及德性上的相互切磋与提高，而且可以推进师生之间形成一种更为平等与和善的关系。而且，由于受到魏晋南北朝的私学教育盛行的影响，学生与教师之间并未有太过严苛的等级限制，因此如果在私学环境中教师水准不足，或者师生关系不良，则可能导致学生们另寻高门，如前文所述徐遵明即是师从王聪、张吾贵不足一年便弃师而去，由此就更见得师生之间教学相长的重要性。在北齐任过国子博士及大将军司马的孙灵晖，“少明敏，有器度。得惠蔚手录章疏，研精寻问，更求师友，《三礼》、《三传》，皆通宗旨”。后又从师于鲍季详、熊安生，常与老师“质问疑滞”，且“其所发明，熊鲍无以异也”③。之所以老师对灵晖的质问及解答无所异议，正在于学问上的相互切磋，共同提高，而不是以一己之是非妄下结论，也唯有如此开放的教学相长、师生互进的教学风尚才使得师生皆能得其中之奥义。刘勰拜师圣华寺长者僧祐，两人在教与学的过程中常常互有启发、取长补短，以至推进双方学问在交流与互动中的不断升华。对于刘勰尤其如此，在与僧祐互学共进的

① 参阅《南史·列传第六十一》。
② 《北史·列传第六十九》。
③ 参阅同上。

过程中，历时五年完成了帝国第一部系统性的文学批评专著：《文心雕龙》。北朝中山人张吾贵，“年十八，本郡举为太学博士”，其后成一方名师之后，还师从刘兰，向其学习《左传》，“兰遂为讲《传》。三旬之中，吾贵兼读杜、服，隐括两家，异同悉举。诸生后集，便为讲之，义例无穷，皆多新异，兰仍伏听”①。从自身为名师到“诣刘兰”，刘兰从为师到“仍伏听”，无不展现彼时学人互为师长，共同长进的良好气度与精神。又如北朝的李谧“少好学，周览百氏。初事师小学博士孔璠”，数年之后，“璠还就谧请业”，由此被同门弟子称为：“青成蓝，蓝谢青，师何常，在明经”②。

第六节　商　　德

商德即商贾从事经商活动所应秉持的道德意识与品质，及其所应遵循的市场规范及交易公正的总和。其主体包含有三：其一是商德的主动主体——经商者，其二是商德的受动主体——购买者，其三是商德的展现平台——市场秩序，此三者合而为一共同构成衡量和验证商业活动是否公正、有序的试金石。商德之生成与完善必然是建立在商业活动出现及发展的基础上，自人类开始出现剩余财产之时，最简单的物物交换便已对交换者和交换市场提出了伦理上的要求，否则交换无法实现，社会分工与协作也难以为继。随着社会分工的不断细化，商品市场的不断扩大，商品交易形式的不断复杂，更是对交易双方及市场秩序提出了更高的要求，也正是在这一社会发展、市场完善的推动下，商德逐步趋于明确化和完善化。

传统的商业道德主要呈现于物物交易扩大之后的先秦时期，其基本框架则形成于西汉之际，正是由此，司马迁会在《史记》中独著《货殖列传》。优秀的传统商德讲求的是交易过程中的诚信不欺和公平相待，经营活动中的崇尚节俭与

① 参阅《北史·列传第六十九》。
② 参阅《北史·列传第二十一》。

严谨投资，获益之后的献身公益及乐善好施，以及作为国家公民所应具备的爱国精神与守法态度。在帝国传统的“士、农、工、商”的阶层分化中，“商”处于社会的最底层，之所以如此是缘于帝国统治的首要目标是稳定而非发展，因此其政治及社会结构主要以“间架性设计”来执行，即统治者以理想模式来分配区域资源与利益，而忽略社会及市场变动所造就的差异。① 正是由此，虽然客观历史所造就的分工与进步使得商业活动成为维系社会生活正常运作的必备要素，但它却必须始终接受政府的钳制与引导，受到正统价值形态的压制。这也就意味着，帝国的商人在商业活动中首先要处理的就是与国家、政府的关系，满足了此一前提之后才存在与消费者及市场建构之间的行为标准。概而言之，它主要体现为以下三个伦理特性：

第一，以爱国主义为前提，即商人在处理自身的经营活动中必须遵循国家、集体利益高于一切的法则。

第二，以诚信无欺为核心，这不仅是商品交易正常且长期进行的要求，也是意识形态国家机器出于维系国家、社会稳定而必然要求的。

第三，以对购买者负责为重点，偏向百姓的交易权益。这是贸易双方得以平衡的保证，也因为彼时交易产品大都是百姓日常所需，若有不公往往直接影响他们的生计维系和政府的正常税收，也正是由此政府往往还设定专职部门，以尽可能保证人民在遭遇天灾人祸之时的正常生产与生活。

魏晋南北朝时期，由于频繁的战乱与民族冲突，造成人口的大量流失，继而影响到经济市场的稳定与平衡，致使整个时代的经济发展相对萎缩。即便如此，整个商业活动只是缺乏相对稳定与兴盛的大型城市市场，却仍然充斥于社会的各个角落，如此也就促成了自然经济不断抬头，并逐步暂居市场的主导地位。整体而言，尽管国家在这一时期长时间处于战乱之中，相较先秦、两汉，其商业活动与商业道德的基本特征虽未改变，但在某些方面却也仍旧有其发展和所长的一面。下文将就其市场活动中所表现出的道德行为及伦理规范作简要介绍：

---

① 参阅黄仁宇：《万历十五年·序言》。

一、以诚待人，以信待物；公正经营，童叟无欺

商业活动不论是展现为物-物交换，还是物-货币-物的交换，其最终主体无非就是买卖两家，因此，双方诚信则成为彼此交易成功的必要前提，否则不论是货物、货币还是服务的缺损都将导致买卖双方的冲突与矛盾，影响交易的公正及持久。正是由此，信誉成为众多商人赖以成功的秘诀，它要求商人在商业活动中对交易和服务对方的负责，强调承诺、信用、合约的必要性，以不欺心、不欺己、不欺人的态度来经营自家的事业。诸葛亮指出："不诚者失信。"葛洪言："守一言于久要，历岁衰而渝者，信人也。"傅玄云："正己者，所以率人也。"①其实都是要人自正己身，以信立命，由此才能得到众人的信服与拥戴。这一逻辑不仅适用于上行下效的政治运作，对于商业行为也同样有效。《魏书·列传第四十》载河内太守赵柔于市买卖的故事："有人与柔铧数百枚者，柔与子善明鬻之于市。有从柔买，索绢二十匹。有商人知其贱，与柔三十匹，善明欲取之。柔曰：'与人交易，一言便定，岂可以利动心也。'"即是此中明证。良好的商业信誉是一个商家或行业得以长足发展与兴盛的必然要求，一时一地的欺诈或许会带来短期的利益，却无法获取消费者的持续购买，更难以保证自身在此行业的长久安身立命。

信誉之所以建立的关键则在于货品的物美价廉，交易的公平进行。市场的和谐发展必须遵循等价交换的原则，若是交换的物品在价值上是不等的，则必然导致市场在秩序上的混沌。《裴注三国志·魏书二十七》载：魏国乐安博昌的任嘏"遂遇荒乱，家贫卖鱼，会官税鱼，鱼贵数倍，嘏取直如常"。又，"与人共买生口，各雇八匹。后生口家来赎，时价直六十匹。共买者欲随时价取赎，嘏自取本价八匹。共买者惭，亦还取本价"。买卖之道不仅需要讲求价格公正，保证产品的质量，同时也要对消费者一视同仁，平等对待，做到童叟无欺。洛阳著名大商人刘宝，其产业遍布四海，但凡行人能至、车船能行的地方，都有他的商业足迹。而且之所以如此成功，正在于其为人和从商皆是以诚待人，其货品不论在何处，售于何人都讲求公道和平等，从而使得不论老少，都可以放心与之进行

① 傅玄：《傅子·佚文》。

交易。

二、货真价实，以质取胜；以仁为质，以义为利

《佛说善生经》载求取财物有“六非道”：“一曰种种戏求财物者为非道；二曰非时行求财物者为非道；三曰饮酒放逸求财物者为非道；四曰亲近恶知识求财物者为非道；五曰常喜妓乐求财物者为非道；六曰懒惰求财物者为非道。”从佛教所反对的六种非正当的求财之道可以见得，商人进行贸易或交换活动必须通过自身的切实努力和仁义规范来实现，不能为求取财物而不顾手段使用的合法性及人格素养的纯洁性。概而言之，即是要人不能屈从于利益最大化的单一目标，而应秉承“以仁为质，以义为利”的原则来从事经营活动，如此才能在取财的同时，获取内心的宁静，维系社会的和谐。正是由此，商品活动展开和维系强调以质量取胜，以仁义为利。《南史・列传第四十》载：官职国子祭酒的山宾曾因家中贫苦而卖牛的故事，“既售受钱，乃谓买主曰：‘此牛经患漏蹄，疗差已久，恐后脱发，无容不相语。’”正是有鉴于此，处士阮孝绪感叹曰：“此言足使还淳反朴，激薄停浇矣。”《北史・列传第五十八》也有类似的记载，孟信从赵平太守一职退下之后，“居贫无食。唯有一老牛，其兄子卖之，拟供薪米。券契已讫，市法应知牛主住在所。信适从外来，见买牛人，方知其卖也。因告之曰：‘此牛先来有病，小用便发，君不须也。’杖其兄子二十。买牛人嗟异良久”。此般强调货真质优、市不二价的商德精神，在当下之经济交往中依旧具有很强的启示意义。

除了交易过程中的诚信与公道，商家从民众或社会获利之后，还应该保有一颗报效国家、回馈社会的公益之心，而不仅将钱财据为一己之属。南梁太学博士徐勉言：“人遗子孙以财，我遗之以清白。子孙才也，则自致辎軿；如其不才，终为他有。”又引古人之说谓：“以清白遗子孙，不亦厚乎！……遗子黄金满籯，不如一经。”[①]即代表了传统帝国社会对于钱财的一般观念，要人懂得不以钱财为贵，而重自我人格的修养与完善，追求抱负天下的雄心壮志。正是出于此般逻辑，魏晋南北朝之时的众多商家皆抱有散财为国、救民的奉献精神。三国之际东海朐的糜竺，“祖世货殖，僮客万人，赀产钜亿”。建安元年，吕布乘刘备

① 《梁书・列传第十九》。

抗击袁术之时，偷袭下邳，虏走刘备之妻与子。糜竺则“进妹于先主为夫人，奴客二千，金银货币以助军资；于时困匮，赖此复振”①。此番牺牲小我，报效国家的精神实为一代商贾的楷模。《北齐书·列传第十四》记载，北齐的卢文伟，因“善于营理，兼展私力，家素贫俭，因此致富”。后又凭借自身的才能被诏为郎中，“及北方将乱，文伟积稻谷于范阳城，时经荒俭，多所赈赡，弥为乡里所归”。等到他主持范阳郡的政务工作之时，则“与士卒同劳苦，分散家财，拯救贫乏，莫不人人感说”。卢文伟在身份上虽亦官亦商，但究其以自身家产拯世救民而言，却无疑代表了商人对社会及百姓的奉献情怀。

三、勤俭敬业，吃苦耐劳

勤俭肯干是商家进行财富的原始积累及在富裕之后保持自身所有所必须具备的素养与态度。晋武帝之时，司隶校尉傅玄提出“俭而趋公”的原则，要求个体的消费行为应依照自身的实际需要来进行，不可仗着自身财势而大行铺张浪费之风。这一要求对于经商之人尤其适应，商人的发家致富正在于自身的勤恳节约以及对于市场活动的敏锐把握，若非如此即便积累起了财富也必将迅速消耗殆尽。“三为亡国之人”的北齐学者颜之推在其《颜氏家训·勉学》中特别注重恭俭节用，反对骄奢淫逸的教育，其目的在于推动个体通过学习古人之贵义轻财、少私寡欲的生活及态度来修养自身的身心与德性。《太平经》在谈及奢侈浪费的危害时言：“日就浮华……使后生趋走不止，山川为空竭……生民稍耗，奸伪复生……使治不平……”由此见得，奢侈浪费不仅造成对财物的大量浪费，对自然资源的过度掠夺，造成“山川为空竭”的悲惨结局，而且也会导致人们精神修养、道德生活的崩塌，使得“奸伪复生”。由此奢靡之风便不只是影响一人、一时，甚至对于家国的平治也是极其不利的。这些对于奢靡的反对之声虽大都不是直接针对商人而发，但却对之具有最为明显的警醒效应，因为商人的日常便是跟种种资源、物品及金钱打交道，他们最为直接地承受着奢靡和浪费的诱惑。在如此强调正道、修身、养性的社会环境下，广大商家应当以谋取物品的正当差价为正常的赢利手段，而不可投机取巧，强占豪夺。唯有通过自身对

① 《裴注三国志·蜀书八》。

市场行情的敏锐观察与把握，借由自身的勤劳敬业，精心操作，以自己的诚实劳动积累和保有的财富才是真正令人、令己心安而崇敬的。

第七节　医　　德

所谓医德即医生在诊病、用药过程中所体现的医护素养及其所秉承的道德意识与行为规范的总和。它不仅涉及医生个人的道德品质，同时也包含有对其医药技术的考量，因为如是不能在专业技能上做到治病救人，那即使有再好的道德人格，也不足以称其为“医”。医德的产生与发展与医术的发展是直接相关的。

首先，就医术作为一门专业技术而言，它的起源是与上古社会当中的巫术紧密相连的，彼时巫术被认为是人与自然、与天地相沟通的桥梁，而行巫之人的巫则被视作具备“超自然能力的人”，能够获取自然或上天对人的启示或警戒。正是由此，巫术及其使用者也就成为自然神及上帝的代言人，从而保护氏族成员，为之治病驱邪，维系氏族牲畜、农作物不被伤害，同时确保整个社群的安全与健康。也正是因为巫术在社会生活中的巨大效能和价值，使得行巫之人往往可以获取崇高地位，乃至成为一国之国师。在巫术崇拜极其盛行的殷商、西周之时，国家架构慢慢趋于成熟，巫被固定设置为一种官职，政府通过“绝地天通”的方式，即将巫术官方化，让其专为国家政治而不再为民间社会所服务，以强化自身统治的合法性与权威性。当然，此时的巫术依旧兼备有采药治病的职能，而且在周代更是逐渐设立有专门负责治病救人的医官。春秋战国之时，巫除了保有原来的沟通天地、预知吉凶的功能，还演化为禁咒、幻术、符箓等具有邪恶色彩的作用，加之社会生产的不断进步，社会分工的逐步专业化，巫的职能开始被分解开去，其神秘功效也相对消退。由此，巫、医开始分开，医术作为专门的技能开始为社会所接受。

其次，就医术作为专业医生的职业来看，医生的个人品德及行业职责直接衍生出了医德。神话传说中神农氏为保全氏族人员的健康而主动“尝百草水土甘苦”，孕育了为治病救人、造福天下而奉献自己的高尚情怀。先秦之际《黄帝内经》的写成及名医扁鹊的故事传承，则标志了在可考历史中中国传统医德的正式产生。西汉时期，医术行业承接前代成果获得长足进步，先后涌现出淳于意、张仲景等名医，他们以自身精湛的医术及优良的言行，为医德的发展作出巨大贡献。到魏晋南北朝之时，医学已然发展成一门理论相结合实践，且内部产生有专业分支的成熟学科，通过师傅言传身教而带徒学医的传授形式成为当时极其重要且普遍的医术及医学教育形式。这一时期的医学工作者不仅承前对旧有的医学书籍进行系统整理，而且启后即结合新病症、新思考写就新的医学理论作品。正是因为如此，魏晋南北朝时期的医学基础理论和治疗经验获得明显进步，产生了一批内容丰富的医学名著及医术高明的传世医者。如对《黄帝内经》、《伤寒杂病论》等秦汉医学经典进行了深入的整理研究工作，并且在中医理论、诊断学、病因学等方面取得了一系列的杰出成就，梳理并充实了中国传统医学体系。而王叔和的《脉经》，葛洪的《肘后备急方》，陶弘景的《本草经集注》，不仅对于当时的医术发展有重大价值，就是在中国整个医学史上同样举足轻重，对于当下的中医理论及治疗仍具有不可忽略的参考价值。伴随着医书的完善、医学的进步，医德在这一时期也获得了充分的展现：名医华佗、王叔和、葛洪、陶弘景，无不以自身勤奋的态度，高妙的医术，崇高的言行，张扬并促成医学所要求和倡导的仁爱、责任、气节、品行等多方面的伦理情怀。魏晋南北朝之际作为通向隋唐医术、医德兴盛的过渡阶段，虽然其医术及医德尚未能完全走向成熟，但其承上启下的过渡价值却是不能忽略的。具体而言，可概括为以下诸方面：

一、高妙专精的医术，救死扶伤的情怀

医术的精湛与否不仅关系医学的进步，更是与病人的生死直接相关，因此，高明的医术是医生之所以成为医生的首要前提，也是治病救人的必备要件。若要练就高超的医术，从医者不仅需要勤奋好学，博采万家之长，有时甚至需要以身试病以求用药、治疗等切中病灶要害。为此，三国名医华佗就曾“游学徐土，兼通数经”①，以求提升自身的医技水平。南朝刘宋王微于“春秋令节，辄自将两

① 《三国志·魏书·华佗传》。

三门生”，入山采药，“意在取精”。[1] 北魏之时，王安道、李亮曾在少年之时拜同一位医师，“俱学医药”，王安道只能“粗究其术”，李亮则虚心好学、勤奋刻苦，其后又投师沙门僧坦，研习众方，以至学成之后，“针灸授药，莫不有效”。[2] 其子李修同样医术精湛：“文明太后时有不豫，修侍针药多效……先是咸阳公高允虽年且百岁，而气力尚康，孝文、文明太后时令修诊视之。一旦，奏言允脉竭气微，大命无逮，未几果亡。”[3]魏晋时期著名医药学家王叔和少年贫贱，因着对医学的喜爱，广读医学典籍，尤对脉学较有研究，久之便名遍洛阳。后被招至魏国少府作太医令，便利用职务之便，博览府中所藏的历代医典与良方。后依据自身长期的临床试验，对扁鹊、张仲景等前人的医学精华进行总结，写成了中国第一部完整、系统的脉学专著——《脉经》，使脉学成为中医诊病的正式方法。《脉经》确定出手腕部位桡侧动脉的“寸关尺”三部脉位与心肝肺脾肾等相匹配的脏腑分配原则，并详细阐明了切脉可以独取寸口的理由所在，推进这一诊脉法在临床中的实际应用，使之成为后世医家所普遍遵循的诊病手段之一。东晋陶弘景之所以得以在医学界成名成家，同样与其刻苦钻研之态度难以分割：“幼有异操。年十岁，得葛洪《神仙传》，昼夜研寻，便有养生之志”[4]。

救死扶伤作为医学的核心追求，是从此一职业诞生之际便被赋予的人道主义原则，贯穿于整个医学及医德发展的方方面面。如果说高妙医术是医生所必备之技能的话，那救死扶伤则当是其应有之态度，唯有这两者相互结合，才能将“医”真正落到实处并发扬光大。华佗兼通多种经书，医学知识极为渊博，行医足迹遍布江苏、山东、安徽、河南等地，以高明医术救人无数，且不贪图名利富贵，而将治病救人视作自身的最高标准，始终把病人的生死安危记挂在心头。前文所述的李亮、李修父子同样是彰显医者救护、仁爱的典型，李亮学成之后，“徐兖之间，多所救恤，四方疾苦，不远千里，竟往从之”。待到“亮大为事以舍病人，停车舆于下，时有死者，则就而棺殡，亲往吊视。其仁厚若此”，可谓一家皆以治病为大，对病人之疾苦尤为体贴。[5] 此外，北魏之时的崔彧同样以其仁厚精

---

① 参阅《宋书・列传第二十二》。
② 参阅《魏书・列传术艺第七十九》。
③ 《北史・列传第七十八》。
④ 《梁书・列传第四十五》。
⑤ 参阅《魏书・列传术艺第七十九》。

神扬名医界:“中山王英子略曾病,王显等不能疗,彧针之,抽外即愈。后位冀州别驾,累迁宁远将军。性仁恕,见疾苦,好与治之。广教门生,令多救疗。其弟子清河赵约、勃海郝文法之徒咸亦有名。”①。

二、尚真求实的钻研态度、成果共享的奉献精神

医学是一门践行性很强的学科,而且事关病人的生死利害,因此,不是单在理论上有所熟知就可以,更不是对前人累积知识一概接纳便可行的,而必须要根据亲身经验,结合新病症来校验理论之是非,由此才能真正将医学理论落到实处,并在医学实践中对之加以不断充实和丰富。西晋著名医学家皇甫谧,为治病救人,还亲自试验针法、药性,因曾亲受服石之苦,“服寒食药,违错节度,辛苦荼毒,于今七年。隆冬裸袒食冰,当暑烦闷,加以咳逆,或若温虐,或类伤寒,浮气流肿,四肢酸重。于今困劣,救命呼噏”②,而撰《寒食散论》一卷,用亲身试验来证明炼丹服石的危害性。《南史·列传第二十五》载有一则百姓为求证自身病因,而要求死后解剖验证的事例,“沛郡相县唐赐往比村彭家饮酒还,因得病,吐蛊二十余物。赐妻张从赐临终言,死后亲刳腹,五藏悉糜碎”。由此足以见得医学求真求实的精神不仅体现在专业的医护人员身上,甚至或多或少地影响到世人的行动。《梁书·列传第四十一》记有庾黔娄孝行故事一则,“易在家遘疾,黔娄忽然心惊,举身流汗,即日弃官归家,家人悉惊其忽至。时易疾始二日,医云:‘欲知差剧,但尝粪甜苦。’易泄痢,黔娄辄取尝之,味转甜滑,心逾忧苦”,此举虽不卫生,但却足以印证彼时医学上求真、求实的真切态度。

医学事业的长足发展,必须经由一代代医药学家辛勤的研究与践行,并且由后世学人借由继承和批判并存的视角来加以对待,如此才能在既有成果的基础上勇于创新,不断累积,并最终实现医药事业的新旧互动,体系健全。由此,就必须懂得利用集体的力量,具备分享的精神,通过对医学成就的传接与融通真正使之趋于善化,而不止于依靠个体的单打独斗、闭门造车。王叔和对东汉张仲景的医学成果及著书极为重视,并借助自身的刻苦和钻研对其书进行了梳

---

① 《魏书·列传术艺第七十九》。
② 《晋书·列传第二十一》。

理与整合。他对《伤寒杂病论》加以编次整理，分为《伤寒论》和《金匮要略》两部，以便后世医者加以学习。而王叔和自身所编撰的《脉经》，更是超出一国之范围，经由阿拉伯流传到欧洲诸地，这无疑为世界医学成果之间的互动与融通作出了重要贡献。西晋皇甫谧认真钻研《素问》、《灵枢》、《明堂孔穴针灸治要》三部前人所著医书，并将之整合编定为《黄帝三部缄灸甲乙经》，该书成为针灸学史上的名著。东晋葛洪的《肘后备急方》，则是考虑到医家随身携带救急之用而作，正是因其所载病症的普遍及救治方法的简易，使得它在后世得以一直为人重视而流传不衰。此番注重医学理论的传承与创新的钻研态度，以及医者为公而主动分享自身专业成果的奉献精神，正是中医得以长久传承、至今不败的根由所在。

三、一心向学，淡泊名利的清高境界

许多医者一心埋头于医学研究之中，淡泊名利，成为中华医学界的典范。这一点不仅体现在名家身上，在魏晋南北朝时期的沙门隐士身上尤为明显，如前文所提及的李亮"少学医术，未能精究。太武时奔宋，又就沙门僧坦，略尽其术"①。此外，崔彧"少尝诣青州，逢隐逸沙门，教以《素问》九卷及《甲乙》，遂善医术"②。由此见得，彼时多有擅长医术者隐遁佛门或山林，而不贪求世俗之荣华富贵。皇甫谧作为一代医学名家，"居贫，躬自稼穑，带经而农，遂博综典籍百家之言。沈静寡欲，始有高尚之志，以著述为务，自号玄晏先生。著《礼乐》、《圣真》之论。后得风痹疾，犹手不辍卷"。有人劝其修名广交，他则作《玄守论》作回应，认为"非圣人孰能兼存出处，居田里之中亦可以乐尧、舜之道，何必崇接世利，事官鞅掌，然后为名乎"。正是出于此番安贫乐道之情怀，他"耽玩典籍，忘寝与食，时人谓之'书淫'"。其后，"魏郡召上计掾，举孝廉；景元初，相国辟，皆不行。其后乡亲劝令应命，谧为《释劝论》以通志焉。……岁余，又举贤良方正，并不起。自表就帝借书"。③ 皇甫谧穷其一生都醉心于读书、著书，无心仕途，所求但是一心之向道与安乐。同样的情形也见于东晋炼丹及医药名家葛洪身上。

---

① 《北史·列传第七十八》。
② 《魏书·列传术艺第七十九》。
③ 参阅《晋书·列传第二十一》。

东晋成帝之后，政府曾多次对其任以要职，但他却只是专心治学，始终固辞不就。晚年更是隐居罗浮山，不再过问世事，潜心于自己的丹药研究。南朝齐梁时的著名医药学家陶弘景，虽曾“引为诸王侍读，除奉朝请”，但他却“虽在朱门，闭影不交外物，唯以披阅为务。朝仪故事，多取决焉”。待到永明十年，则直接上表辞去官禄，“止于句容之句曲山。恒曰：‘此山下是第八洞宫，名金坛华阳之天，周回一百五十里。昔汉有咸阳三茅君得道，来掌此山，故谓之茅山。’乃中山立馆，自号华阳隐居。始从东阳孙游岳受符图经法。遍历名山，寻访仙药。每经涧谷，必坐卧其间，吟咏盘桓，不能已已。时沈约为东阳郡守，高其志节，累书要之，不至”。①

第八节 艺　德

艺德指的是从事文学、戏剧、书法、绘画、音乐、舞蹈、武术、杂艺等文艺类工作的个人或群体所展现出来的职业道德与操守。先秦以“礼、乐、射、御、书、数”为六艺，并要求统治阶层借由其中存有的文艺性修习来成全自身的能力与修养，这便已然在很大程度上彰显了艺术生活对于个体道德挺立及国家秩序安定的重要价值。孔子言“志于道，据于德，依于仁，游于艺”②，便是要人以“道”、“德”为根本，以“仁”、“义”为尺度，通过在文艺性生活中的悠游涵养来展现并强化个体的道德人格及伦理情怀。

总体而言，中国传统的艺德主要涵盖有以下几个特性：

首先，注重人品（艺术家的人格修养）与艺品（艺术作品的成就水准）之间的互动关系，强调道德修养对于艺术人生及创作的奠基作用。艺术作品的成功与否往往与创作者自身的心境与情怀是直接相关的，若不能诚意正心、修身养性，达到自身与作品乃至天地万物的融通，自然容易使作品呈现出混沌无序的

---

① 参阅《梁书·列传第四十五》。

② 《论语·学而》。

状态。

其次，注重文艺作品的社会教化功能，艺术作品的生成绝不仅仅是创作者独坐空想的结果，其根源必在于一时一地的客观历史背景之中，换言之，文艺创作的诞生是有其深刻的社会根源及历史必然性的。这种必然性一方面是对现实生活的客观摹写，另一方面也不可避免地反映了创作者、民众以及统治集团的社会期待。正是由此，成功的文艺作品与类别往往超出了创作者个体的世界，具备强大的价值引导及社会教化功效。反之，这也要求相关从艺人员将这种社会意识内化于自身的创造与表演之中，以达成服务于民众和改良社会的目标。

再次，强调刻苦学艺，努力提升自身技艺水准。艺术创作虽然需要天赋的支撑，但更加不能忽视后天的勤奋钻研，否则终将出现“方仲永”般的感伤结局：“仲永之通悟，受之天也。其受之天也，贤于材人远矣。卒之为众人，则其受于人者不至也。彼其受之天也，如此其贤也，不受之人，且为众人；今夫不受之天，固众人，又不受之人，得为众人而已耶?”①因此，艺术创作者及表演者唯有秉持“如切如磋，如琢如磨”的态度，沉心于自身所从事的艺术事业或爱好，才能真正推进自身创作水准的提升与善化。

魏晋南北朝之时，秦汉所建立并维系的统一性帝国遭到了巨大冲击，除西晋出现过短暂的统一局面外，整个国家长期处于地方割据、政权林立的分裂状态。这对于纵向的政治或社会建构虽然是某种缺憾，但就思想与艺术之创作来说却是难得的沃土。分裂的格局瓦解了统一、高压的国家意识形态，各封建割据势力因忙于政权维系，对社会思想的控制自然也就更加松懈，这便为思想文艺活动的蓬勃发展提供了外在空间。既有的单一价值导向的崩塌必然使人们重新探求解释个体人生及完善国家建设的新路径，这便为文艺创作呈现多元与兴盛提供了充足的内在动力。随着少数民族政权的兴起及其与汉族文化的融合，更是为文艺领域的自我表现添加了新鲜的元素与血液。正是由此，宗白华说：“汉末魏晋六朝是中国政治上最混乱，社会上最苦难的时代，然后却是精神上极自由、极解放、最富于智慧、最浓于热情的一个时代，因此也就是最富艺术

---

① 《伤仲永》。

精神的一个时代。”

魏晋南北朝时期艺术家所迸发出来的昂扬热情，所创作的众多经典作品，使得这一时期在中国艺坛上散发出璀璨的光芒。而这一切的成就又必然依托于艺术家们崇高的艺德风范及纯粹的文艺情怀，否则文艺创作便会沦为无源之水、无本之木而了无生机。此般艺德、艺风既禀有传统艺德的一般特性，又结合其独特的时代及文化背景而呈现出别样的风景。具体而言，这一时期艺术家们所表现出来的艺德风范主要有：

一、关注现实，拯世救民

文艺创作的源泉在于现实生活与社会，作品则成为反映百姓生活、社会现状的一面镜子。魏晋时期的建安文学正是有感于汉末分裂、战火绵延、百姓生活困苦难耐而起，他们通过对国家战乱、人民疾苦等的写实，表达出对河山统一的渴望与抱负。曹操所作的乐府歌辞，大多以汉末的政治及社会生活的演变为对象，他在《薤露行》中表达了对汉末何进当权，以至董卓之乱的历史悲剧的慨叹：“贼臣持国柄，杀主灭宇京。荡覆帝基业，宗庙以燔丧。”王粲《七哀思》中的“出门无所见，白骨蔽平原”，曹植《送应氏》中的“中野何萧条，千里无人烟”，以及王粲的《从军诗》“虽无铅刀用，庶几奋薄身”……无不深刻反映出彼时政权纷争、生活艰难的社会现实，表达了作者渴望一展抱负，实现家国安宁的心境。此外，阮籍的《咏怀诗》：“夜中不能寐，起坐弹鸣琴。薄帷鉴明月，清风吹我襟。孤鸿号外野，翔鸟鸣北林。徘徊将何见，忧思独伤心。”将自身对现实社会及人生的关注融合进自己的诗歌中，以一己的忧思心境去比拟、切合现实的悲苦，更是文艺创作者关注现实、关注人生的典范。除文学家用诗词作品反映社会现实之外，魏晋时期的画家也借手中画笔来映射现实之种种。南齐画家谢赫言，“图绘者，莫不明劝戒，著升沉，千载寂寥，披图可鉴”，即是要画作的创作者及品赏者以画见史，从而超越一图一画的范围，看到历史及人生的轨迹。

二、移风易俗的社会教化指向

西晋傅玄在《仁论篇》言：“古之仁人，推所好以训天下，而民莫不尚德；推所恶以诫天下，而民莫不知耻。”即是要当世之人效法古之仁人，通过自身之所好所恶来引导民众去恶从善，以达到天下兴仁的和善境界。这一标准对于文艺工作者同样适用，因为艺术所指大都在于平心静气、存心养性，否则便无法真正进入到艺术的创作或欣赏中去。而且，艺术之创作往往还与当时之社会风气及国家意识形态设定直接相关，即具有明确的价值观念及导向。这一点尤其体现在大众艺术的创作与推广上，因其欣赏对象是居于社会大多数的普罗大众，其创作的内容往往也是百姓耳熟能详的人物或事件，因此具有优良德性的从艺人员可以通过其榜样作用来引导观赏者的价值取向，充满正能量的大众文艺活动更是能够直接起到移风易俗的效应。正是有鉴于此，嵇康在《声无哀乐论》中写道："夫言移风易俗者……群生安逸，自求多福，默然从道，怀忠抱义，而不觉其所以然也。和心足于内，和气见于外，故歌以叙志，舞以宣情"，并感叹"移风易俗，莫善于乐"。由此见得，健康而成熟的艺术创作，尤其是乐礼作品不仅可以有助于个体的存心养性，还对社会价值风尚有着巨大的导向作用。

三、精思苦学的奋发励志精神

三国时期著名的书法家钟繇曾对其子钟会讲述自己练习书法的方式："吾精思书学三十年，坐与人语，以指就座边数步之地书之，卧则书于寝具，具为之穿。"又"繇乃问蔡伯喈笔法于韦诞，诞惜不与。乃自捶胸呕血。太祖以五灵丹救之，得活。及诞死，繇令人盗掘其墓，遂得之。由是繇笔更妙。繇精思学书，卧画被穿过表，如厕终日忘归。每见万类，皆书象之。繇善三色书，最妙者八分"。由此足以见得他对于书法的痴迷之情以及精思苦学的勤奋态度。① 东晋画家顾恺之善于画人物画，但"每画人成，或数年不点目精"，究其缘由正在于他对于画作品质的高要求："四体妍蚩，本无关于妙处，传神写照，全在阿堵中。"②如此自然需要勤加思考、反复练习，否则便不可能实现对自我的突破，创作出真正的上乘之作。此中逻辑与精神正如南梁文学家刘勰所言："富还乡者心务见家，不可以一步至也；慕学者情缠典素，不可以一读能也。故为山者，基于一篑之土，以成千丈之峭；凿井者，起于三寸之坎，以就万仞之深。"③若不能秉承好学

① 参阅羊欣：《笔阵图》。
② 参阅《世说新语·巧艺》。
③ 《刘子·崇学》。

好思、勤练勤行的态度，只会“饱食醉酒，忽忽无事，以此销日，以此终年。……及有吉凶大事，议论得失，蒙然张口，如坐云雾；公私宴集，谈古赋诗，塞默低头，欠伸而已”①，自然只能是坐而论道，流于虚妄无知之境。

四、清正自守的超然独立境界

艺术之所以为艺术，不论是下里巴人还是阳春白雪，都在于其独立、自由的情感表达，纯净、直接的审美体验。这也就意味着，从艺人员应恪守艺德，自觉抵制名利场的诱惑，以维护艺术所具有的美学价值，保持其独立超然的精神追求。西晋画家范宣子，“少尚隐遁”，“闲居屡空”，其生活只是以讲诵为支撑，也正是此番恬淡、自然的旨趣，使其讲诵、声名为谯国戴逵等画作名家所景仰。②同样以隐士之风扬名画坛的还有东晋的戴逵，先有太宰武陵王司马晞派人招募其入王府辅助，戴逵以“不为王门伶人”直接回绝；后有晋孝武帝司马曜“以散骑常侍、国子博士累征”③，戴逵则去到吴国投奔王恂；待到王恂官至尚书仆射，想要戴逵出来为官，戴逵仍不愿意。刘宋武帝曾请画家宗炳出任荆州主簿，但被他以“栖丘饮谷，三十余年”予以回绝；其后，宋武帝又“召为太尉行参军，骠骑道怜命为记室参军”，但宗炳仍坚持不入官场。④ 魏晋南北朝时期的诸多从艺者都秉持有此般自由、恬淡的态度与风情，不为现实之功利所诱惑，沉心于文艺超然独立的境界之中。

---

① 《颜氏家训·勉学》。
② 参阅《晋书·列传第六十一》。
③ 《晋书·列传第六十四》。
④ 参阅《南史·列传第六十五》。

第七章

三教对立与融通下的宗教道德生活

个体生命在世间生存是极其无力而脆弱的：无论是面对个体成长过程中的负担与孤寂，种种社会关系、秩序的规限与惩戒，还是面对自然性的气候变化及灾害带来的恐惧与不安，又或是因奉行社会达尔文主义所造成的人为性对抗与“暴力”，都可能引发或导致个体生命的紧张，甚至陨落。面对生存之境及自身的种种不确定性，解决路径大致可归为以下三类：其一是将自身交托于一外在的“上帝”，即通过永恒、唯一、绝对的最高存在来解释、支撑并指引个体在世间以至死后的人生径路；其二是通过强化自身，将自身锻造成为“超人”、“唯一者”，如此来应对世间的诱惑与艰难；其三是将一切不确定性搁置起来，或者直接承认不确定性的无处不在、无处不有，以极端的怀疑主义、相对主义抵制确定、统一、永恒的可能。然而，后两种解决方式对于个体的学识、品性及修养都有极高的要求，并不适用于社会的绝大多数。《孟子·梁惠王上》载，“无恒产而有恒心者，惟士为能。若民，则无恒产，因无恒心。苟无恒心，放辟邪秽，无不为已”，即表明普通民众之需求主要在于物质生存及生命安全，而非道德修养或人生实现这些高层次的境界。对于社会的大多数而言，尤其是处于底层的劳苦大众，最为期盼和重要的就是生产与生活的正常进行，人身及财产安全得以维系。这一点在这一时期尤为明显，由于彼时的生产方式单一，条件又相对落后，民众往往只能整日埋头于田地之中，才有可能在应付官府或地主税费的基础上，维系一家老小的生存。加上，国家政治及社会统系较为固定，百姓的公民意识相对缺损；信息传播路径的相对闭塞，则导致区域与区域之间无法形成有效的联系。基于以上种种，帝国时期的民众在面对困苦之时，首先想到的必是承受与忍耐，而不具备通过个体或群体力量改变现状的意识与能力。正是因此，一旦民众遇上天灾、人祸、战乱之时，其所能寻求的除了政府的庇护，剩下的就是将命运交由外在的最高存在，寻求外在神祇的保佑，以平息内心的恐惧与焦虑，获取生活的希望与勇气，这也正是为何传统社会中民间信仰极其盛行的根由所在。

具体到魏晋南北朝时期，频繁的战乱，危及百姓的生命及财产，企图通过个体安分、勤勉与辛劳，自身已然无法生存，如何安顿现世生命的责任只能交由国家政权或外在神祇。政权的不断更替使得统治阶层也面临同样的飘零的命运，而且它还导致政府在制度的建设及资源储备、调节能力上的极度不足，在此番情况下即使统治阶层有意实行拯世救民之意，往往也只能是心有余而力不足。如此这般，面临动荡飘零的上层社会及处于水深火热的民众就只能去宗教世界当中求取此生及来世的希望，继而获取信心与勇气来面对现实的种种苦闷。此一需求及结果也正是政府所希求的，因其无法凭借自身的体制与力量去实现国家的安定与繁荣，为了反对和压制百姓的动乱，便只能舍弃既往盛行的阳儒阴法的统治策略，而偏向于以佛家、道家的思想来培养百姓不争、忍耐的性情取向，希望借由宗教世界来消解现实的矛盾与不满。民众需求与官方推动二者的合力，造就了魏晋南北朝之际佛教、道教的盛行。相形之下，作为国家正统的儒家思维的延续及发展则相对滞后。

第一节　佛教的兴盛与佛学的玄学化

魏晋南北朝时期，社会急剧动荡造就了一种普遍意义上的对现实生活的不安全感。豪门贵族虽然可利用自己的特权，穷奢极欲，恣意妄为，但政治的急剧动荡，也可以顷刻之间使他们所拥有的一切化为乌有，甚至诛灭九族，石崇就是典型的例子。石崇在与王恺斗富时，表现的是何等的气概，后来因为自己的爱妾绿珠而获罪，绿珠被迫跳楼自杀，石崇全家十五口弃市，不可一世的石崇被司马伦所擒。“感性命之不永，惧凋落之无期”①——这是当时上层社会泛滥的不安全和恐惧感。频繁的战乱，加上上层社会的欺压掠夺，魏晋南北朝时期的普通民众的苦难生活堪称最黑暗的时代之一，“白骨盈野”、“枕尸百里”，甚至在饥饿时期，人与人之间相食的情况屡见不鲜。依靠某一王朝的政策来使生活出现转机的希望十分渺茫，他们需要一个人与人之间相互为善的平安社会空间，哪怕贫穷也能挺过去，只要少一些天灾人祸。佛教有关劝人为善、因果报应及西方净土等信仰刚好可以给予极度绝望的民众一丝精神慰藉。当然，此时的王公

① 参阅《世说新语·品藻》的注释。

贵族也好，平民百姓也好，大都还是把佛教看成神仙方术一类。虽然此时僧尼成群，寺院遍地，但真正促使佛教传播发生质的转变的原因，在于士人与传统价值疏离之后所导致的魏晋玄学的兴起。传统儒家道德所提倡的一套价值系统，和他们所向往的大同、太平社会理想，为什么落实不下来？反而他们所面对的是一个极其黑暗的社会，“三纲五常”的伦理道德模式，并没有培养出儒家的理想圣贤人格，而是导致了“举孝廉，父别居”这样一种道德作伪。“九品中正制”所造成的“上品无寒门，下品无士族”的状态，更是堵死了知识分子的“外王”之路。他们转而关注个体生命的意义，从道家具有审美境界的哲学中，寻找消解他们在社会事功方面失意的良方，形成魏晋玄学。魏晋玄学与佛教义理在“有无”、“本末”、“动静”等范畴中找到了衔接点，知识分子改变了以前对佛教的看法，原来佛教不仅是祭祀、祈福祛灾、延年益寿、阴阳数术、变化飞行的神仙方术而已，还包含了丰富的哲学意蕴。名僧清新寡欲、恬淡世情的高卓姿态，无疑和名士隐逸无为、清高傲世的风格同气相求，形成名僧名士广泛交游的局面。尤其是大乘佛教般若学中的性空说与玄学之思大有类似之处，加之一众佛教僧侣及信徒有意以之去比配、迎合玄学之思，使得《般若经》得以在这一时期大肆引入并发扬，成为佛、道两家交互的枢纽。此一过程有力地促成了佛教的玄学化进程，使之开始正式呈现于公众的视野与思想之中，成为影响中国人价值观念、思维方式、宗教信仰、精神风貌、社会习俗的重要因素。

具体而言，佛学于魏晋南北朝之际的兴盛与壮大首要体现在译经、传经及著经活动的盛大及绵延不绝上。曹魏的朱士行成为魏晋之际西行求法的第一人，他去新疆去求得《大品般若》，并派人送回洛阳，而后更是借此掀起了魏晋之际研究般若学的高潮。祖籍处西域一带的支谦、康僧会曾先后到孙吴之都建业去传教，并于此间译出了大量的佛经。蜀汉之地虽未有关于佛教信仰与传播的直接记载，但从 20 世纪 40 年代当地陆续出土的佛教文物以来，也可明显见得信佛、讲经之习在巴蜀的存在。

待到西晋之际，佛教的传播已然较为广泛，上至王侯，下至百姓，以至各处边地少数民族都存有大量的信徒及祭拜活动。此一时期的译经、讲经更是络绎不绝，其中以竺法护为最著。他从晋武帝时来到中原，直至西晋末年，一直在从事译经工作，总共译有佛经 84 部 188 卷，其中绝大多数又属大乘佛学之说，这为大乘佛教在中原的传播及发展奠定了深厚的经文根基。

东晋十六国时期佛教在帝国迈入了高速发展阶段，其中又以后赵、前秦、后秦及北凉等少数民族政权为典型。前秦苻坚在攻取襄阳之后，请名僧道安为自身的学术及政治顾问。之后，待苻坚定都长安，道安也跟随在长安进行佛法的宣扬与研究，整理、撰写了《合放光光赞随略解》、《综理众经目录》等一系列著作。此外，在长安的六年期间，道安还组织翻译了大量佛经，其中直接主持的成果便达到14部183卷之多。

与此类似的还有后秦，姚兴将鸠摩罗什请到长安，并以国师之礼相待。而在国家政权的大力支持下，鸠摩罗什在长安的11年间译有大量经文，其中又以大乘经论为主。据考证其所译过的现存于世的经文仍有39部313卷，其中《般若经》、《大智度论》、《十二门论》等至今影响深远。其弟子僧肇则以般若学为中心，归结了魏晋以来的佛学及玄学主要流派，并通过《不真空论》、《物不迁论》论证了佛学的因缘学说，强化了其哲学韵味，对宗教哲学体系的建构产生了重大影响。

北凉佛教发展的标志性人物则是天竺僧昙无谶，他在凉州期间翻译有《方等大集经》、《大般涅槃经》等11部117卷佛经。其中《大般涅槃经》在当时影响甚大，促成了当时佛学研究从般若学向涅槃学的转化。

东晋后期还掀起了一股西行求法热潮，其中又以法显成就为最大。后秦弘始元年(399)，法显从长安出发，度过沙漠，翻过葱岭，到达天竺。直至东晋义熙九年(413)才重返建康，前后历时15年。他带回了《大般泥洹经》等11部经书，并在建康译出了其中的大多数。此外，法显还依照自身经历写就《佛国记》一书，它成为后世之人研究5世纪西域、中亚、南亚等地理、文化的重要素材。

南朝的诸多帝王不乏崇信佛教之人，如宋文帝、齐竟陵王及梁武帝等，这也使得南朝的佛教发展大都获得政治的支撑与推广。在此背景下，译经、传经、著经的名僧也是不断涌现。晋末宋初佛教研究重心实现了从般若学向涅槃学的转化，而在这一转变过程中，竺道生起了重要的推动作用，他提出的"一切众生皆有佛性"之说虽在起初并未得到认可，但随着北凉昙无谶所译的《大般涅槃经》传入建康后，便得以公认。此外，他还撰有《佛性当有论》、《二谛论》等著作。

除了涅槃学说，南朝还盛行有《成实论》及《三论》之学。《成实论》的传播以宋初至寿春的僧导为始，他传授弟子众多，其中道猛、昙济等也成为研究、宣扬成实之说的名家。此外，南齐的僧柔、僧次，南梁的法云、智藏等都是研究、传播《成实论》的大师。

相较之下，南朝的“三论学”则展开相对晚些，直至梁武帝之时辽东僧朗才开始。僧朗在建康之北的摄山弘扬《三论》，正是由此，“三论”之说也被称作“摄山三论”，僧朗本人也被称为“摄岭师”。僧朗的一传弟子中以僧诠最为有名，其后又再传到慧勇、法朗、慧布等。其中，慧勇在陈文帝之时被请到太极殿讲经，自此声名大噪。法朗则于陈武帝之时奉诏入住京都的皇兴室，常讲《三论》、《华严》等经书。

除了讲经，南朝的著经、译经活动也甚为频繁。彼时僧众所著佛经流传至今日虽然大多已经失散，但其中释僧祐的《弘明集》及《出三藏集》，释慧皎的《高僧传》，释宝唱的《比丘尼传》等在今日依旧有重大影响。

译经活动则属宋、梁、陈三代为最著。刘宋的天竺僧求那跋陀罗译有 77 部 116 卷佛经，其中的《杂阿含经》、《楞伽经》等直至今日依旧是佛学修养与研究中不可忽略的重要经文。梁陈之际的天竺僧真谛自梁武帝太清二年(548)到达建康，其后又颠沛于东南多处，直至陈宣帝太建初，一共译有佛典 26 部 87 卷，其中的《摄大乘论》等影响重大。

正是由于大量的传、译、著经的活动以及政治环境的推动，造就了南朝佛教的兴盛，佛寺的广布。单就梁代寺院数量就高达 2 846 所，其中仅建康就有 500 多所。如此之多的寺庙存在自然难免令人惊叹，甚至唏嘘，唐朝诗人杜牧才在《江南春》中写出：“南朝四百八十寺，多少楼台烟雨中”，以表达自身对时代变换、警惕当下的感慨。

第二节　佛教对帝王及贵族道德生活的影响

官方史书记载东汉信佛的帝王和贵族是很少的，说明佛教在东汉的影响是有限的。三国以后帝王王公贵族信佛成了普遍行为，这除了利用佛教对百姓的教化管理功能外，最直接的原因还是来自对他们自身既得利益、幸福等寻求佛教神灵的护佑之动机；当然个人心性气质方面对佛教清新恬淡生活风格的向往也是一个原因。

一、"菩萨皇帝"

三国时期，魏明帝曹叡曾经大起浮屠寺；曹植苦读佛经，曾作梵呗；孙权和当时对翻译佛经事业作出极大贡献的居士支谦来往密切，支谦抵达吴地时，被拜为博士，辅导太子孙登，对孙氏家族影响至深。孙亮登位后，隐居于穹隆山，绝交世务，从沙门竺法兰受居士五戒（不杀生、不偷盗、不邪淫、不妄语、不饮酒），潜心禅寂，公卿士大夫入山皈依者甚众。当时的尚书令阚泽曾舍家宅为德润寺，他认为儒家、道家文化以"法天制用"为根本的知识背景，以天道为一切价值的终轴；佛教认为最高的价值终轴在于对世俗一切进行超越的佛法境界，"诸佛设教，天法奉行不敢违佛"，因此佛教高于"序长幼之节"、"安伦化物"的儒学及修身自娱、淡泊明理的道家学说。与三国王公贵族对佛教的个人信仰式的皈依不同，两晋南北朝的王公贵族还赋予了佛教一个重要功能——社会教化，达到"内可以系人心，外可以招劝社会"的功效。频繁的农民起义和贵族动乱引起的改变，使人都有世事无常之感，如何使社会人心在这样一个动荡之世得到安置，很多统治者都把目光投向佛教，宋文帝刘义隆说"明佛法汪汪，尤为明理，并足开奖人意。若使率土之滨，皆纯如化，则吾坐致太平，夫复何事"①，这是注重佛教社会教化功能的思想。此时沙门慧琳参与朝政，时人称为"黑衣宰相"，其于执政期间，有力地规约了统治阶级的行为。南朝梁武帝萧衍对佛教的推崇达到了顶峰。萧衍早年信仰道教，后来认为道教"止是世间之善"，而佛教可以"革凡入圣"，于是信奉佛教。并且命令公卿百官及侯王宗族，"宜反伪就真，舍邪入正"②，归顺佛教，自己亲受菩萨戒（菩萨戒是大乘佛教奉持的戒律，内容广泛，包括十重戒，四十八轻戒，"十善道"是菩萨戒的根本，菩萨戒

① 《弘明集》卷十一。
② 唐道宣：《集古今佛道论衡》卷甲。

是“无尽戒”，即从起誓遵守到成佛为止，来世无论多少世，若未成佛便要一直守持下去），成了“菩萨皇帝”，严守戒律，“日一蔬膳，过中不餐”。佛教本来只有定期斋戒，没有只吃素食的规定。因为印度僧尼只能持一衣一钵乞讨食物，施主布施什么就吃什么，要求施主特意为僧人做斋饭是不实际的行为。梁武帝下令天下僧尼一律素食，形成汉地佛教一大特色。杀牲祭祖是中国宗法性宗教的必有仪式，梁武帝认为，这样做“无益至诚，有累冥道”，于是改变了历代天子太牢血食祭祖的仪式。他曾四次舍身入同泰寺为奴，然后再由群臣出钱将他赎回。梁武帝自身有很高的佛学素养，为佛教的兴盛做了许多功德事业，大规模地造寺建塔，举办大规模的法会，礼佛诵经，亲自讲经说法，弘扬佛理，对译经事业大力扶持。据《续文献通考》载，梁大同四年(538)，梁武帝至长干寺举行盛大的“无碍大会”，供养佛舍利及指甲毛发，王侯妃主、百姓大户所舍金玉、环钏等珍宝堆积无数。梁武帝还特命大赦天下，这客观上也是因佛教而带来的恩惠。

二、佛图澄折服石勒

北朝少数民族政权对佛教更加扶持，其有别于佛教在南朝的特色是：北方佛教的传播大都是通过高僧显神异的方式进行的。相传，佛法初传，高僧通过神异力量使帝王信任佛法的神力，由此获得传播佛法皇权方面的支持，或者通过显神异为民消灾、除害、祈雨、治病救人等获得下层民众对佛法的信仰。在两晋南北朝生灵涂炭的乱世，一些有品德的高僧通过显神异的方式，为下层民众做了许多好事，有效地保护了百姓的生命财产。西晋末年来洛阳的西域僧人佛图澄就是典型的例子，佛图澄不仅善陈义理，而且善诵神咒，能役使鬼神，只要用麻油混合胭脂涂于掌心，千里之外的事都能知晓，“皆征见掌中”。当时后赵石勒当权，专以杀戮为业，广大百姓苦不堪言，沙门遇害者亦众。佛图澄怜悯苍生，想用佛法之道感化石勒。他清楚地认识到，对于生性残忍之人来说，单纯的道德说教或许根本起不了任何作用，他要用佛之神力令石勒折服。当时石勒手下的大将军郭黑略奉佛，于是佛图澄投奔郭黑略，帮助他预测战争的成败吉凶，石勒对郭黑略有预测行军吉凶的本领称奇，郭将佛图澄之功禀报石勒。石勒立即召见佛图澄，佛图澄当场通过显神异的方法，使石勒对佛法信服。佛图澄借机谏曰："夫王者德化洽于宇内，则四灵表瑞。政弊道消，则彗孛见于上。恒象著见，休咎随行，斯乃古今之常征，天人之明诫。"①石勒对佛图澄的劝说表示接受，许多人因此而免于杀戮。后石虎当权，佛图澄仍然尽自己的力量减少人间悲剧的发生。石虎常问"佛法云何"，佛图澄回答"佛法不杀"，希望能减少政府的杀戮行为。石虎说他自己作为一国之主，"非刑杀无以肃清海内，既违戒杀生，虽复事佛，讵获福耶？"②佛图澄说"帝王事佛，当在体恭心顺，显畅三宝，不为暴虐，不害无辜，至于凶、愚、无赖，非化所迁，有罪不得不杀，有恶不得不刑，但当杀可杀，刑可刑耳"③，如果暴虐恣意，为所欲为，杀害天下无罪的百姓，那么即便倾财事佛，也不会减轻因果报应所带来的惩罚。因此他规劝石虎慈悲为怀，广及一切，清心寡欲，"则佛教永隆，福祚方远"④。石虎当然不会完全这样去做，但也听取了一些劝告，"为益不少"。当时豪门大族一方面穷奢极欲，一方面又花大量钱财事佛，建寺起塔，以求赎罪。佛图澄指出，这样做是得不到福报的。事佛要求清心寡欲，慈悲为怀，只有形式上奉佛法，而贪吝无度，游猎淫乐，在现世就要遭到报应。佛图澄在临灭度之际，仍不忘劝戒石虎行惠于国家及百姓，"今意未尽者，以国家心存佛理，奉法无吝。兴起寺庙，崇显壮丽，称斯德也，宜享休祉。而布政猛烈，淫刑酷滥，显违圣典，幽背法诫，不自惩革，终无福佑。若降心易虑，惠此下民，则国祚延长，道俗庆赖，毕命就尽，没无遗恨"⑤。可见，佛法神异力量对规约帝王及王公贵族的行为，起了不可忽略的积极作用。

三、甘姆尼僧窃弄朝政

帝王、王公贵族在对佛教的信仰中，一方面规约了自己的行为，另一方面也有佞佛、僧尼干预朝政等事件的发生，造成极坏的社会影响。东晋时孝武帝及简文帝之子司马道子都十分崇信佛教，达到了佞佛的程度。据《晋书·武帝纪》记载，太元六年正月，孝武帝于殿内立精舍供沙门居住，同时自己懒于朝政事

---

① 《高僧传》。
② 《汉典古藉·子部·释家》。
③ 同上。
④ 《高僧传》。
⑤ 同上。

务，终日与司马道子酣歌为务，"甘姆尼僧，尤为亲昵，并窃弄其权"。据《晋书·简文三子传》记载，孝武帝和司马道子都十分敬重尼姑妙音，为之立寺，使之出入宫廷，干预朝政，妙音"供亲无穷，富倾都邑，贵贱宗事；门有车马，日百余两……权倾一朝，威行内外"①。僧尼参政造成了极坏的影响，一部分僧尼私欲膨胀，不仅破坏了佛教本身的形象，也为反对佛教的人找到了借口。在诸多的反佛理由中，很重要的一条是指责佛门奢侈，争权夺利，违背了清心寡欲之旨。南朝刘宋太祖元嘉十二年(435)，丹阳尹箫摩上奏曰，"佛化被于中国，已历四代，形像塔寺，所在千数，进可以击心，退足以招劝。而自顷以来，情敬浮末，不以精诚为至，更以奢竞为重。旧宇颓弛，曾莫之修，而各务造新以相姱尚。"②由于僧人道德品质方面的原因，造像建寺起塔变成了相互之间攀比的奢侈腐化行为，因此尹箫摩要求对兴造塔寺之事进行限制，并沙汰了部分不合格的沙门。宋孝武帝孝建年间，周朗奏请申严佛律，严格规范沙门违反戒律道德者，"刁慧者日替其修，束诫者月繁其过……是乃外刑之所不容戮，内教之所不悔罪……今宜申严佛律……"③此议为皇帝所不纳，周朗愤而辞职。孝武帝大明二年(458)，有昙标道人与羌人谋反，皇帝下诏，规定一些"条禁"，凡非"戒行精苦"的僧尼，一律还俗。但是，此王制居然因为"诸尼出入宫掖，交关妃后"而不能实施，可见僧尼对王朝政治的渗透之力。《陈书·后主本纪》记载，陈后主于公元582年即位后，发布诏书，僧尼道士不依经律者，并皆禁绝。这反映了佛教教团内生活的腐化已不是个别现象，僧尼不依经律之制，已成为社会问题。北魏太武帝实施了著名的毁佛行动，沙门的种种不道德行为成为直接导火索。当时长安沙门凭着王公贵族的支持肆无忌惮，厚积钱财，与王公大臣勾结，喝私酒，密室淫乱种种罪行都时有发生。太武帝大怒，下令尽诛沙门，毁灭佛教，凡佛图形像及佛教经典统统烧毁。当然沙门腐化只是导火索而已，背后还有更深层的政治、经济、文化方面的原因。其后，历代朝廷加强对僧尼寺的管制，更多干涉佛教事务。

---

① 《比丘尼传》卷一。
② 《宋书·夷蛮传·天竺迦毗黎国》。
③ 《宋书·周朗传》。

第三节　佛教僧侣、居士的道德生活

三国时期，由于统治者的支持与信奉，佛教开始加速发展，出现了大规模修寺、建塔、法会、斋僧等宗教活动，随着佛教僧侣及在家居士的不断增加，必然会考虑戒律的问题；尤其作为承担社会教化职责的宗教，必然会对道德生活进行关注，戒律在本质上就是保证道德生活的正常进行的约束机制。履行佛教戒律首先是个体自愿接受授戒仪式，然后有履行戒律义务。接受授戒仪式后，个体也可以自由舍戒。因此，履行佛教戒律是受戒人的自由选择问题，佛教戒律是建立在"业论"——因果报应理论的基础上的。由此可见，佛教僧侣对戒律的翻译以及佛教戒律与中国伦理道德规范、法规的融合，成为佛教道德生活史上重要的内容。

一、朱士行西行求法

佛教戒律传入中国，始于三国时代的曹魏嘉平二年(250)，即以昙摩迦罗在洛阳白马寺译出《僧祇戒心》及《四分羯磨》戒本为始。从东汉到曹魏之初，僧人无皈戒之举，唯剃发而已，只有到了昙摩迦罗来华，才真正有严格意义上的传授比丘戒仪式(但是，如果《四十二章经》和《牟子理惑论》不是后人伪作的话，在此之前，戒律应该就传入了内地)。朱士行是中国出家为沙门的第一人，他还克服种种艰难困苦，西行流沙求法，是中国沙门西行求法第一人。

朱士行，颍川人(今河南禹州)人。般若学者，常在洛阳一带宣讲汉代竺佛朔所译《道行经》。他深感此经译文不畅，义理难通，又闻西域有大本《般若》，乃立志西行求取。魏甘露五年(260)，他从雍州(陕西长安西北)出发，度过流沙，到达于阗(今新疆和田)，求得《大品般若》90 章 60 余万言，因受小乘学人的阻扰，未能即时送回。直到晋武帝太康三年(282)，始派人送到洛阳，而他本人则仍留于阗，80 岁病故。《大品般若》被送到洛阳后，并未受到重视。又过了 10

年，至元康元年(291)，才由竺叔兰和无罗叉译出，取名《放光般若》，受到佛经界的广泛重视，为掀起研究般若学的高潮，起了一定的推动作用。①

二、道安德为物宗

随着信众的增多，为僧团制定系统的戒律规范迫在眉睫，这一任务是由东晋高僧道安完成的。道安努力寻求戒律，于是印度的“广律”及有关的戒经、戒论都顺利地翻译了出来。道安中年时期率领名僧弟子慧远到襄阳，一住就是15年，创立檀溪寺，有徒众数百。制订寺内规范以统一管理迫在眉睫，于是制定了“三例”。“安既德为物宗，学兼三藏。所制僧尼规范，佛法宪章，条为三例：一曰‘行香定座上经上讲之法’，二曰‘常日六时行道饮食唱时法’，三曰‘布萨差使悔过等法’”②。“三例”制度取得了理想的效果，天下寺庙都遵从“三例”之制。习凿齿在致道安的信中感叹，“无变化技术可以惑常人之耳目，无重威大势可以整群小之参差；而师徒肃肃，自相尊敬，洋洋济济，乃是吾由来所未见！”③道安的“三例”虽未完整流传下来，但其是后世丛林制度、梵呗经忏方式的渊源。道安对佛教规范的贡献还在于规定出家人以“释”为姓，不再以俗家之姓为姓，并在中国沙门成为定例。

三、慧远庐山道德所居

慧远为保持佛教礼仪的独立性据理力争，留下《沙门袒服论》和《沙门不敬王者论》等著作，从佛教可以辅翼王化的立场，请求统治者对沙门的特殊习俗予以宽容。原来从西域入华的出家人，可能自始即不向皇帝施以常规恭敬之礼。所以东晋时期，庾冰就提议应该使沙门也像寻常百姓一样礼敬王者。晋末桓玄有感于朝廷僧尼生活的腐化(桓玄即是利用司马道子等佞佛无度，不理政事的机缘而篡位的)，当时沙门有的“聚敛百姓，大构塔寺，华饰奢侈”，有的勾结权贵，插手政治，有的寺院包庇罪犯，藏污纳垢，因此下令沙汰沙门，让沙门礼敬王者，“佛所贵无为，殷勤在于绝欲。而比者凌迟，遂失斯道。京师竞其奢淫，荣观

① 参阅方之：《三国时期的佛教——中国佛教史话之六》，《研究动态》2005年第6期。
② 《高僧传》卷五。
③ 同上。

纷于朝市。天府以之倾匮，名器为之秽黩。避役钟于百里，逋逃盈于寺庙。乃至一县数千，猥成屯落。邑聚游食之群，境积不羁之众。其所以伤治害政，尘滓佛教，固已彼此俱弊，寔污风轨矣”①。道安去世之后，慧远潜遁山林，不入都邑，具有高洁品质的僧人都群集庐山，很少有在京者，“当朝廷僧尼遗臭，引起攻难，而远公望重德劭，砥柱中流，为僧伽争人格，为教法作辩护，影不出山，迹不入俗，而佛法自隆。不仕王侯，高尚其事，而群情翕服。遂至桓玄以震主之威，亦相敬礼”②。慧远以其崇高的僧伽人格表率沙门，赢得了统治者的信仰。桓玄不仅收回礼敬王者的威命，而且在沙汰沙门令末加上一条：“唯庐山道德所居，不在搜简之列”。南朝宋孝武帝大明六年(462)九月下令，沙门必须像儒、墨、道及其他人一样，在觐见主人时尽礼敬之容，才能“澄一风范，详示景则”，至此，才正式定下了沙门致敬王者的规定。随后，朝廷强化了对佛教的控制，南朝齐时，齐武帝永明六年(488)开始设僧官，又规定沙门于帝前称名为定式，不能自称“贫道”，要求站立。永明十一年(493)又下诏，公私都不得擅自出家，自立寺塔，年过六十才有出家资格，还得由“朝贤”审定“有无道心”。北朝也针对沙门混乱状态，提出了种种整顿方案。

四、北魏太武帝毁佛

北魏太武帝毁佛之事虽由佛道相争而起，但佛教自身道德生活的腐败为毁佛事件提供了理由。北魏文成帝敬奉沙门昙曜，昙曜建议百姓有能力每年输捐谷六十斛入僧曹者，为“僧祇户”，所捐者为“僧祇粟”，遇到歉岁则赈给灾民。百姓中有犯重罪及官奴者列为“佛户”，专供佛寺使用，平日扫洒并耕田。文成帝批准了此议，于是州镇等地方到处都有“僧祇户”及“寺户”。“僧祇粟”本来准备遇到歉收之年济给饥民，丰年则给寺僧作个人施济贫民之用，其设立的用意良好，可以形成互帮互助的道德风尚，但实施下来，则寺院不管丰歉，都将粟用来放高利贷，流弊极大，因此永平四年，政府规定“僧祇粟”不得由僧主专管，由刺史与之共管，并严格监管数量及用途。由于沙门素质良莠不齐，极大地损害了

---

① 《弘明集》。

② 汤用彤：《汉魏两晋南北朝佛教史》，北京大学出版社 1997 年版，第 247 页。

佛教的形象,因此北魏延兴二年(472)孝文帝只得下诏,禁止沙门未经许可游化民间,沙门不得离寺舍游化民间村落,交通奸滑。只有持有三宝巡民教化公文者,方得为之。由于百姓逃避课租滥充僧尼的情形十分严重,政府多次下令让不合规定者还俗,以太和十年(486)为例,政府下令各寺主维那负责挑选,凡不合格的僧尼一律还俗,一时还俗者达 1 300 多人,规定每年四月八日、七月十五才允许剃度僧尼,大州一百人,中州五十人,下州二十人为标准。本来佛教僧人犯罪由“昭玄曹”自行审理,但这样存在种种弊端,因此,永平元年政府规定,僧人犯罪,若为杀人以上的罪,依俗受官府审判,其他罪由“昭玄曹”自行审理。永平二年冬,沙门统惠深上书“定僧尼法禁”——“僧尼浩旷,清浊混流。不遵禁典,精粗莫别。辄与经律法师群议立制:诸州、镇、郡维那、上座、寺主,各令戒律自修,咸依内禁,若不解律者,退其本次。又出家之人,不应犯法,积八不净物。然经律所制,通塞有方。依律:车牛净人,不净之物,不得为己私蓄。唯有老病年六十已上者,限听一乘。又比来僧尼或因三宝出贷私财,募缘州外。又出家舍著本无凶仪,不应废道俗道;其父母三师,远闻凶问,听哭三日;若在见前,限以七日。或有不安寺舍,游止民间,乱道生过,皆由此等。若有犯者,脱服还民。其有造寺者,限僧五十以上,启闻听造。若有辄营置者,处以违敕之罪,其僧寺僧众摈出外州。僧尼之法,不得为俗人所使。若有犯者,还配本属。其外国僧尼来归化者,求精检有德行合三藏者,听住。若无德行,遣还本国,若其不去,依此僧制治罪”①。这一要求由佛教内部人士提出,要求朝廷管理僧尼内部守戒的事,说明佛教内部不遵守戒律违反道德的行为很严重,佛教内部人士都感到忧虑,希望依靠硬性的政府法规来干预。

五、跋摩之母终生不再杀生

佛教内部一方面出现了种种道德腐化现象,另一方面则是高僧大德以慈悲为怀的高尚僧伽人格的形成,在中华民族的道德生活史上留下了浓墨重彩的一笔。佛教认为,没有什么是真实永恒的存在,甚至包括我们的个体生命,生命处于一种无尽的轮回之中,正是这种轮回使得我们生生世世都处于苦海之中,解

① 《魏书·世宗本纪》。

脱之道在于超脱这种轮回。人生有苦在于有欲望，欲望使人处于一种无明状态，由此引起了种种烦恼和痛苦，导致我们不能解脱生死束缚。因此，佛教的许多戒律都是要求抑制人的欲望，把人的欲望限制在最低的限度内。如果倾向于欲望享乐，势必陷入罪恶，但如果加以控制就可以达到解脱。这样一种人生观似乎和儒、道对现实生命的珍视是背道而驰的，但佛教并没有因这一分歧而使传播受阻，原因在于，儒道两家对人生的态度是理想主义的，他们关注的是生活的应然状态而非实然状态。佛教从生命的存在感受状态出发，对生命苦难的描述更切近生命的真实状态。佛教不是让人们在这种苦难中绝望，而是提供了切实可行的拯救之道。辞亲出家做一个严格遵守教义教规的佛教徒，按严格程序修行，是有希望得到解脱的。西域高僧入汉地传法译经，汉僧入印度求法求经，阐释自己对信仰之理解及在佛教戒律方面作出贡献等事业，都是功德高尚之事，都是在做弘道、济人的事业，其间表现了非凡的毅力和恒心，是获得解脱的重要方式。他们不仅为译经事业作出了贡献，而且表现了崇高的僧伽人格。据《高僧传》记载，晋高僧帛远，面对乱世群霸交争，决定过隐居生活，“以保雅操”。时秦州刺史张辅认为帛远“名德显著，众望所归”，希望他还俗作其僚佐，帛远拒绝了，因此和刺史张辅结怨，后被张辅害死；其弟法祚，“亦少有令誉”，被征为博士，但他拒绝了，25岁出家，被梁州刺史张光所逼还俗罢道，法祚执志坚贞，以死为誓，最终也被杀害，兄弟二人表现了为信仰付出一切的高贵品质。求那跋摩是印度人，其家累世为王，从小就表现出离俗仁慈的高洁品质。14岁那年，母亲要他杀鸡，他拒绝了，对母亲说：“有命之类，莫不贪生，夭彼之命，非仁人矣”。母亲很生气，她对求那跋摩说，如果你因杀鸡得了报应，我来替你担当。几天后，求那跋摩在煮油时伤了手指，便对母亲说，“代儿忍痛”，母亲回答，痛在你自己身上，我怎么能代你忍痛呢？求那跋摩回答，“眼前之若，尚不能代，况三途耶？”母亲恍然大悟业报轮回的道理，终身都不再杀生。求那跋摩年二十出家，在佛学上有很深造诣，30岁那年，其国王去世，没有继承人，求那跋摩作为帝王之后嗣，又才高德重，被要求还俗继承王位，他拒绝了。求那跋摩于宋文帝时期入京师，受到了道俗两界的热烈欢迎，其所居之山多虎灾，但他有驯服老虎的神异力量，为百姓驱虎灾，受到了百姓的尊敬。宋文帝接见他时说，“法师既不远万里，来化此国，将何以教之”？宋文帝还说自己一直想持斋不杀生，迫于种种不得已的原因不能实施，该怎么办？跋摩回答，“夫道在心，不在事，法由己，非由人。且帝王与匹夫所修各异，匹夫身贱名劣，言令不威，若不克己苦躬，将何为用。帝王以四海为家，万民为子，出一嘉言，则士女咸悦，布一善政，则人神以和。刑不夭命，役无劳力，则使风雨适时，寒暖应节，百谷滋繁，桑麻郁茂。如此持斋，方为弘济耶”。求那跋摩指出佛教生活本质上是一种道德生活，如果只专注于空洞的仪式是没有用的，关键是根据不同的情况，以不同的方式弘道济人。

六、出家同道，以法为亲

康法朗少时出家，和其他四名同学一道西渡流沙求法，康法朗和同学一道，在历尽种种艰难的第三天，忽然在一个人迹罕至的大道旁看到一座破旧的寺庙，草木茂盛，已经很久没有人收拾过了，其间有两间破败的小屋，小屋中各有一人，一人诵经，一人患痢，“两人比房，不相料理”。患痢的那个人的房间里，屎尿成行，举屋臭秽。康法朗对他同行的人说，“出家同道，以法为亲，不见则已，岂可见而舍耶?”于是他们留下来，为这个患病的僧人洗浣供养。至第七日，这个曾经臭秽的房间满屋都是香味。原来他们遇到了神人，在神人的指点之下，他们找到了合适于自己的入道方式，取得不朽的成绩。①

七、昙翼请山灵为其礼忏

晋高僧释昙翼也以德高望重闻名于世，当时刺史毛璩有心帮助释昙翼，但想看看他人品究竟如何，于是亲自招待释昙翼中饭，释昙翼在米饭中挑出一颗谷子，自己把这谷子吃了，毛璩心里暗暗敬佩，知道像这样一个有品行的人，是绝对不会把信众布施的东西一个人独占的。临别时，毛璩给了他一千斛米，“翼受而分施”。刚好长沙太守滕含于江陵舍宅为寺，要求道安帮助寻找一个品格高尚之人来做该寺的“纲领”（类似于后来的僧主），道安选中了释昙翼。后长沙寺要到洞庭山伐木为建寺所用，据说洞庭山是灵异之所，当他们上山伐木时，发现路上有数十条白蛇，释昙翼只好退回去，“遥请山灵为其礼忏”，他告诉山灵，“吾造寺伐材，幸愿共为功德”，当晚就有神人托梦于他，“法师既为三宝须用，特

① 参阅《高僧传》卷四。

相随喜,但莫令余人妄有所伐”。第二天,他们上山砍伐时一路顺利,为建寺所剩的木材,释昙翼全部交给官方,自己不多占一根木材。[①] 这件事情表明,释昙翼为人十分诚信。《高僧传》还记载了释道恒的事迹,释道恒少失双亲,“事后母以孝闻”。由于家贫,靠绘画卖钱来维持他和后母的生计,他笃好佛典,常常通宵达旦地学习,20 岁时后母去世,他“行丧尽礼,服毕出家”。《高僧传》对他的孝行进行了详细记载,说明佛教对传统儒家孝道伦理道德的认同。

八、佛图澄为百姓祛病消灾

信仰者还可以通过实践以下几个方面的宗教使命而获得救赎。其一,通过显神异的方式吸引广大信众,为百姓祛病消灾,以达到弘道济人的目的。前面讲到的佛图澄就是典型例子。《高僧传》对佛图澄一生的功德评价很高,“慈洽苍生,拯救危苦。当二石凶强,虐害非道,若不与澄同日,孰可言哉,但百姓蒙益,日用而不知耳”。其二,一些高僧大德通过观察星象,占验吉凶,治疗疾病,驯虎降龙,咒祝技术等为百姓排忧解难,在扩大佛教教化方面起了不可忽视的作用。如晋时洛阳高僧耆域有使病人康复、枯树复活的能力。他本是天竺人,来华弘道化人,在临回天竺之前,留有言,“守口摄身意,慎莫犯众恶,修行一切善,如是得度世”,他说这几句话是八岁孩童就会背诵的,但是,“八岁虽诵,百岁不行,诵之何利?”人人都知道崇敬得道者的人格,而不知道自己去实践,成就自己的人格,这就点出了佛教教化的实践品格,佛教一套说教,明白道理是一回事,用一生去实践又是另一回事,这值得我们回味体会。

九、史宗重视生灵,保护生命

晋末高僧史宗,因为常穿麻衣,世号麻衣道士,一生有神异术,有慈悲情怀,栖无定所,常将自己化缘所得布施分给需要救济之人,他曾经将官府送他的 30 匹布全部用来救济穷人。有一次史宗见许多人在河里捕鱼,就跑到河流的上游游泳,使“群鱼皆散”,逃过渔民的捕捞,他就是这样重视生灵,保护众生生命的。他曾留下一首诗,典型地表达了佛教无欲清心之志:

---

① 参阅《高僧传》卷四。

有欲苦不足，无欲亦无忧。
未若清虚者，带索被玄裘。
浮游一世间，泛若不系舟。
方当毕尘累，栖志且山丘。

十、杯度乞鱼放生

《高僧传》卷十记载了高僧杯度的事迹，因他常常有“乘木杯度水”的神力而得名。杯度东游吴都时遇见一个钓鱼的人，便向此人乞鱼，钓鱼者给了他一条，杯度将此鱼放生了。后来杯度又看到这个钓鱼人，又向此人乞鱼，钓鱼人嗔骂杯度，没有给他鱼，杯度随手丢了两个小石子于水中，一会儿，只见两头水牛闯入钓鱼人的渔网之中，把渔网撞得七零八碎，但是水牛却不见了，投石子的杯度也转眼不见了，只剩下钓鱼者在那里干瞪眼。南朝齐时高僧释慧通有预测未来之事的能力，他常常知道哪些人在犯罪，知道哪些人在偷东西，“或时悬指偷劫，道其罪状”，因此群盗看见释慧通，都惊慌失措地逃走。有一次他在路上遇见一个人，释慧通用锡杖打这个路人，“回去！回去！看看你家里发生什么事了”，路人匆匆赶回，家里正发生大火。① 梁高僧释保志常数日不食，不见饥容，有预测未来之事的能力，据说保志曾经借神力给梁武帝，让梁武帝看到故去祖先高帝在地狱之中饱受锥刀之苦，这是因为高帝在世用锥刀杀人作恶太多，梁武帝悔悟，“自是永废锥刀”。②

十一、禅定塑造高洁人格

“习禅”也是佛教所认可的获得救赎的方式之一，习禅作为一种修道的方式，是通过对自己的情感和思想、身体的欲望及行动进行有效制约，以期达到一种与佛感通的境界，因此，“习禅”的目的最终还是为了获得神通的力量。他们通过禅定的修养方式，塑造了高洁的僧伽人格。齐时高僧释僧审，当群匪入山

① 参阅《高僧传》卷十一。
② 《高僧传》卷十。

抢劫时，释僧审没有一丝惧怕之意，端坐不动，劫匪对他的行动暗暗称奇，“乃脱衣以施之”。释僧审借此机会向群匪说法开示，向他们讲明“业识”因果报应之理，群匪为自己往昔的所作所为感到惭愧，同时对因果轮回报应可能带给他们的果报感到恐惧，发誓从此要做好人，“作礼而去”。[①] 习禅以念佛、冥想、苦行为主，在禅修过程中，想象自己的身体只是一种虚幻的聚合，没有永恒性和真实性，因此种种烦恼和艰难也只是虚幻不实的感觉；种种快乐、享受也仅仅是一种无常；“诸行无常，诸法无我”，对这些虚幻心理进行控制，以达到一种心灵的宁静和超越，是习禅者所追求的境界。

十二、昙称以身饲虎救人

亡身也是一种通过牺牲自己生命的方式事佛以获救赎的方式。这种方式在中国社会，即使在佛教内部都是不提倡的，“道行多方，何必损命”，但他们在这种舍身事佛的过程中，表现了高尚的道德情操，体现了孟子所谓的杀身成仁、舍生取义的气魄。据《高僧传》记载，晋高僧释僧群以清贫守节著称于世，其所住的寺庙前有一条小河，他每天要通过小河上的一根独木桥过河挑水喝，突然有一天，独木桥上有一只翅膀受了伤的鸭子伏在独木桥上，释僧群本想用锡杖将鸭子赶下桥，但又怜悯这只受伤的鸭子，因此只好退回去，这样几天时间都无法去挑水，绝水而亡。临终前他对人说，这是他年少时曾经折断一只鸭翅而有的现报。他居然为了一只鸭子的性命而牺牲了自己的性命，反映了佛教中众生平等的意识。他对报应的理解表现了可贵的道德责任担当意识。南朝宋高僧释昙称“少而仁爱，惠及昆虫”，曾经于彭城遇见一对80多岁的老夫妇，无儿无女，孤苦伶仃，于是“舍戒为奴”，服侍老人好多年，其高洁的品质获得了人们的好评。二老死后，释昙称将所有的钱财都用于二老后事，然后又还道。当时彭城驾山下有虎灾，每天都有一两个村民遇害，村人都感到惊恐无助。释昙称对村民说，如果老虎吃掉我，虎灾就不会有了，村民都不愿这样一个高僧大德为了他们的生命安危而牺牲自己的生命。但释昙称决心舍身饲虎，当夜坐入草中，并念咒愿，“以我此身，充汝饥渴，令汝从今息怨害意，未来当得无上法食”。虎

---

① 《高僧传》卷十。

吃了释昙称,只剩下了头,村人葬之起塔,虎灾由此平息了。南朝宋时释法进以慈悲情怀著称于世,当时旱涝灾害频繁发生,百姓处于颗粒无收的境地。面对饥荒,释法进自己每天外出化缘,将化缘所得用以赈济贫民。由于饥荒持续时间太长,释法进很难再乞得食物了,后来舍身为饥民所食。释僧富遇见一群劫贼抢来一个小男孩,他们正准备取这个小孩的心肝吃掉,据说这样可以养生。释僧富想用自己的袈裟换取这个小男孩,群劫不肯。于是他问劫贼,成年人的心肝五脏有没有养生的作用,群劫笑话他,你又不会用自己的心肝来救这个小孩,问这个有什么用?释僧富就说,“我幻炎之躯,会有一死,以死济人,虽死犹生”,然后用劫贼的刀将自己的胸膛剖开,救得了这个小孩的性命,表现了“尚乎兼济之道,忘我利物者也”的高贵品质。

十三、慧庆诵经救遇险船只

诵经也是获得救赎的方式。《高僧传》及各种经典都记载了念诵佛经不仅可以自己得利,也可以为别人带来功德好处,免除灾难的故事。宋时释慧庆有一次和众人坐在船上,忽遇大风天气,船好像马上就要沉没了,船上的人陷入惊慌失措的状态中。唯有释慧庆稳坐不动,一直诵经,念着念着,大家忽然觉得在大浪中颠簸的船好像被什么东西牵引着,不一会儿就安全到岸了。诵经这种方式应该在下层信众中广泛流行,《观世音应验记》中就有大量关于念诵佛经而免于灾难的故事,在民众当中具有广泛的影响。净土宗更认为只要念“南无阿弥陀佛”一口诀,就可以获得解脱和超越。

十四、兴福积德获得拯救

兴福也是获得拯救的方式之一,这是普通信众及在家居士积累功德的一个重要方式,包括造寺、建塔、造像等。造像建寺是一件既与人方便,又为自己积德的事。魏晋南北朝建立了大规模的寺院,进行了大规模的刻经造像活动,很多都是这样的功德行为。仅南朝刘宋政权,由皇家营建的功德寺就很多,如宋武帝刘裕营造灵根寺、法王寺,文帝义隆营造禅云寺,明帝营建普弘寺、中寺等。

第四节　魏晋南北朝道教的道德生活

一、太平道及天师道的传播与发展

东汉末年由太平道发起的黄巾起义被镇压之后，统治阶层对于太平道一直给予严密的监视、打击，禁止其在民间的传播活动，以免再次组织民众反抗政府。位于巴蜀之地的五斗米教则依旧处于传播和扩张的状态之中，它是在熹平二年（173）由张陵在蜀中所创，本取名为“天师道”。后因入道之人需要交纳五斗米，世人便将之称为五斗米道。又，张陵撰有《正一经》，因此也被教徒称作“正一道”。其后，天师道由张陵传至其子张衡，张衡又再传其子张鲁。天师道的发展到张鲁之时才真正兴盛起来，因其占据汉中之地，领汉宁太守，因此有机会在自身地域大传五斗米教。张鲁采用政教合一的模式，将教众划分为由低至高的“鬼卒”、“祭酒”、“治头大祭酒”三级，自己则作为教主和最高统治者即“师君”而掌管全部。其统治内容则偏重教化，要求教众诚信不欺；若生病，则是因为行了错事而被鬼道缠身，因此需要自首其过；若是触犯法戒，则需要经过再三宽恕，然后才会执行惩处。

待到三国鼎立之局面初步形成，曹操无法再往吴、蜀进行吞并与扩张时，便开始巩固内部环境，由此便占领了与关中联系甚为密切的汉中，张鲁很快臣服于曹操治下。曹操为了对五斗米教进行分散控制，令张鲁及其部署，还有汉中部分居民大举北迁，但却并未就此禁止其传播，反倒是五斗米教借此开始在北方进行传播。只是因为组织体系的分散，加上政府对于祭祀与巫祝的严厉禁止，使得其传播的速度及广度大打折扣。随着张鲁的去世，天师道便失去了统一的领导，至此也就开启了教徒们各行其是的混乱局面，祭酒及道民们开始不按旧章，各个自置，此外他们还不守教规、道戒，贪财好利，肆意纵情淫欲。张鲁后裔所作《阳平治》借张陵之口斥责祭酒们的恶劣形迹：“祭酒、主者男女老壮，各尔愦愦，与俗无别，口是心非，人头虫心，房事不节，纵恣淫情；男女老壮，不相呵整，为尔愦愦，群行混浊。”

留在汉中之地的道民，因组织涣散未见有活动载于三国史册。待到西晋武帝之时，才出现了陈瑞所组织并领导的天师道教团，据《华阳国志·大同志》所记：“瑞初以鬼道惑民，其道始用酒一斗，鱼一头，不奉他神，贵鲜洁。其死丧、产乳者不百日不得至道治。其为师者曰祭酒。父母妻子之丧不得抚殡入吊及问乳病者。后转奢靡，作朱衣、素带、朱帻、进贤冠。瑞自称天师，徒众以千百数。”天师道教团不仅不按旧章行事，在入教条件上以酒、鱼代米，且发展到后期也出现了管理上的不当，导致纵欲横生。

三国之际的中原长期处于动乱之中，而江南则相对太平与稳定，由此便导致了北方民众向巴蜀及江南的迁徙，而且巴蜀民众本身也有不少流至江南一带。如此一来，则形成太平道的南移，天师道的东移，进而导致这两大道教流派在江南一带的延伸与发展。如江南所出现的于君道、帛家道便属于太平道的支脉，而李家道、杜子恭道团与清水道等则是由天师道延伸而来的。

二、葛洪及其神仙道教的道德评判

葛洪(283～363)，自号抱朴子，丹阳郡句容县(今江苏省句容县)人，晋代儒道学者，著名道士，先崇儒学入世，后修道学出世，皈依道教神学，著有《抱朴子》一书，分外、内篇，其儒家思想集中反映在《抱朴子·外篇》，道家思想则集中反映在《抱朴子·内篇》。葛洪出生道教世家，但家世没落，家境贫寒，性情孤僻而少言语。先是汉末左慈(字元放)传道于他的从祖葛玄(字孝先，东吴黄老道著名道士)，葛玄传道给其弟子郑隐(字思远)，郑隐传道给葛洪。同时，葛洪又深受他的岳父南海太守鲍玄(或称鲍靓)的赏识和影响。《晋书》卷七十二《列传第四十二》记载：“洪少好学，家贫，躬自伐薪以贸纸笔，夜辄写书诵习，遂以儒学知名。性寡欲，无所爱玩，不知棋局几道，摴蒱齿名。为人木讷，不好荣利，闭门却扫，未尝交游。”“时或寻书问义，不远数千里，崎岖冒涉，期于必得，遂究览典籍，尤好神仙导养之法。从祖玄，吴时学道得仙，号曰葛仙公，以其炼丹秘术授弟子郑隐。洪就隐学，悉得其法焉。后师事南海太守上党鲍玄。玄亦内学，逆占将来，见洪深重之，以女妻洪。”

葛洪先儒后道，内儒外道，反映了其思想的变化过程和时代的变迁。社会的动荡，家世的没落，葛洪感到仕途黯然，立功无望，立言有余，继而转向，由一个儒教的卫道士转为道教的忠实信徒。葛洪在日趋下风的家庭环境中长大，从小好学，16 岁时就已熟读《孝经》、《论语》、《诗》、《易》等儒家经典著作，并以其儒学知名，儒学的济世救民思想使葛洪立志复兴儒教。葛洪在《抱朴子·外篇·崇教》中指出："今圣明在上，稽古济物"，"想宗室公族及贵门富年，必当竞尚儒术"。崇尚儒术，首先就要肯定封建制度下的伦理纲常，君臣、父子、夫妻、兄弟等上下尊卑的确立是天经地义、不可动摇的天然关系。葛洪在《抱朴子·外篇·君道》中说："清玄剖而上浮，浊黄判而下沈，尊卑等威，于是乎著。往圣取诸两仪，而君臣之道立。"为此，葛洪对晋朝开国皇帝司马炎曾作为魏元帝曹奂朝廷之权臣又图谋曹奂政权，并取而代之自立为王之举颇有微词。葛洪借古讽今，借物抒怀，在《抱朴子·外篇·良规》中指出："君夫，天也，父也。"认为，"方策所载，莫不尊君卑臣，强干弱枝"，君王的地位一旦确立，便不能随意更替，如果"君而可废，则天亦可改，父亦可易也"。在葛洪看来，政治上的背叛和忤逆是有悖于封建社会的伦理道德的，它会使人们上行下效，人们的社会伦理关系难免出现混乱局面。

因此，葛洪极力反对无君论。葛洪在《抱朴子·外篇·应嘲》中说："君臣之大，次于天地"。而其维护君臣之道的论战篇《诘难》则把君臣上下的秩序比喻为自然界的现象，认为混沌初开，乾坤定位，轻清的气上升为天，重浊的气下降为地，进而把天尊地卑的自然关系引入到人伦关系中，以确立君臣上下的道德原则。他在《抱朴子·外篇·诘难》中说："乾坤定位，上下以形。远取诸物，则天尊地卑，以著人伦之体；近取诸身，则元首股肱，以表君臣之序，降杀之轨，有自来矣。"葛洪与鲍敬言的无君论进行了激烈的交锋，针对当时崇尚老庄自然主义的观点，无君论者以为上古无君无臣、入无六亲之尊卑、出无阶级之等级的纯朴自然现象胜于后世社会的观点，进行了有力的反驳，认为如果以那样为理由，那么远古时代人兽杂居，巢栖穴窜，茹毛饮血的生活也胜过现在了？葛洪在当时能够提出后世的各种文化比远古蒙昧的自然文化要文明得多的观点，是符合社会历史进化论的。

葛洪的社会历史进化论在其《抱朴子·外篇》中多有阐述。针对当时世俗认为今不如古的复古主义思潮，葛洪在诸多篇章中进行了批驳，其《文行》篇中批评当时贵古贱今的思想说:"世俗率贵古昔而贱当今,敬所闻而黩所见。同时虽有追风绝景之骏,犹谓不及伯乐之所御也","虽有生枯起朽之药,犹谓不及和鹊之所合也。虽有冠群独行之士,犹谓不及于古人也。"《尚博》篇又进一步对贵古贱今的世俗观进行了批驳,指出:"世俗率神贵古昔而黩贱同时","俗士多云今山不及古山之高,今海不及古海之广,今日不及古日之热,今月不及古月之朗。何肯许今之才士,不减古之枯骨。重所闻,轻所见,非一世之所患矣。"《钧世》篇针对世俗对著书立说的偏见,即所谓的"古人所作为神,今世所著为浅","古书虽质朴,而俗儒谓之堕于天也,今文虽金玉,而常人同之于瓦砾也。然古书者虽多,未必尽美"的观点也指出:"若舟车之代步涉,文墨之改结绳,诸后作而善于前事,其功业相次千万者,不可复缕举也。""何以独文章不及古邪?"旗帜鲜明地表述了著书立说今人未必不及古人的观点。在科学技术的应用上,针对当时对医学上的一些是古非今的偏激见解,葛洪在《肘后备急方序》中指出:"世俗苦于贵远贱今,是古非今,恐见此方无黄帝、仓公、和、鹊、踰跗之目,不能采用,安可强乎?"葛洪对贵古贱今、贵远贱近的思想进行了针锋相对的辩驳,对复古思想进行了揭露和批判,坚信今胜于古,充分反映了其社会历史进化论的思想观念。

葛洪在才德关系上提出了才智胜于德行的观点,认为强调才智有长短之分在于用其所长,避其所短。葛洪认为只有德行而无才智的人是称不上人才的,他曾撰《仁明》篇阐述其思想。所谓"明者才也,仁者行也"。"明"指才智,"仁"指德行。他在《抱朴子·外篇·博喻》中指出:"介洁而无政事者,非拨乱之器。儒雅而乏治略者,非翼亮之才"。认为对于真假不分、正邪不辨的人,是谈不上有济世救民之大德的。他说:"夫体不忍之仁,无藏否之明,则心惑伪真、神乱朱紫,思算不分,邪正不识,不远安危,则一身之不保,何暇立以济物乎?昔姬公非无友于之爱,而涕泣以灭亲。石碏非无天性之慈,而割私以奉公。盖明见事体,不溺近情,遂为纯臣。以义断恩,舍仁用明;以计抑仁,仁可时废,而明不可无也。……徐偃修仁,以朝同班,外坠城池之险,内无戈甲之备,亡国破家,不明之祸也。"葛洪认为人的才智有长短之分,而才智的长短是相对的。人,没有绝对的好人,也没有绝对的坏人,即所谓的人无完人,金无足赤。葛洪在《抱朴子·外篇·博喻》中又说:世人"莫不褒尧,而尧政不必皆得也。举世莫不贬桀,而桀事不必尽失也。……西施有所恶而不能减其美者，美多也。嫫母有所善而不能救其丑，丑笃也。”人称美女西施，因“美多”，故虽有小瑕疵也不减其美。而嫫母因“丑笃”，故虽所善也不能救其丑。葛洪以此比方，肯定事物有主次之分，事物的差异也是相对的，他关于美与丑的相对区分跟庄周所讲的相对主义美与丑无区分的观点是不同的。葛洪强调才智的长短区分，目的在于用其所长。他在《抱朴子·外篇·博喻》中说：“用得其长，则才无或弃。偏诘其短，则触物无可。故轻罗雾縠，治服之丽也，而不可以御流镝。沈闾巨阙（良剑名）断斩之良也，而不可以挑脚刺。”轻罗雾縠，在用处上有擅长的一面，也有偏短的一面，只能用其所长，而用其所长就不要处处揭短，也不要求全责备，要有包容的心态允许事物对立面的存在。也就是所谓的“小疵不足以损大器，短疾不足以累长才”，“日月挟虫鸟之瑕，不妨丽天之景。黄河合泥滓之浊，不害凌山之流”。从社会人事上而言，“树塞不可以弃夷吾（管仲），夺田不可以薄萧何，窃妻不可以废（司马）相如，受金不可以斥陈平”。不能“以细疵弃巨美”，“以少累废其多”，而应把一个人的才智用足用好。葛洪的人才观，强调“明”，也就是“才智”，与曹操、徐幹的思想一脉相承。其量才而用的观点难能可贵，值得肯定，但其“以义断恩，舍仁用明”、“仁可时废，而明不可无也”以才论德的观点，似有重才轻德之嫌。

葛洪先以儒学知名，后又皈依道教神学旗下，不仅与其道学世家的出身有关，而且也与其自身的亲身经历有关。晋惠帝太安二年，张昌举兵起义，其别帅石冰攻打扬州，时任吴兴太守顾秘为“义军大都督”，并邀任葛洪为将兵都尉，一同镇压石冰义军。战斗中，葛洪因战功而迁伏波将军，但战后论功行赏却没了他的份，葛洪只好投戈释甲，“不论战功”。之后，司马氏统治集团内讧，“八王之乱”继起，外族趁机内犯，贵族亦趁机举兵内侵，北方了无宁日。此时，又有陈敏趁乱阻绝了中原通往江南的交通。葛洪欲往南方避乱，便答应新任广州刺史嵇含为参军，并担任先遣工作，不料嵇含遭仇人暗害，于是他滞留广州多年。随着时世的动荡不安，葛洪目睹世态慌乱，无心功名，便渐渐消极循世，舍儒入道，前往广州罗浮山炼丹修道，著《抱朴子·内篇》大肆鼓吹神仙道教。据《晋书》本传称，葛洪炼丹修道期间，“在山积年，优游闭养，著述不辍”，由崇信儒教转向神仙道教以求长生不老之术，直到老死。

葛洪的《抱朴子·内篇》是对秦汉以来方仙道和黄老道的继承和发展，为新起的神仙道教理论和体系的确立打下了基础，其思想来源主要有三：一是汉代方仙道和黄老道流传下来的《皇帝九鼎神丹经》、《太清金液神丹经》等外丹黄白术道书，二是《三皇文》、《五岳真形图》等符箓，三是其家世代传承下来的《灵宝经》。葛洪在《抱朴子·内篇》中提出“欲求仙者，要当以忠孝、和顺、仁信为本”的思想，对神仙道教和儒家礼教起到了调和关系的作用，增强了道教的社会教化功能。葛洪的道教神学理论大胆地改革时弊，打破了陈规陋俗，为士族道教向社会布道开辟了新的途径，从而使《抱朴子·内篇》成为集神仙思想之大成，承先启后、继往开来，适应道教发展需要的道教典籍。

葛洪的《抱朴子·内篇》除了宣扬其宗教神学的观点并包含有一定的唯物观点外，其详细记载炼丹的实践过程，客观上对后来的科学发展奠定了一定的基础，其对科学上的贡献，尤其在化学和医学上的贡献，也许并非葛洪当时所能料及的。《抱朴子·内篇》中的《金丹》和《黄白》两篇具体介绍了许多炼丹的方法，尤其是《黄白》篇里详细记载的以武都雄黄作“黄金”的方法，在当时是史无前例的。近代科学史家认为“金丹”这个术语始见于《抱朴子·内篇》，当时用于炼制金丹的地方就相当于现代的化学实验室，而用于密封炼丹反应器的泥状混合药物，即“六一泥”也始见于《抱朴子》。葛洪在炼丹史上有着举足轻重的作用，其贡献也是显著的。一是他首先记载了许多现已失传的炼丹著作，二是首次具体记述了许多炼丹的方法，三是通过这些详细的记录，知道了一些炼丹的主要原料及其化学反应的形成。

葛洪的炼丹术在化学上的贡献是显著的。首先它为炼丹术的发展提供了可靠的史料。例如，《金丹》篇记载的药物就多达22种，即铜青、丹砂、水银、雄黄、矾石、戎盐、牡蛎、赤石脂、滑石、胡粉、赤盐、曾青、慈石、雌黄、石流黄、太乙余粮、黄铜、珊瑚、云母、铅丹、丹阳铜、淳苦酒等，这在当时也是十分难能可贵的。葛洪通过炼丹观察到了许多化学反应，并将其概括为科学的名言。如《金丹》篇里说的“丹砂烧之成水银，积变又成丹砂”，指的就是把丹砂（硫化汞）烧炼，其中所含的硫与空气中的氧发生变化，产生了二氧化硫，游离出水银；而水银与硫黄化合，又生成黑色的硫化汞，将之放置到密闭的容器内进行适当的温度调节，又会成为赤色硫化汞。对铅的化学变化过程也有类似的有趣记载。《黄白》篇说：“铅性白也，而赤之以为丹；丹性赤也，而白之以为铅”。“铅性白也”,就是指铅经过化学变化可以变成铅白,也就是可用以擦面的白色胡粉。而铅白加热之后又会发生化学反应,白色的胡粉又生成了赤色的铅丹,即所谓的“赤之以为丹”。赤色的铅丹再加热分解后,又可以变成铅白,即所谓的“白之以为铅”。葛洪对金属的取代作用也进行了研究,这在《黄白》篇中也有记载,说:“以曾青涂铁,铁赤色如铜;以鸡子白化银,银黄如金,而皆外变而内不化也。”曾青又叫胆矾,即我们当今所称的硫酸铜,用它涂在铁上,就会发生化学反应,铁会取代硫酸铜里的铜,使其表面附带一层红色的铜,即所谓的“铁赤色如铜”,其实就是生成了一种新的物质——硫酸亚铁。葛洪对这些物质变化过程的记载,说明他当时已注意到了一些化学反应,并实验过一些化学的取代作用,从而通过化学反应提取新的生成物质。

葛洪的炼丹术对医学也是一大贡献。葛洪曾著有《金匮药方》,遗憾的是现已失传。但至今仍有《肘后备急方》八卷,即《肘后救卒方》八卷尚存。《抱朴子·内篇·杂应篇》和《肘后备急方》序都说《肘后救卒方》三卷。明《道藏》称的《肘后备急方》八卷实际上是在葛洪的基础上经后人增补而作,但也误题称葛洪所撰。葛洪在医学上的显著成就是详细记载了他对一些传染病的认识。如《肘后备急方》卷一《治尸注鬼注方》中对结核病认识的记载,说:“其病变动,乃有三十六种,至九十九种。大略使人寒热淋沥,怳怳默默,不知其所苦,而无处不恶。累年积月,渐就顿滞,以至于死。死后复传之旁人,乃至灭门。觉知此候者,便宜急治之。”这里所谓的“尸”、“鬼”是指病原体,而“尸注”、“鬼注”则是指病菌传染的意思。又如《肘后备急方》卷二《治伤寒时气温病方》中对天花疾病的记载,说:“比岁有病时行,仍发疮头面及身,须臾周匝,状如火疮,皆戴白浆,随决随生,不即治,剧者多死。治得差后,疮瘢紫黯,弥岁方灭。”葛洪不但认识了一些传染病,而且还认识了一些免疫的方法。例如《肘后备急方》卷七就记载了疯狗咬伤人的医方,说:“杀所咬犬,取脑敷之,后不复发。”也就是说,用疯狗的脑浆涂在被疯狗咬伤的患处,以毒攻毒,治愈后便不会再复发。这实际上也就是我们当今所称的免疫法。

此外,葛洪对天文、军事等知识也有涉猎,他撰有《浑天论》,还著有《潮说》探讨潮汐的涨落,作有《抱朴子·军术》研究军事兵法。可见,葛洪当时的知识面还是非常广泛的,当然,其学术记载有真有假,应当区分对待,取其精华,去其糟粕。

葛洪积极整顿道教，其教义与戒律所反映的思想，实际上是在向儒家名教纲常的伦理道德靠拢，其人生价值追求实际上也是一种利己主义的神学形态，其目的在于将道教整合成为迎合封建统治阶级服务的一种宗教，从而使宗教成为统治阶级对人们进行统治的工具。

魏晋南北朝时期，葛洪及其同僚指责早期道教为“妖术”，并着手改革道教，提出了一整套迎合封建伦理纲常的教义与戒律。

葛洪道教教义的根本宗旨就是追求长生不死、肉体成仙，并要求道教徒对长生之道和仙人的存在坚信不疑。葛洪在《抱朴子·对俗》篇中说：“仙经曰，服丹守一，与天相毕，还精胎息，延寿无极。”在《论仙》篇中又说，神仙“居高处远，清浊异流，登遐遂往，不返于世，非得道者，安能见闻?”所以，“不见仙人，不可谓世间无仙人”。这也就是说，不能随意质疑仙人的存在，仙经上所说的得道成仙之术应该绝对相信。至于修道的过程，也就是如何才能得道成仙，道教认为内外兼修，也就是所谓的“服丹守一”，只有这样，才能达到“与天相毕”、“延寿无极”的效果。关于这一点，葛洪在《地真》篇中说得更加明确，他说：“子欲长生，守一当明”，“守一存真，乃得通神”。而所谓的“守一”，也就是指在修道静养时的一种神气浑然的境界。道教认为人身附有魂魄，只有魂魄存在，才有人的活体存在，如果魂魄一旦消散，则人的活体便不复存在。依据这样的说法，道教进一步指出，人若使魂魄相合，神形相依，便可长生不死。显然，这是地道的有神论者，宣扬的是一种“神不灭论”，依此立论，道教主张修道者必须无视无听，以鼻纳气，依数息观，导引调息，守其魂魄，不为外物所累。

葛洪主张生活要松紧有度，既反对禁欲主义，也反对纵欲主义。葛洪在《抱朴子·释滞》篇中说：“人复不可都绝阴阳，阴阳不交，则坐致壅阏之病。故幽闭怨旷，多病而不寿也。任情肆意，又损年命。惟有得其节宣之和，可以不损”。总的说来，葛洪认为，人的举止行为、声色欲望应该节制有度，既不禁绝，也不放肆。例如在日常生活中，不疾步，不久坐，起卧有规律，饮食有节制，房事有适度。这样，就能使周身血气充盈，生命力旺盛，进而达到长生不死的目的。

葛洪主张内炼外养的修道之术，内炼长生，外养成仙。但道教所说的“炼”与“养”决非仅仅就是饮风食露，也有建立在较厚实的物质基础之上的。如果说

“守一”为内炼之要的话，那么“服丹”则是外养之法。羽化尸解，得道成仙是道教修炼的最高目标。而道教徒为了得道成仙，往往不惜千金炼丹食服。葛洪在《对俗》篇中说，仙人“饮则玉醴金浆，食则翠芝朱英，居则瑶堂瑰室，行则逍遥太清”，可见其生活之奢华，而且，神仙“或可以翼亮五帝，或可以监御百灵，位可以不求而自致……势可以总摄罗酆，威可以叱咤梁成”。看来，神仙有权、有势、威力无比，有至高无上的地位，又能长生不死，与天地齐寿，确实令人向往之。它反映了封建统治者、豪门贵族妄图永享富贵的强烈愿望，同时也暴露了封建统治者贪婪权力的丑恶用心。

葛洪的思想及其道教观认为，人要想长生成仙，除了内炼外养之外，还必须积善修德，他在《对俗》篇中又说：“欲求仙者，要当以忠孝和顺仁信为本，若德行不修，而但务方术，皆不得长生也。”《微旨》篇也说：“欲求长生者，必欲积善立功。”于是，道教便又把长生成仙的教义与儒家的名教纲常联系起来，并糅合佛教神秘主义的因果报应理念，从而形成了一套完整的宗教戒律。

道教的戒律有两类，一是入道戒律，如仙道所提倡的忌十败：勿好淫，勿阴贼凶恶，勿醉酒，勿秽慢不净，勿食父母之本命肉，勿食自己之本命肉，勿食一切之肉，勿食五辛，勿杀一切之昆虫，勿向北大小便和仰视三光；二是积善立功，以忠孝、和顺、仁信为本，并视其为得道成仙不可逾越的戒律。其中如《道藏》力上《道德尊经戒》有云：“戒勿学邪文”，“戒勿求名誉，戒勿为耳目口所误，戒常当处谦下，戒勿轻躁”，“戒勿以贫贱强求富贵”，“戒勿与人争曲直”，“戒勿称圣名大，戒勿乐兵”。

道教为惩恶扬善，又构筑了一系列诸神以统摄人的行为，如玄天上帝、文昌君帝、城隍、灶君等“司命”之神。这些神时刻都在窥视着人们的言谈举止，并根据人们的过失大小分别予以惩处不良的行为。葛洪在《对俗》篇中指出：“行恶事大者，司命夺纪，小过夺算”，这里的“纪”为三百日，“算”为三日。一个人的寿命“自有本数，本数多者，则纪算难尽而迟死。若所禀本少而所犯者多，则纪算速尽而早死”。葛洪在《微旨》篇中认为，道教把“欺罔其上，叛其所事”，“侵克贤者”，“谤讪仙圣”，“不顺上命”等都看成是要被“夺纪”的恶事，主张要长生就必须恪守道教的道德规范，还必须“慈心于物，恕己及人，仁逮昆虫，乐人之吉……”。要以仁慈之心，恕己及人之德，向社会推而广之，就是《道藏》力下《正一法文天师教戒科经》所说的那样:“君仁、臣忠、父慈、子孝、夫信、妇贞、兄敬、弟顺、天下安静”。这样,封建的等级秩序也就可以永世长生了。

三、陆修静与南天师道

南朝刘宋时期著名道士陆修静(406～477),出身士族,曾在庐山隐居修道,多次奉诏入京讲道,他勤于修道著述,曾广集道经进行校刊,编为“三洞”,为之后的《道藏》整理奠定了基础。针对东汉以来民间流传的道经滋生蔓延,“真虚混淆”,真假难辨,陆修静开始着手整理、考订道教典籍,“广制斋仪”,所著斋戒仪范百余卷,并力求使道教斋仪规范化、统一化,改革天师道,使天师道从形式到内容都得到了充实和提高。

四、寇谦之除去三张伪法

北魏时期的北方著名道士寇谦之(365～448),是北天师道的创教人,早年曾修道于嵩山,自称遇上了太上老君及其世孙,得到了天师之位,要他清理道教,专以礼度,加以服食闭炼,除去三张伪法,也就是要把早期道教里的那些反映劳动农民平等互助的思想清除出去,填之以封建礼教的内容为实。据《魏书》卷一百一十四《释老志》记载:“世祖时,道士寇谦之,字辅真,南雍州刺史赞之弟,自云寇恂之十三世孙。早好仙道,有绝俗之心。少修张鲁之术,服食饵药,历年无效。”《资治通鉴》卷一百一十九《宋纪一》也有记载说:“营阳王景平元年(北魏明元帝泰常八年,公元 423 年)。初,嵩山道士寇谦之,赞之弟也,修张道陵之术,自言尝遇老子降,命谦之继道陵为天师,授以辟谷轻身之术及《科戒》二十卷,使之清整道教。又遇神人李谱文,云老子之玄孙也。授以《图箓真经》六十余卷,使之辅佐北方太平真君;出天宫静轮之法,其中数篇,李君之手笔也。谦之奉其书献于魏主。”寇谦之于公元 424 年来到北魏首都平城,也就是如今的山西大同,献上《图箓真经》,并通过司徒崔浩的推荐,得到了魏太武帝的赏识。太武帝派使者去嵩山祭祀神灵,并在平城迎接了寇谦之在山中的弟子,为寇谦之在平城东南修建了大道坛以作布道之用,六时礼拜,划拨 120 名道士的俸禄,每月设数千人厨会。公元 440 年,寇谦之请求为太武帝在嵩山祈福,据说此举惊动了太上老君,太武帝受封为“太平真君”,当年,北魏即因此改为太平真君年号。公元442年,太武帝又在天师道坛接受道教符箓,从而成了道教信徒,之后,北魏历代君王即位后都要去道坛接符箓,以至此举成了天师道的一大盛事惯例。此在后来的《隋书》卷三十五中也有记载,说:“后魏之世,嵩山道士寇谦之,自云尝遇真人成公兴,后遇太上老君,授谦之为天师,而又赐之《云中音诵科诫》二十卷。又使玉女授其服气导引之法,遂得辟谷,气盛体轻,颜色鲜丽。弟子十余人皆得其术。其后又遇神人李谱,云是老君玄孙,授其图箓真经,劾召百神,六十余卷,及销炼金丹云英八石玉浆之法。太武始光之初,奉其书而献之。帝使谒者,奉玉帛牲牢,祀嵩山,迎致其余弟子,于代都东南起坛宇,给道士百二十余人,显扬其法,宣布天下。太武亲备法驾,而受符箓焉。自是道业大行,每帝即位,必受符箓,以为故事,刻天尊及诸仙之像,而供养焉。迁洛已后,置道场于南郊之傍,方二百步。正月、十月之十五日,并有道士、哥人百六人,拜而祠焉。”

寇谦之因在《云中音诵新科之诫》中制定了新的道教戒律,适应了封建统治的需要,故受到了北魏太武帝的赏识而被尊称为“国师”,朝政军国要事多向他征求“天意”,到公元548年北齐文襄王高澄废天师道止,寇谦之的北天师道在北魏兴盛了上百年的历史,道教获得最高统治者正式承认也是从寇谦之的北天师道开始的。

五、山中宰相陶弘景

陶弘景编写了《养性延命录》,集先秦至晋代以来养生理论之大成,其基本要义就是炼形和养神,认为炼形就是要“饮食有节,起居有度”;而养神就是要“游心虚静,息虑无为”,清心寡欲。陶弘景养生学强调导引术。所谓导引术是一种引导体内气血运行的体育活动,它分动、静两种功法。动功一般多有动作配合,通过全身各部位的运动并附之以意识的活动,引导体内气血的运行。静功则以意识活动为主,强调意念的作用,通过意念引导体内气血的运行。当然,所谓的动功与静功,是相对而言的,因为静中有动,人的呼吸在动,气血在动,意识也在动,是外静内动。动是绝对的,而静则是相对的。陶弘景撰有《导引养生图》。根据宋晁公武《郡斋读书后志》说:“分三十六势,如鸿鹤徘徊,鸳鸯戢羽之类,各绘像于其上。”这种姿势的记载,应该属于动功的描述,介绍了这种动功功法的运作方式,通过动作的运行,活动关节,加深呼吸,使气血流畅,从而达到增强身体的抗病能力、心身健康的目的。

作为道教徒的陶弘景，他注重安抚道教，调和道教内部矛盾。

首先，陶弘景肯定服药、房中、导引、神丹等各种修道方法，突出习诵道经的神奇作用。他在《真诰·甄命授第一》中说："食草木之药，不知房中之法及行炁导引，服药无益也"，"若但知行房中导引行炁，不知神丹之法，亦不得仙也。若得金汋神丹，不须其他术也，立便仙矣。若得大洞真经（即上清真经）者，复不须金丹之道，读之万过毕，便仙也"。他在《真诰·协昌期第一》中又说："太极真人云：读《道德经》五千文，万遍，则云驾来迎"，"山世远受孟先生法，暮卧，先读《黄庭内景经》一过乃眠，使人魂魄自制炼，恒行此二十一年，亦仙矣"。这里，陶弘景把道教各派矛盾调和归一到读经的最高境界上，其实质就是要求人们通过个人的道德修炼，按照封建宗教的伦理纲常行事，久炼成仙，自然合道。

其次，陶弘景认为要兼顾形神炼养，而炼养之要，则贵在中和。他在《养性延命录》序中说："生者神之本，形者神之具，神大用则竭，形大劳则毙。若能游心虚静，息虑无为，服元气于子后，时导引于闲室，摄养无亏，兼饵良药，则百年耆寿是常分也。"各种养护之道，都要适中有度，若"能中和者，久必寿也"。"中和"的要求，一是"不以人事累意，不修仕禄之业，淡然无为，神气自满"，时刻保持内心的平静和自足的状态；二是饮食起居要有规律，要节制有度。陶弘景认为："养性之道，莫久行、久坐、久卧、久视、久听"，一句话，就是与事有度，不过火，又说："劳苦胜于逸乐"，"能从朝至暮常有所为"，但又不要使筋骨过于疲劳，因此，要"体欲常劳，食欲常少，劳无过极，少无过虚。去肥浓，节咸酸"，"除驰逐，慎房室"。在两性关系上，陶弘景并不主张禁欲，但他反对纵欲，认为房事应该是"但当慎无费"。

第五节　三教道德伦理的冲突和融合

佛教是一种外来宗教，在传入的过程中，不得不改变自己的某些形式来适应中国社会的实际情况，因此它首先以神异力量的面貌出现以吸引信众，即佛道；后来在义理层面又和魏晋玄学相结合，甚至名僧的气质风度和当时的名士很相近，这就是佛玄。因此，佛教在如此短的几百年中，吸引了如此多的信众，自东晋开始，一批精英知识分子也加入了对佛教信奉的行列。这不能简单地归结为佛教对中华传统社会的适应，而是佛教本身的特质满足了广大信众在精神层面的需求。那么佛教向信众提供了什么呢？葛兆光通过对公元4至6世纪佛教资料中有关造像题记、写经题识、发愿文、忏文等资料的分析指出，“信仰者之所以相信佛教，并苦行习禅，造寺建塔，诵经念佛，供养僧人，其信仰背后隐含的，包括对现实的生活、自身的命运、家庭前程的关心；而且包括对于自己的来世、父母的来世，乃至十世祖先的命运的忧患；甚至包括一种对众生、对国家的希望”①。葛兆光将信仰者的愿望分成如下几类：

一、祈福禳灾

即为自己、家人、父母、祖先等祈福禳灾，为死去的亲人祈祷福祉脱离苦海，目的在于以信仰保证个人、家庭、家族的平安和幸福：

“为七代师尊父母所造经”②；

“为父母供养经”③；

“为亡父母，免生恶道，快得安隐(稳)敬造供养”④；

“为七世父母，所生父母，家眷大小，内外亲戚，远离三途，值遇三宝”⑤。

“上及七世父母，下及己身”⑥。

二、为一切众生顶戴供养

即将这种良好的愿望扩大到与自己并无血缘关系的众生；如《法华经》卷五的题记中载有为二百名被无辜杀害的汉胡平民的超度与祈愿：

---

① 葛兆光：《中国思想史》第一卷，复旦大学出版社2001年版，第384～385页。
② 《华严经》卷二，413年比丘法坚题记。
③ 《无量寿经》卷上，415年法澄题记。
④ 《法华经》卷四，463年曾见题记。
⑤ 《大般涅槃经》卷四十，505年武威人张宝护题记。
⑥ 《护身命经》，521年张阿宜题记。

"愿蒙解脱，生生敬信三宝，无有退转"①；

"为一切众生顶戴供养，原所住生处，离苦获安"②。

三、愿七世父母毕生净土

即将上述两种愿望写在一起：

"以此功德，愿七世父母，毕生净土，心念菩提，一切众生，寿命增长，远离恶道"③。

四、令国祚无穷

即将解脱的宗教信仰与世俗的政治希望联系在一起，为国家命运祈祷，一般是具有"以天下为己任"的士大夫知识分子站在国家的立场来表达的：

"愿此功德，令国祚无穷，将来之世，值遇弥勒"④；

"写《观世音经》四十卷，施诸寺读诵，愿使二圣慈明，永延福祚，九域早清……君道钦明，忠臣累叶，八表宇宙，终齐一轨"。⑤

普通百姓也希望自己生活的世界太平无事，因此也常常把这种愿望写在自己出钱抄写的经卷上："自慨多难，父母恩育，无以仰报，又感乡援，靡托恩恋，是以在此单城，竭家建福，兴造素经……欲令流通本乡，道俗异玩，愿使福钟皇家，祚隆万代。"⑥

五、忏法进入社会道德伦理范围

从上述材料中，我们可以看到，这样一种由己推人，将慈悲之心推向一切众生的思路，仍然是儒者由己推人，由血缘层面推向非血缘层面，推向国家、天下的思路。这和原始佛教中慈悲之情一体平铺到一切众生的思路，是有本质区别

---

① 《譬喻经·出地狱品》，359 年佚名题记。
② 《法华经》卷五，415 年或 475 年清信女姚阿姬题记。
③ 《大方广等大集经》，492 年比丘无觉题记。
④ 《优婆塞戒》卷七，427 年后记，这是北凉河西王世子沮渠兴国与五百僧人请昙摩谶译戒律时所题记。
⑤ 《观世音经》写本后题记，这是公元 527 年一个扈从东阳王元荣的官员尹波也在《观世音经》写本后的题记。
⑥ 《金光明经》卷二，公元 471 年定州张巢题后记，转引自葛兆光《中国思想史》第一卷第四编第四节。

的，反映了佛教在传入中国后，对中国伦理社会的适应所作的调整。中国佛教超度众生脱离轮回苦海的旨向，很大程度上变成了以推行世间伦理道德教化，解脱世间苦难为旨归的宗教，其间的道德意蕴较印度佛教明显增强。中国佛教往往用中国儒、道固有的道德思想，去理解佛教中纯粹属于修行程序，和道德关系不大的内容。典型的例子是有关中国人对佛教忏法的理解。据日本学者的研究，忏摩在印度佛教中是忍的意思，中国人将忏摩理解为道德意义上的忏悔；实际上，忏悔和忏摩（忍）的意思是根本不同的，佛教忏法包括授戒、说戒、治罪、忏罪等内涵，较中国道教中有关“思过”、“首过”的内容宽泛得多，但中国人往往将佛教忏法和道教“思过”之法混为一谈，因此忏法在中国就进入了社会道德伦理范围，被种种以现实性利益为旨归的行为所占据；中国信众是通过礼忏行为，希望能够达到祈福禳灾、祈风调雨顺、去除疾病、延年益寿等现实目的，礼忏所包含的其他宗教性内涵被忽略了。由此以出世为旨归的修行忏法“变成了一种对自己道德与伦理的反省，于是有了规范信仰者社会伦理以交换拯救的现实性功利意味”[①]，忏法变成了犯恶者悔过而祈求救赎的手段，反映了道教思想对佛教的深远影响。

六、梁武帝《东都发愿文》

佛教的世间拯救形象越来越鲜明，在一些普通信众的发愿文中，我们所看到的，大都是有关治疗疾病，祈求平安幸福、度厄解困，以及为死去的亲人、朋友追荐亡魂等内容。典型的例子是南朝梁武帝的《东都发愿文》，他信誓旦旦地向佛菩萨保证，从今以后绝对不起种种不该有的欲念，绝对吃素。他起誓在梦中都要做到上述保证，但是，他希望佛陀能够答应他，无始以来直至今日，一切众生苦和罪障，都要因他的发愿而彻底解脱，连同他的大兄、亡弟，还有他的所有臣民，乃至全天下都得到救赎。如果可以如此，他可以代替人们受包括地狱在内的种种苦难。从以上分析可知，儒、道两家对佛教的影响，还不仅在于使佛教的入世化、道德化倾向加强，还在于祈求佛陀的拯救行为不仅仅是个人与佛陀的关系，在中国，所有的宗教行为，都“纳入中国思想世界的已经确立的社会优

---

① 葛兆光：《中国思想史》第一卷，第 87 页。

先于个人的道德与伦理规范中，因此个人解脱和宗教的救赎，从来就不是个人面对宗教的事情，而是每一个人面对家庭、家族、社会、国家的思想和行为”①。高僧大德也都感染上了儒家知识分子以天下为己任的情怀，“沙门当观方弘化，旷济为怀，何守小节独善而已。道假众缘，复须时熟，非分强求，死而无证”②。竺法乘是“以天下为己任”的高僧，“立寺延学，忘身为道，诲而不倦，使夫豺狼革心，戎狄知礼，大化西行，乘之力也”③。

但是，佛教毕竟是一种和世俗道德学说异质的宗教道德伦理，在和儒、道的接触过程中，难免产生冲突，贯穿于魏晋南北朝的几次大的理论争论，或多或少都与道德伦理有一定关联，沙门是否要礼敬王者的争论反映了佛教众生平等的伦理与儒家三纲五常伦理模式之间的冲突；有关白黑论之争，神灭论之争则是儒道对佛教伦理道德的基石——因果报应论的批评和思考，及佛教对因果报应论的中国式解答；夷狄之争是中国儒道以民族性、地域性旗帜对佛教的拒斥，但这种拒斥也使佛教本身不断调整，正是儒家反复强调自己是“性习之教”，佛教是针对人性刚勇强悍之人而设的“五戒之科”，使佛教也慢慢地由强调戒律对人的约束作用，转向了依靠心性自律的心性之学，禅宗是此种思路的极端发展。

七、沙门是否应该敬王者之争

关于东晋时期庾冰与何充、桓玄与慧远围绕沙门是否应该敬王者之事展开的争论，前面已有论述。从佛教的立场来看，一切众生平等，因此他们只礼拜可以救赎自己的佛祖释迦牟尼，世俗任何人，甚至包括父母和帝王，他们都不施跪拜之礼；相反，如果沙门在佛法上达到一定成就，可以指定众人成佛的迷津时，可以接受在家父母的跪拜。这和儒家提倡的忠孝伦理、三纲五常模式是大不相同的。东晋成帝时庾冰、何充二人辅政，庾冰认为王者教化应该统一，沙门也要礼敬王者。何充侧重于佛教对百姓的教化之功，表示应尊重沙门的礼仪，礼仪形式不同，并不妨碍沙门对王权的尊重。安帝元兴二年，因沙门腐败事件，桓玄再次提出了沙门应礼敬王者的主张。慧远认为儒家忠孝伦理和佛家礼仪一样，

---

① 葛兆光：《中国思想史》第一卷，第 388 页。
② 《高僧传》卷四。
③ 《高僧传》。

都是为辅助王化、治国安邦作贡献，但慧远承认在家弟子应尽忠孝之礼。这是和三纲五常模式实现了某种程度的妥协后，达到了保存佛法礼仪独立性的目的。

因果报应理论是佛教用来说明世间一切关系的基本理论，是和有关生死轮回的理论联系在一起的，原始佛教用十二因缘说来阐释众生在因果相续的链条上“生之与老死，轮回周无穷”，处于生死轮回不已的苦海之中，众生应当灭除产生生死苦果的原因，以求了生脱死，消除痛苦，获得自在。每一个人的善恶行为必定会给自身的命运带来影响，产生相应的回报，善因必生善果，恶因必生恶果。由此引起人在前世、现世和来世三世间轮回，相继在前生世界、现世世界和死后世界生活。从本质上讲，因果报应理论是阐发道德与生命关系的理论，是一种强调由行为来改变自我命运和未来生命的理论。佛教刚刚传入中国，对中国人产生最大的心理冲击、引起最强烈心灵震撼的是其因果报应学说，“王公大人观死生报应之际，莫不矍然自失”①。在中国佛教徒看来，佛教因果报应说是整个佛教学说的基石，东晋王谧在《答桓太尉》一文中指出，“夫神道设教，诚难以言辨，意以为大设灵奇，示以报应，此最影响之实理，佛教之根要。今若谓三世为虚诞，罪福为畏惧，则释迦之所明殆将无寄矣。”②因此，魏晋南北朝时的佛教学者，针对批评因果报应的观点，吸取和结合中国固有的报应观念，阐发带有中国特色的因果报应学说，首先佛教因果报应理论与传统积善余庆、积恶余殃思想结合，这导致普通信众想以世俗的功德行为换取佛菩萨救赎的宗教信仰心态。北魏时期撰述的《妙好宝车菩萨经》就宣传中国传统泰山信仰与佛教地狱报应相结合的思想。围绕因果报应、生死轮回学说所展开的论战，比较大的有白黑论之争及神灭论之争。

八、白黑论及神灭论之争

刘宋时期，还俗沙门慧琳作《白黑论》，该文以白学先生为中国传统文化的代表，黑学先生为佛教代表。慧琳借白学先生之口对佛教，尤其是因果报应理

① 《后汉纪》卷十。
② 《弘明集》。

论作出了批评。随后宗炳作《明报论》，全面反驳慧琳的观点，何承天也站在儒学性命之说的立场，作《达理论》反对佛教的因果报应说，颜延之则针锋相对，写《释达性论》和何承天进行辩难，把对因果报应说的思考推向高潮。白学先生批评佛教因果报应说和般若空性相违背，既然一切都是空无，为何又分别善恶福乐苦报等观念来设教；黑学先生认为因果报应说只是为了设教的方便而立，白学先生认为，如此一来，就导致佛教终极目标的无欲与善恶果报所提供的救赎性功德事的分离，"道在无欲，而以有欲要之，北行求郢，西征索越"①。这一批评很切中佛教理论的要害，佛教体系中，其伦理道德学说确实存在动机论和目的论之间的矛盾。宗炳、颜延之强调因果报应是一种客观必然规律，何承天则从经验层面着眼，认为积善余殃、作恶者享福的事情反而是社会的主流。发生在齐、梁之际的神灭论的相关讨论，是直承因果报应轮回之主体而有的争论，由于中国人对因果报应的理解侧重于对功德事与果报之间相应关系的关注和思考，因此，有没有轮回主体是讨论其他问题的理论基础，于是就有了神灭论的争论。如果人死后，灵魂也消亡了，那么因果报应的主体就只有在今世有意义；承认三世报应，就必须承认有不灭的灵魂存在。这反映了中国佛教对印度佛教的修正和发展，因果报应论在印度佛教中是从万法缘起的角度立论的，按照我法二执俱空的基本教义，则灵魂亦是他们不承认的东西。以万法缘起为基础的印度佛教报应体系和儒家、道教的善恶因果报应体系，是有区别的，但这一区别并没有得到应有的重视。

九、康僧会虔诚感佛舍利

汉末东吴康僧会，世居印度，16岁父母双亡，料理丧事后决心出家。他聪明好学，20多岁时已明解三藏，博览六经，天文地理无所不谙。之后开始游方生活，实践他弘教的夙愿。康僧会来到东吴，见到东吴初传佛法，弘化未全，立志留在江南弘扬佛教。

康僧会被迎进宫里，孙权见他仪表不凡，不卑不亢，举止庄重潇洒，暗暗佩服。孙权接着问道："你说佛陀许多伟大，可是他留下什么神异吗？"康僧会说：

① 《宋书·夷蛮传》。

“佛陀火化之时，曾留下舍利、遗骨，后阿育王在各地起造八万四千佛塔，供奉佛陀舍利，让后世瞻仰。”孙权以为他夸大说谎，问道：“你是从佛国来的高僧，我还没有见过舍利是什么样子，你能使用法力取一颗给我看看吗？”康僧会即答应说：“贫僧可以为大王祈求一颗舍利。但这不能视作游戏取乐之事；求到舍利以后，大王必须起造佛塔供奉，并要多建寺庙弘法。”孙权说：“这个我完全可以办到；但朝中无戏言，我们须约法在先，现限你七天期限，如果你搞不到舍利，就要以国法论处，你愿意吗？”康僧会说：“沙门向以妄言为戒，若不得舍利，任以王法处置便了。”

由支谦的帮助，在宫中僻静处准备了一个净室，挂上佛像，桌上供奉鲜花美果，中央端放一个十分洁净的铜瓶，康僧会自朝至暮，焚香礼拜，诵经念咒，祈求佛菩萨施予佛舍利。七日过去了，寂然无应。要求再延七日，继续虔诚礼拜。又是七日过去了，毫无应验。孙权便要以欺诳之罪处置。康僧会恳求再延七日，若是仍不得舍利，大王将我处死好了。支谦也在旁苦言相劝，孙权只得依允。

这最后七日，康僧会几乎没有合眼，默默祈告佛陀，务必为法加被。他额角也磕肿了，身体也支持不住了，到第七日，依然毫无动静，眼看天快亮了，忽闻瓶中铿然有声，康僧会一惊，忙去瓶中省视，忽见瓶中一粒黄豆般大的舍利珠，金光闪闪！他高兴非常，也叫支谦等快来观看；看过俱各惊喜。康僧会急忙率领支谦与弟子跪拜，虔心称谢佛助。

第二天早晨，孙权宣康僧会上朝，接过铜瓶，揭开瓶盖，果见里面有一颗闪闪发光的珠子。他忙叫取来一个铜盆，亲自将舍利倒在铜盆里。只见佛舍利居于盆中央，大放五色神光。孙权轻轻地将它用手指拨了一下，那舍利便自动旋转起来，在铜盆四周愈转愈快，金光四射，照耀得人们的眼睛都昏眩了。孙权又惊又喜，肃然离座，忙双膝跪下，虔诚礼拜。此事早传到内宫，由孙权向母亲介绍了舍利显现神异之事，国太不胜感动，从此持斋念佛。

孙权自此益信佛教，并尊康僧会为国师，立即起造寺庙，从此江南正式始有佛寺，故名“建初寺”，其地改称为佛陀里。又在寺的对面造了佛塔，将佛舍利供奉在塔内，让国人烧香礼拜。国太亦拿出自己之私蓄，在江南多处造寺。康僧会住到建初寺，一面与支谦等从事译经，一面经常讲经说法，弘传佛教。另外收了不少善男信女，也有志愿出家的，自此，江南就有了和尚与尼姑。康僧会享年80余岁，约在公元280年无疾而终。①

十、支谦护生不杀狗

支谦七岁时，骑竹马在邻居门前玩耍，不慎被邻居养的狗咬伤，伤势很重，疼痛难忍。狗的主人见状，即表示要把狗杀死。支谦知道后，连忙制止说："不可！不可！狗天生是为主人看家的，我若不到你家门前玩，狗是不会咬我的。责任是我，不关狗的事。你们不能杀死狗。况且杀狗对我毫无益处，徒增罪过而已。畜生无知，岂可以理来责备！"支谦年龄虽幼，但他虽这番话使同村数十人深受感动。从此以后，他们都不再杀生了。②

十一、支谦失被

汉献帝末年(220)，关洛战乱，支谦同乡人向吴国逃难时，只带了一床被子，有一个不相识的人同行。第一天晚上，住宿时，他见那人没带被子，天又很冷，他就要那人同他一起睡。到了半夜，那人起了歹心，将他的被子夺走逃去。第二天一早，同乡问起他的被子，这时他才说被人夺走了。同乡们怪他为何不叫喊，他说："我若叫喊，你们一定以劫掠之罪处罚他，或者把他打死。哪能以一被而杀一人呢？"他们听了这话，都很叹服。③

① 中国佛教文化信息中心提供。
② 参阅僧佑：《出三藏记集》卷十三《支谦传》。
③ 同上。

参 考 文 献

(一)

［1］梁启超：《阴阳五行说之来历》，《古史辨》第五册(下编)。

［2］严汝娴、宋兆麟：《永宁纳西族的母系制》，云南人民出版社 1983 年版。

［3］［荷］高罗佩：《中国古代房内考》，李零等译，上海人民出版社 1990 年版。

［4］姜书阁、姜逸波选注：《汉魏六朝诗三百首》，岳麓书社 1992 年版。

［5］钱穆：《国史大纲》，商务印书馆 1996 年版。

［6］汤用彤：《汉魏两晋南北朝佛教史》，北京大学出版社 1997 年版。

［7］葛兆光：《中国思想史》第一卷，复旦大学出版社 2001 年版。

［8］杨树达：《汉代婚丧礼俗考》，上海古籍出版社 2007 年版。

［9］黄仁宇：《万历十五年》，中华书局 2007 年版。

［10］王钧林注译：《孔丛子》，中华书局 2009 年版。

［11］梁满仓：《魏晋南北朝五礼制度考论》，社科文献出版社 2009 年版。

［12］史仲文等主编：《中国全史》，中国书籍出版社 2011 年版。

(二)

［1］宋兆麟：《云南永宁纳西族的住俗——兼谈仰韶文化大房子的用途》，《考古》1964 年第 8 期。

［2］庄华峰：《两晋南北朝等级婚姻初探》，《史学月刊》2000 年第 5 期。

［3］石小英：《由敦煌籍帐文书引发的对魏晋南北朝时期婚龄问题的探讨》，《商丘师范学院学报》2005 年第 1 期。

［4］方之：《三国时期的佛教——中国佛教史话之六》，《研究动态》2005 年第 6 期。

［5］赵丽恒：《就〈世说新语〉看魏晋南北朝的婚姻文化》，《许昌学院学报》2007 年第

1 期。

[6] 谭燕:《汉代夫妻合葬习俗的思想史解读》,《重庆师范大学学报》2009 年第 3 期。

[7] 张承宗:《魏晋南北朝夫妇合葬习俗考》,《扬州大学学报》2010 年第 1 期。

(三)

[1] (西周) 姬昌:《周易》。

[2] (西周) 周公旦:《周礼》。

[3] (春秋) 老子:《老子》。

[4] (春秋) 孔丘:《论语》。

[5] (春秋) 孔丘:《尚书》。

[6] (春秋) 孔子门人:《孔子家语》。

[7] (战国) 荀子:《荀子》。

[8] (战国) 庄子:《庄子》。

[9] (战国) 佚名:《国语》。

[10] (战国) 孟子:《孟子》。

[11] (战国) 公羊高:《公羊传》。

[12] (战国) 穀梁赤:《穀梁传》。

[13] (春秋战国) 左丘明:《左传》。

[14] (春秋战国) 周公、孔子及其后学:《仪礼》。

[15] (战国末至汉初) 孔子后学:《易传》。

[16] (秦汉) 孔子及其弟子:《孝经》。

[17] (秦汉) 佚名:《明堂孔穴针灸治要》。

[18] (秦) 吕不韦:《吕氏春秋》。

[19] (汉) 桑钦:《水经》。

[20] (汉) 佚名:《神农本草经》。

[21] (汉) 竺佛朔译:《道行经》。

[22] (西汉) 戴圣:《礼记》。

[23] (西汉) 司马相如:《大人赋》。

[24] (西汉) 司马迁:《史记》。

[25] (西汉) 刘安:《淮南子》。

[26] (西汉) 韩婴:《韩诗外传》。

[27] (西汉) 董仲舒:《春秋繁露》。

[28]（西汉）董仲舒：《天人三策》。
[29]（西汉）京房：《易传》。
[30]（西汉）毛亨、赵国：《毛诗》。
[31]（西汉）刘向整理：《黄帝内经》。
[32]（东汉）仲长统：《昌言·理乱篇》。
[33]（东汉）于吉、张道陵等：《太平经》。
[34]（东汉）班固：《汉书》。
[35]（东汉）班固：《白虎通义》。
[36]（东汉）班固：《两都赋》。
[37]（东汉）左思：《三都赋》。
[38]（东汉）刘熙：《释名》。
[39]（东汉）仲长统：《昌言》。
[40]（东汉）王符：《潜夫论》。
[41]（东汉）蔡琰：《悲愤诗》。
[42]（东汉）班昭：《女诫》。
[43]（东汉）许慎：《说文解字》。
[44]（东汉）张仲景：《伤寒杂病论》。
[45]（魏）王粲：《七哀诗》。
[46]（东汉）孔融：《杂话》。
[47]（东汉）张陵：《正一经》。
[48]（魏）鱼豢：《典略·魏略》。
[49]（魏）曹操：《短歌行》。
[50]（魏）曹操：《蒿里行》。
[51]（魏）曹操：《曹操集》。
[52]（魏）曹操：《薤露行》。
[53]（魏）曹丕：《典论》。
[54]（魏）曹植：《七步诗》。
[55]（魏）曹植：《释思赋》。
[56]（魏）曹植：《上九尾狐表》。
[57]（魏）曹植：《送应氏》。
[58]（魏）曹植：《白马篇》。
[59]（魏）嵇康：《家诫》。

[60]（魏）嵇康：《与山巨源绝交书》。

[61]（魏）嵇康：《答难养生论》。

[62]（魏）嵇康：《声无哀乐论》。

[63]（魏）阮籍：《大人先生传》。

[64]（魏）阮籍：《咏怀诗》。

[65]（魏）谢承：《后汉书》。

[66]（魏）薛综：《凤颂》。

[67]（魏）薛综：《麟颂》。

[68]（魏）华覈：《谏盛夏兴工疏》。

[69]（蜀汉）诸葛亮：《将苑》。

[70]（蜀汉）诸葛亮：《诫子书》。

[71]（蜀汉）诸葛亮：《后出师表》。

[72]（蜀汉）诸葛亮：《诸葛亮集》。

[73]（吴）康僧铠译：《无量寿经》。

[74]（吴）昙摩迦罗译：《僧祇戒心》。

[75]（吴）昙摩迦罗译：《四分羯磨》。

[76]（晋）张鲁后裔：《阳平台》。

[77]（汉末晋初）王叔和：《脉经》。

[78]（晋）张韩：《不用舌论》。

[79]（西晋）陈寿：《三国志》。

[80]（西晋）皇甫谧：《笃终论》。

[81]（西晋）皇甫谧：《寒食散论》。

[82]（西晋）皇甫谧：《黄帝三部鍼灸甲乙经》。

[83]（西晋）司马彪：《续汉书》。

[84]（西晋）司马彪：《九州春秋》。

[85]（西晋）张华：《博物志》。

[86]（西晋）傅玄：《华岳碑序》。

[87]（西晋）傅玄：《傅子》。

[88]（西晋）竺叔兰、无罗叉译：（原名）《大品般若》，（译名）《放光般若》。

[89]（东晋）葛洪：《抱朴子》。

[90]（东晋）葛洪：《浑天论》。

[91]（东晋）葛洪：《潮说》。

[92]（东晋）葛洪：《肘后备急方》。

[93]（东晋）葛洪：《金匮要方》。

[94]（东晋）袁宏、张璠：《后汉纪》。

[95]（东晋）（袁宏妻）李氏：《吊嵇中散文》。

[96]（东晋）干宝：《晋纪总论》。

[97]（东晋）干宝：《搜神记》。

[98]（东晋）孙盛：《魏氏春秋》。

[99]（东晋）王嘉：《拾遗记》。

[100]（东晋）郭璞：《太华赞》。

[101]（东晋）佛陀跋陀罗：《华严经》。

[102]（东晋）道安：《合放光光赞随略解》。

[103]（东晋）道安：《综理众经目录》。

[104]（东晋）慧远：《沙门袒服论》。

[105]（东晋）慧远：《沙门不敬王者论》。

[106]（东晋）鸠摩罗什译：《般若经》。

[107]（东晋）鸠摩罗什译：《大智度论》。

[108]（东晋）鸠摩罗什译：《十二门论》。

[109]（东晋）鸠摩罗什译：《成实论》。

[110]（东晋）僧肇：《不真空论》。

[111]（东晋）僧肇：《物不迁论》。

[112]（东晋）昙无谶译：《方等大集经》。

[113]（东晋）昙无谶译：《大般涅槃经》。

[114]（东晋）昙无谶：《佛性当有论》。

[115]（东晋）昙无谶：《二谛论》。

[116]（东晋）法显：《大般泥洹经》。

[117]（东晋）法显：《佛国记》。

[118]（东晋）常璩：《华阳国志》。

[119]（东晋）王谧：《答桓太尉》。

[120]（南朝）沈约：《宋书》。

[121]（南朝）范晔：《后汉书》。

[122]（南朝）萧子显：《南齐书》。

[123]（南朝）刘义庆：《世说新语》。

［124］（南朝）梁沈约：《七贤论》。

［125］（南朝）萧统：《古诗十九首》。

［126］（南朝）萧统：《文选》。

［127］（南朝）佚名：《孔雀东南飞》。

［128］（南朝）释慧皎：《高僧传》。

［129］（南朝）裴松之：《裴注三国志》。

［130］（南朝）鲍照：《河清颂》。

［131］（南朝）僧佑：《弘明集》。

［132］（南朝）释宝唱：《比丘尼传》。

［133］（南朝）僧佑：《出三藏记集》。

［134］（南朝）慧琳：《白黑论》。

［135］（南朝）宗炳：《明报论》。

［136］（南朝）何承天：《达理论》。

［137］（南朝）颜延之：《释达性论》。

［138］（南朝）刘勰：《文心雕龙》。

［139］（南朝）宋后废帝：《禁奢费诏》。

［140］（南朝）宋后废帝：《敦素约诏》。

［141］（南朝）宋顺帝：《约损诏》。

［142］（南朝）任昉：《为梁武帝断华侈令》。

［143］（南朝）陈文帝：《禁奢丽诏》。

［144］（南朝）陶弘景：《本草经集注》。

［145］（南朝）陶弘景：《养性延命录》。

［146］（南朝）陶弘景：《导引养生图》。

［147］（南朝）陶弘景：《真诰》。

［148］（南朝）求那跋陀罗译：《杂阿含经》。

［149］（南朝）求那跋陀罗译：《楞伽经》。

［150］（南朝）真谛：《摄大乘论》。

［151］（南朝）梁武帝：《东都发愿文》。

［152］（北齐）魏收：《魏书》。

［153］（北齐）颜之推：《颜氏家训》。

［154］（北齐）刘昼：《刘子》。

［155］（北齐）齐明帝：《崇俭诏》。

[156]（北魏）郦道元：《水经注》。

[157]（北魏）宋孝王：《关东风俗传》。

[158]（北魏）杨衒之：《洛阳伽蓝记》。

[159]（北魏）徐遵明：《春秋义章》。

[160]（隋）费长房：《历代三宝记》。

[161]（唐）房玄龄等：《晋书》。

[162]（唐）李百药：《北齐书》。

[163]（唐）姚思廉：《梁书》。

[164]（唐）李延寿：《南史》。

[165]（唐）李延寿：《北史》。

[166]（唐）杜佑：《通典》。

[167]（唐）欧阳询：《艺文类聚》。

[168]（唐）刘禹锡：《陋室铭》。

[169]（唐）令狐德棻等：《周书》。

[170]（唐）姚思廉：《陈书》。

[171]（唐）道宣：《集古今佛道论衡》。

[172]（唐）杜牧：《江南春》。

[173]（宋）李昉等：《太平广记》。

[174]（宋）叶梦得：《石林诗话》。

[175]（宋）司马光：《资治通鉴》。

[176]（宋）李昉、李穆、徐铉等：《太平御览》。

[177]（宋）晁公武：《郡斋读书后志》。

[178]（宋）胡仔：《苕溪渔隐丛话》。

[179]（明）唐顺之：《救荒湌记》。

[180]（明）王圻：《续文献通考》。

[181]（清）严可均：《全晋文》。

[182]（清）李慈铭：《越缦堂日记》。

[183]（清）丁绍仪：《全汉诗》。

[184]（清）赵翼：《廿二史札记》。

[185]（清末民初）章太炎：《太炎文录》。

[186]（年代不可考）丁福宝辑：《茅山父老歌》。

索　引

人名索引

B

C

D

E

F

G

H

J

K

M

P

Q

R

S

T

W

X

文献索引

H

I

J

K

L

M

N

P

Q

S

T

图书在版编目(CIP)数据

中华民族道德生活史. 魏晋南北朝卷/唐凯麟主编；邓名瑛著. —上海：东方出版中心，2015. 12
ISBN 978-7-5473-0902-5

Ⅰ. ①中… Ⅱ. ①唐… ②邓… Ⅲ. ①伦理思想—思想史—研究—中国—魏晋南北朝时代 Ⅳ. ①B82-092

中国版本图书馆 CIP 数据核字(2015)第 295702 号

丛书策划：梁 惠
责任编辑：赵 明 黎 娜
技术编辑：徐儒静
装帧设计：一步设计

中华民族道德生活史·魏晋南北朝卷

出版发行：东方出版中心
地 址：上海市仙霞路 345 号
电 话：62417400
邮政编码：200336
经 销：全国新华书店
印 刷：浙江新华数码印务有限公司
开 本：710×1020 毫米 1/16
字 数：300 千字
印 张：19.5 插页 2
版 次：2015 年 12 月第 1 版第 1 次印刷
ISBN 978-7-5473-0902-5
定 价：63.00 元(精装)

东方出版中心邮购部 电话：52069798